大 学 问

始 于 问 而 终 于 明

守望学术的视界

图 1　汉画像石中的天象图

（辑自《汉画总录·20　南阳》卷，原石现藏南阳汉画馆）

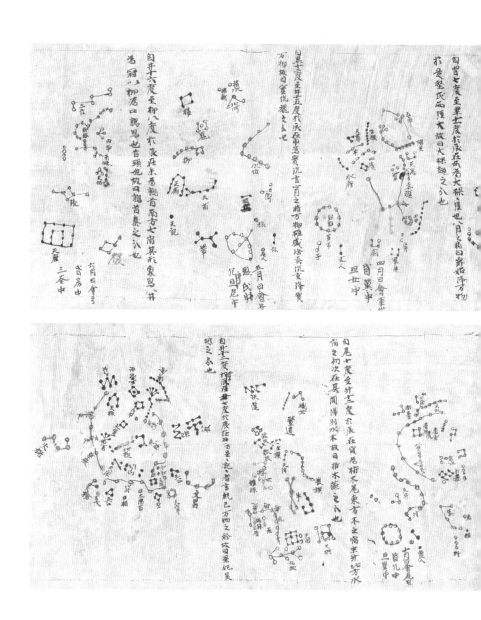

图2　唐代敦煌星图甲本（局部）

（原件现藏大英图书馆）

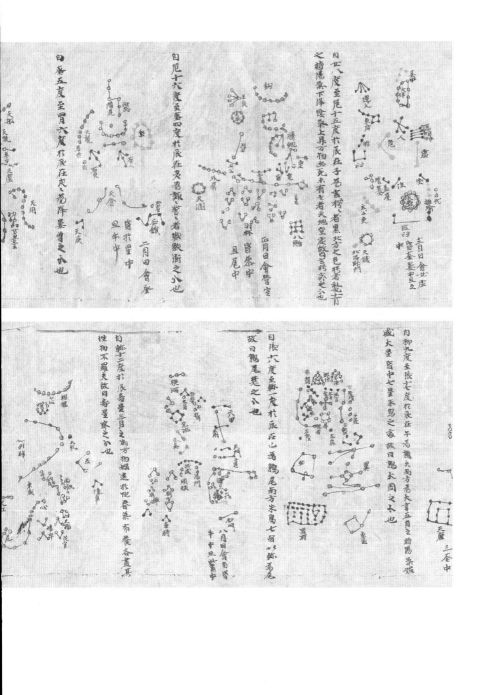

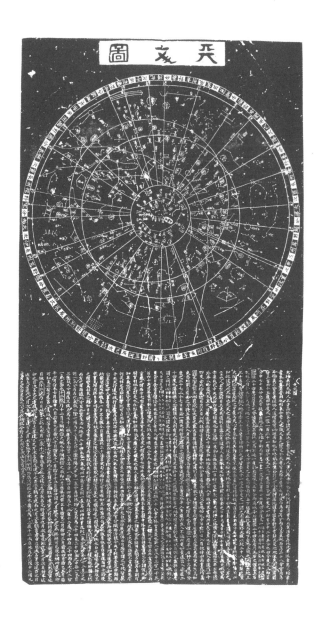

图 3　南宋《天文图》拓片

（原件现藏苏州碑刻博物馆）

作者与张汝舟先生
1980 年·滁州

张闻玉，1941年2月生，四川巴中人，九三学社成员，贵州大学教授，贵州省文史研究馆馆员，中国文化书院（北京）导师。曾从事中学、中等师范教育，在贵州大学任教后，主讲古代汉语、古代历术、传统小学等课程。曾讲学于南京大学、湖南师范大学、东北师范大学、南昌大学、四川大学等著名学府。

师从张汝舟先生，又向金景芳先生学《易》，代表作有《汉字解读》《语文语法刍议》《古音学基础》《古代天文历法论集》《古代天文历法讲座》《铜器历日研究》《西周王年论稿》《西周纪年研究》《夏商周三代纪年》《夏商周三代事略》《周易正读》等。论文《武王克商在公元前1106年》《王国维〈生霸死霸考〉志误》《西周王年足徵》先后获贵州省社会科学优秀成果奖。

著述集结为五卷本《张闻玉文集》（小学卷、天文历法卷、文学卷、史学卷、经学卷），计300万字，由贵州大学出版社2016—2020年出版。

2021年1月至2023年1月，广西师范大学出版社陆续推出"张闻玉史学三书"《古代天文历法讲座》《铜器历日研究》《西周王年论稿》，集中展现张闻玉先生在古代天文历法以及西周年代学研究上的成果。

古代天文历法讲座

张闻玉 ｜ 著

GUANGXI NORMAL UNIVERSITY PRESS
广西师范大学出版社
·桂林·

古代天文历法讲座
GUDAI TIANWEN LIFA JIANGZUO

广西师范大学出版社·大学问
品牌策划 | 赵运仕
品牌负责 | 刘隆进
品牌总监 | 赵　艳
品牌运营 | 梁鑫磊

策划统筹：赵　艳
责任编辑：李　信
责任技编：伍先林
营销编辑：赵艳芳　蒋正春　罗诗卉
书籍设计：阳玳玮［广大迅风艺术]

图书在版编目（CIP）数据

古代天文历法讲座 / 张闻玉著. --3 版. --桂林：
广西师范大学出版社，2021.1（2024.6 重印）
　ISBN 978-7-5598-3433-1

Ⅰ．①古…　Ⅱ．①张…　Ⅲ．①古历法－基本知识－
中国　Ⅳ．①P194.3

中国版本图书馆 CIP 数据核字（2020）第 246428 号

广西师范大学出版社出版发行

（广西桂林市五里店路 9 号　邮政编码：541004）
网址：http://www.bbtpress.com
出版人：黄轩庄
全国新华书店经销
广西广大印务有限责任公司印刷
（桂林市临桂区秧塘工业园西城大道北侧广西师范大学出版社
集团有限公司创意产业园内　邮政编码：541199）
开本：880 mm × 1 240 mm　1/32
印张：15.5　插页：2　字数：340 千字
2021 年 1 月第 3 版　　2024 年 6 月第 5 次印刷
印数：23 001~26 000 册　　定价：80.00 元

如发现印装质量问题，影响阅读，请与出版社发行部门联系调换。

张闻玉先生是章黄学派在当代传统小学界的重要传人，在古代天文历法研究与西周年代考证等方面成果尤为丰硕，是学界公认的当代天文历法考据学派代表性人物。李学勤先生曾赞许张闻玉先生这方面的研究是"观天象而推历数，遵古法以建新说"。

天文历法学乃闻玉先生学术中最为重要和精彩的部分，也是他为学的看家本领。窃以为先生学术有两大支撑：一是小学；一是古天文历法。而最有特色、影响最大的当推后者，堪为张门的独门绝技。我们知道，古天文历法至近代已几为绝学，研习殊难。清初，顾炎武在《日知录》卷三十里曾感慨："三代以上，人人皆知天文"，而"后世文人学士，有问之而茫然不知者矣"。曾国藩在《家训》中曾说"余生平有三耻"，而第一耻即不懂"天文算学"。然而在闻玉先生他们那儿，这门学问并不如人们想象的那么神秘，这得归功于他们当年遇到了"明师"张汝舟（1899—1982）先生。

汝舟先生系黄侃先生在中央大学时的高弟，向有"博极群书"之誉，曾在贵州高校从教二十七年，"桃李满黔中"。1957年5月，老先生因在省委统战部召开的知识分子座谈会上发表所谓"三化"言论（即奴才进步化、党团宗派化、辩证唯心化），后被打成"极右派"。"文革"中更被遣返故乡滁州南张村。他在困境中，精究古代天文历法不辍，终于拨雾见天，破解了向来被视为"天书"的《史记·历书·历术甲子篇》（四分术法则）和《汉书·律历志·次度》（天象依据），从而建立了完备而独具特色的古天文历法体系，学术贡献殊巨（汝舟先生在郁闷中读懂无人能懂的"天书"《历术甲子篇》，应了古语"文王拘而演《周易》，仲尼厄而作《春秋》"）。对这一体系，殷孟伦先生赞其"尤为绝唱"；王驾吾先生称其"补司马之历，一时无两"；而先祖父汤炳正先生告诉我："两千年以来，汝舟先生是第一位真正搞清楚《史记·历书·历术甲子篇》与《汉书·律历志·次度》的学者。"

1980 年 10 月，由黄门高弟南京大学王气中教授、山东大学殷孟伦教授、南京师范大学徐复教授共同发起举办了"中国古代天文历法讲习会"，地点设在老先生任顾问教授的滁州师范专科学校，学习时间为一周。参与者有国内十七个单位的四十余人。当时老先生年事已高，辅导工作主要就是由一年前最先到滁州师专进修的闻玉先生担任。其间，先生完成了自己第一本天文历法论著《古代天文历法浅释》。此书通俗地论述了汝舟先生星历理论，是学习乃师天文历法学的重要入门书。它曾被多所大学翻印作为研究生教材，还收进程千帆先生点校南京大学 1984 年印的《章太炎先生国学讲演录》的《附中国文化史参考资料辑要》中。此书也是我生平第一次接触到的张氏天文历法学方面的著作，阅后如醍醐灌顶，至为心折。

如何打开古天文历法学这扇大门，先生在书中写道："我在从汝舟师学习的过程中有这样的体会：一是要树立正确的星历观点，才不至为千百年来的惑乱所迷；二是要进行认真的推算，达到熟练程度，才能更好地掌握他的整个体系。"又说："古代天文历法的核心问题就是历术推算，不能掌握实际天象的推演，永远是个门外汉。""历术，自古以来都认为推步最难，不免望而却步。依张汝舟的研究，利用两张表就能很便捷地推演上下五千年的任何一年的朔闰中气，不过加减乘除而已，平常人都能掌握。"先生整理出版汝舟先生《二毋室古代天文历法论丛》（浙江古籍出版社 1987 年版），书里也附有此书。先生的天文历法学说，以得汝舟先生天文历法之真传并发扬光大之，学界美誉为"张汝舟-张闻玉天文历法体系"。2009 年 11 月日本山口大学曾邀请他参加"东亚历法与现代化"的国际论坛，发表有关"东亚历法"的主旨演讲；《香港商报》也曾在封面以整版的篇幅介绍他的学说。先生这方面的论著还有《古代天文历法论集》《古代天文历法讲座》二种，尤其是后者曾加印过多次，在读书界影响极大。《南方都市报》2008 年 3 月 23 日的"国学课"（第四堂）"与古人一起仰望夜空"，所用教材即此书。米鸿宾先生主持的"十翼书院"向学员极力推崇此书，也专请闻玉先生到场讲授。1984 年以来，闻玉先生先后到南京大学、湖南师大、东北师大、南昌大学、四川大学等国内高校给文史研究生亲授天文历法知识，让一代年轻学人获益。顺真居士说："2008 年，广西师范大学出版社出版了闻玉先生的《古代天文历法讲座》一书，又使这一传统绝学'飞入寻常百姓家'，推动了'国学'在科学性方面的进展，其嘉惠学林、开拓未来，确实是功德无量。"

"又使这一传统绝学'飞入寻常百姓家'",的然。毫无疑问，闻玉先生的《古代天文历法讲座》一书，是打开"张汝舟-张闻玉天文历法体系"之大门最好的钥匙，有着长久的学术生命力。由读是书再进而研习汝舟、闻玉师弟的相关论著，这对未来一代学子于"古天文历法学"之"登堂入室"，自是有所裨益的。

闻玉先生是书将再版，辱承下顾，徵序于余，理不当应命，义不敢遽辞，乃缀数语聊表钦仰云。后学汤序波敬序于丁酉年二月十九日。

古代天文历法是古代劳动人民在生产斗争中伟大的发现和创造，它代表着一个民族的文化水平，是古代文明的标志。我国是世界上最早发明天文历法的文明古国之一，我们的祖先被称为"全世界最坚毅、最精明的天文观测者"。远在四五千年以前，我国历史进入有文字记载的初期，我们的祖先已经知道观测天象，根据日、月、星辰的运转和气候的变化以及草木的荣枯和鸟兽的生灭，创造了历法。在现存的古代典籍中保存下来的关于古代天文历法的文献资料，是我们伟大中华民族的宝贵遗产。我国古代，由于生产发展的需要和社会分工，天文历法的管理和编订很早就设有专职人员。到了阶级社会，这些专职管理天文历法的人员逐渐成为统治者的附庸和臣仆，所谓"文史星历"，不得不听从最高统治者的指挥命令，因此观象授时成为国家权力的一部分，改正朔，颁布历法，成为权力的象征。加以古人对于自然现象的观察和理解都还不够精明，在很长的时间内古代天文历法蒙上了一层神秘的外衣，往往和封建迷信纠缠在一起。后之学者在传注古代典籍的时候，因为受到这种影响和局限，不能作出正确的解释。历代相传，以讹传讹，成为阅读古书的障碍。一直到现在，我们虽然已经对于我国古代天文历法有了比较深入的研究，取得了丰富的成果，但由于不能突破前人的束缚，许多重要的问题，尤其汉代以前的历法，仍然得不到确切的解答。

已故贵州大学张汝舟教授为读通古书，对我国载籍中涉及天文历法的部分，作了深入的研究。他运用深湛的古汉语专业知识和精密的考据方法，结合现代天文科学的成就和地下出土的文物资料，对过去学者的研究成果作了细致的分析研究，去伪存真，去粗取精，建立了古代天文历法的科学体系。根据他的体系来解释汉以前的古代典籍，大都能够破除迷障，贯通大义，一扫我国古代天文历法研究中的重重雾障，为我国古代天文历法的研究开拓一个新的局面。如他认为西周时代并不是用所谓"周正"，而是仍然用殷历，以建丑为正。因此，对于《诗经》中的《豳风·七月》、《大戴记》中的《夏小正》以及《礼记》里面的《月令》等篇都能得到符合实际的解释。如他认为王国维的"月相四分说"是想当然的误解，并没有科学的根据，批判根据王氏"月相四分说"而建立起来的当代古历研究中的种种错误。如他对于日本天文史学者新城新藏定周武王克商之年在公元前 1066 年的错误，从多方面给以论证，指斥我国现代一些书刊仍然沿袭新城氏之说的谬误。如他对于刘歆的"三统历"，我国相传的"三正论"、"岁星纪年"、二十八宿分"四象"，以及古代相传的积年术和占卜法等等，都据理分析批判，指出它们在古代天文历法研究中的有害影响。所有这些，都是张汝舟先生对于我国古代天文历法研究的巨大贡献。

闻玉同志受业于张汝舟先生，亲承教言。根据师说，发挥他的心得体会，曾写了《古代天文历法浅释》，先后在南京大学和湖南师范大学两校中文系、东北师范大学历史系，为硕士研究生作过专题讲演，深受同学们的欢迎。这部《古代天文历法讲座》是他在讲析的基础上，参证古籍，考释出土文物并结合教学实践经验，补充修订写成的。

天文历法是一门专科的学术。我国古代天文历法又有自己的特殊体系和习惯用语，只有运用我国传统的体系的推步方法，许多问题才能迎刃而解。张汝舟先生《二毋室古代天文历法论丛》是一部学术专著，虽然力求浅显易懂，但不能同时兼顾古代天文历法基础知识的解说。因此，初学的人或对古代典籍涉猎不多的读者，阅读他的《论丛》仍然感到困难。这部《讲座》可以说是张先生《论丛》的衍义。

《讲座》分章对张先生《论丛》作系统的说明。它为一般读者大众说法，补充介绍一些天文历法方面的基础知识和简明的推步方法。读者可以通过这部书对我国古代天文历法的体系获得初步的理解，对于古书中有关天文历法的问题作出确切的解释。如果进一步深入下去，读张汝舟先生的《论丛》就会更容易理解，对于我国古代历法的探索和研究，也会取得入门的途径。

这部书的特色和价值，读者会自己去体会印证，无待烦言。

但可以肯定地说，它是一部有用的、值得一读的关于我国古代历法的好书。

一九八五年十二月于南京大学

前言

　　1984 年 6 月，应南京大学中文系及程千帆教授、王气中教授之邀，给南大中文系与南京师大中文系部分研究生讲了一个月（每周四次）古代天文历法，目的是让青年同志们通释古籍中可能遇到的有关问题。当时，只准备了一些粗略的材料。

　　我在那次讲授的"开场白"中用了一副对联表述当时的心境："班门弄斧，诚惶诚恐；大树遮阴，无虑无忧。"因为南京这地方，尤其是南京大学，乃藏龙卧虎之地。南大本校有天文学系，有研究古历的专家。南京有中国最高水平的紫金山天文台，台内有古历专家组。我区区无名，地处边荒，来南京讲古天文，岂不是关公面前舞大刀？自然该诚惶诚恐了。好在众望所归的几位老先生，程先生、王先生、徐复先生、管雄先生以及过世的洪诚先生，都是我的师辈，他们与先师张汝舟先生或先后同学于中央大学文学系，或共事于大江南北，我在南大演讲他的古天文学有如游子归家，是大树底下乘阴凉了，确有无虑无忧的感受。为了驱散我的惶恐，讲课时索性将题目也改作"张汝舟古天文历法"。

讲授之后，大家反映还好，以为有实用价值。9月秋凉才想到在此基础上写一个讲稿。1985年5月，受湖南师大中文系及宋祚胤教授邀请，赴长沙讲学一月，大体就以此为本。后来，又重新整理，算是有了一个雏形。

古历法问题，新疆师范大学饶尚宽兄进行过专门的研究，有《古历论稿》若干文字为证。我在各地讲授时直接引用了他的许多材料。

还应当说明，在天文部分，我采用了郑文光先生的不少观点，他在《中国天文学源流》中有很多精辟的见解，给我不少启发。读者是不难从中看到痕迹的。

第四讲《二十四节气》，我直接引用了冯秀藻、欧阳海两位专家《廿四节气》中的若干材料。因为是讲稿，要顾及知识的系统性，缺了这一部分就显得不完整。我未能与两位老先生取得联系，愧疚不已。

稿子整理出来了。只能说，在先师张汝舟先生的导引下，我从前辈学人如陈遵妫、席泽宗诸先生的文字中，大体掌握了古代天文历法这门学问的基础知识，然后薪尽火传，希望被称为"绝学"的古代天文历法代有传人，而我自己的深入研究才刚刚起步。不过，我会切切实实地努力。

承王气中教授亲切关怀，以八十余岁高龄为这本书稿写了序文，褒美之辞就算是对先师张汝舟先生的深切怀念吧！

目 录

第一讲　为什么要了解古天文历法 ... 001

一、时间与天文历法 ... 003

二、天文与历法 ... 007

三、天文常识 ... 010

四、历的种类 ... 013

五、古天文学与星占 ... 019

六、古代天文学在阅读古籍中的作用 ... 026

七、怎样学好古天文历法 ... 037

第二讲　纪时系统 ... 041

一、纪年法 ... 042

二、纪月法 ... 063

三、纪日法 ... 075

四、纪时法 ... 080

第三讲　观象授时　　　　　　　　　　... 091

　　一、地平方位　　　　　　　　　　... 092

　　二、三垣二十八宿　　　　　　　　... 100

　　三、《尧典》及四仲中星　　　　　... 117

　　四、《礼记·月令》的昏旦中星　　... 124

　　五、北极与北斗　　　　　　　　　... 129

　　六、分野　　　　　　　　　　　　... 134

　　七、五星运行　　　　　　　　　　... 139

　　八、《诗·七月》的用历　　　　　... 146

　　九、观象授时要籍对照表　　　　　... 152

第四讲　二十四节气　　　　　　　　　... 155

　　一、先民定时令　　　　　　　　　... 156

　　二、土圭测量　　　　　　　　　　... 159

　　三、冬至点的测定　　　　　　　　... 162

　　四、岁差　　　　　　　　　　　　... 164

　　五、节气的产生　　　　　　　　　... 167

　　六、二十四节气的意义　　　　　　... 171

　　七、节气的分类　　　　　　　　　... 174

　　八、节气的应用　　　　　　　　　... 177

　　九、杂节气　　　　　　　　　　　... 181

　　十、七十二候　　　　　　　　　　... 184

　　十一、四季的划分　　　　　　　　... 188

　　十二、平气与定气　　　　　　　　... 190

第五讲　四分历的编制 ... 193

　　一、产生四分历的条件 ... 195

　　二、《次度》及其意义 ... 198

　　三、四分历产生的年代 ... 201

　　四、四分历的数据 ... 205

　　五、《历术甲子篇》的编制 ... 209

　　六、入蔀年的推算 ... 239

　　七、实际天象的推算 ... 241

　　八、古代历法的置闰 ... 247

　　九、殷历朔闰中气表 ... 255

第六讲　四分历的应用 ... 259

　　一、应用四分历的原则 ... 260

　　二、失闰与失朔 ... 265

　　三、甲寅元与乙卯元的关系 ... 269

　　四、元光历谱之研究 ... 275

　　五、疑年的答案及其他 ... 282

第七讲　历法上的几个问题 ... 289

　　一、太初改历 ... 290

　　二、八十一分法 ... 294

　　三、关于刘歆的三统历 ... 303

　　四、后汉四分历 ... 307

　　五、古历辨惑 ... 313

　　六、岁星纪年 ... 317

七、关于"月相四分"的讨论 　　　　　　... 326

附　录 　　　　　　　　　　　　　　... 339

西周金文"初吉"之研究 　　　　　　... 340

再谈金文之"初吉" 　　　　　　　　... 353

再谈吴虎鼎 　　　　　　　　　　　　... 359

𪓈簋及穆王年代 　　　　　　　　　　... 365

伯吕父盨的王年 　　　　　　　　　　... 373

关于成钟 　　　　　　　　　　　　　... 377

关于士山盘 　　　　　　　　　　　　... 382

穆天子西征年月日考证

　　——周穆王西游三千年祭 　　　　... 390

从观象授时到四分历法

　　——张汝舟与古代天文历法学说 　... 406

附表一　观象授时要籍对照表 　　　　... 421

附表二　殷历朔闰中气表 　　　　　　... 427

附表三　术语表 　　　　　　　　　　... 465

主要征引书目 　　　　　　　　　　　... 468

后　记 　　　　　　　　　　　　　　... 469

为什么要了解
古天文历法

我国是世界上文明古国之一，先民出于农事需要，积累了丰富的天文学知识。随着文明的进化，这些丰富的天文学知识，必然反映到记载古代文化的书籍典册之中，遗留于后世。出土的殷商时代甲骨刻辞早就有了某些星宿名称和日食、月食记载。《周易》《尚书》《诗经》《春秋》《国语》《左传》《吕氏春秋》《礼记》《尔雅》《淮南子》等书更有大量的详略不同的星宿记载和天象叙述。《史记·天官书》《汉书·天文志》更是古天文学的专门之作。文史工作者随时接触古代典籍，势必常与古代天文历法打交道。如果对此一知半解或不甚了了，很难谈得上进行深入的研究。就是一般爱好文史的青年，有一定的古天文学知识，对阅读古书也是大有帮助的。

常识告诉我们，一切与古代典籍有关的学科，无不与时间的记载，也就是古代天文历法有关。清人汪曰桢说："读史而考及于月日干支，小事也，然亦难事也。欲知月日，必求朔闰；欲求朔闰，必明推步……盖其事甚小，为之则难。不知推步者，欲为之而不能为；知推步者，能为之而不屑为也。"（见《历代长术辑要》载《二十四史月日考序目》）可见，古人深知"推步"的重要和"推步"的甘苦。白寿彝教授也指出："关于时间的记载，是历史记载必要的构成部分，年代学的研究是历史文献学研究的

主要课题。"（《人民日报》，1980 年 12 月 30 日）

当今的现状是，有关古天文之学众说纷纭，头绪繁杂，令人不知从何下手，欲读不能。一般著述往往博大疏浅，叙史而已，或者演算繁难，玄秘莫测，"不把金针度与人"。读者终书，竟无法找到打开古天文历法大门的钥匙，未免望之兴叹，视为畏途。此篇以基本的天文常识入手，依据本师张汝舟先生星历观点，深入浅出，意欲将古籍中需要涉及的古天文学问题，逐一展开讨论，希望能对校读古籍有所助益，且能由一般文史工作者自行独立推演年月日时，掌握一套基本的"推步"技术，为深入的研究打下扎实的基础。

一、 时间与天文历法

中国古代，合天文历法为一事，历法以天象为依据，历法属于实用天文学的重要内容。所以，中国古代天文学与年、月、日、时这些时间观念紧密相依。学习古代天文学，就从认识"时间"这个概念开头吧！

中央人民广播电台每日整点都发出"嘟——嘟——"的时间讯号，以此统一全国民用时间。全国各行各业都按这个统一的标准时间学习和工作。没有统一的时间观念，一切工作都无法正常进行，社会将发生混乱。可知，人类社会对于时间的首要要求，就是有统一的计量标准，不能各自为政，自行其是。远古时代，人类分为若干互不交往的群体，各有自己的一套计时方法。随着社会的进步，交流的频繁，彼此认识到生活在地球这个大家庭里，还必须有统一的国际标准时间来协调全人类的活动，才能促进社会的更大发展。

在古代，人们对于时间的精确度要求不高，最早是把一天分为朝、午、昏、夜四个时段，后来又分为十个时段、十二个时段，也就大体够用了。随着生产力的发展，要求时间的精确度越来越高。现代科学技术，更要求计量时间不能有一秒的误差。测定人造卫星的位置，如果误差1秒，就有7~8公里的差距。精密的电子工业，无线电技术，运输通讯，卫星、导弹的发射，要求的精确度都很高。因此，现代生活要求有精确的统一的时间计量标准，指导全人类的生产劳动。

时间不是人的主观臆造。时间是客观存在的与物质运动紧密相连的一种物质存在的形式。人们只能依据物质的运动来规定时间，寻找计时的单位。

我国古代，先民以太阳东升西落确定一天的时间，单位是日；以月亮的隐现圆缺定一月的时间，单位是月；以寒来暑往及草木禾稼的荣枯定一年的时间，单位是年。远古时代人们的时间计量单位之所以仍有作用，今天还在指导着人们的活动，就在于完全符合人类对时间计量方法的基本要求：既承认时间是物质存在的形式，又以有规律的、匀速的、周而复始的运动形式作为计量标准。这种从不间断的、匀速的、重复出现的物质运动形式，在人们的周围是存在着的，这就是日月星辰的出没所组成的若干天文现象。时间计量单位的确定完全以天象为依据，就是这个道理。尽管上古先民长期坚持"地心说"，认为日月星辰都在围绕着地球转动，但这种周而复始的物质运动形式却是古今一致的。

在所有的计时单位中，人们把地球自转一周作为计时的最基本单位——日，古人认为是太阳东升西落绕了地球一圈。月、年是比日更大的计时单位。时辰、小时、刻、分、秒，是比日小的计时单位。时、分是日的分数，古人称为日之余分。

明确了时间的计量单位，还有一个时段和时刻的问题。换句话说，通常所谓"时间"，包含着两个含义：一是指某一瞬间，即古人所谓"时刻"；一是指两个瞬时之间隔，即一个有始有终的长度。从时刻的含义出发，时间有早迟之分。从时段的含义出发，时间有长久与短暂之别。历法中的节气与节气的交替（交节），月亮运行在太阳、地球之间的平面上成一直线的天象（合朔），日与日的交接（夜半 0 点整）等都应该是指时刻而言，十分确切，具体到某时几分几秒的那一瞬间，毫无含糊。月亮最圆的时间，与合朔时间一样只有那么一瞬时。差一秒还不是最圆，过一秒也不可能最圆。电台报时的"嘟——嘟——"那最后特殊一响，就是时刻概念的具体化。而平常所说的几分、几小时、几日，都是指的一个时段，它必有一个起算时刻。计时的基本单位——日，是从夜半 0 点起算的，止于 24 点整。任何一个更长的时段，比如百年、千年，都必须明确它的起算时刻。任何历法都很强调它的起算点，都希望找一个理想的起算时刻作为它的初始，这就是历法之"元"，称"历元"。

我们的先民，十分重视时间，特别是与农事有关的天时，古籍中记载特多。其实，古人的"天时"，是指一年四季包括风、雨、雷、电等直接关系农事活动的自然现象，古人认为这些是上天主宰的，所以称为"天时"。

《孟子》云："不违农时，谷不可胜食也。"

《荀子》云："春耕、夏耘、秋收、冬藏，四时不失时，故五谷不绝而百姓有余食也。"

《韩非子》云："非天时，虽十尧不能冬生一穗。"

《吕氏春秋》有："夫稼，为之者人也，生之者地也，养之者天也。是故得时之稼兴，失时之稼约。"

《齐民要术》有："顺天时，量地利，则用力少而成功多，任情返道，劳而无获。"

《农书》有："力不失时，则食不困。……故知时为上，知土次之。"

这些典籍中所谓"时""天时"，实际是指关系农事成败的气候。气候的变动，与时令的推移有关，也直接与天象关联着，所以也应视为古代天文历法的内容。

《说文解字》云："时，四时也。"指的是春夏秋冬四季。据吴泽先生的研究，在殷墟甲骨文中，已出现春夏秋冬四字。春字字形像枝木条达的形状；夏字字形一像草木繁茂之状，一像蝉形，蝉是夏虫，被认为是夏的象征；秋字像果实累累，谷物成熟，正是收获之时；冬字则形如把谷物藏于仓廪之中。这四个字，都与农业有关。春种、夏长、秋收、冬藏，季节、时令都同农事密切相关。

时间，关系到人类社会的政治、生产、生活等各方面的活动。自古以来，我们的祖先就十分重视年、月、日、时的安排，创制了多种多样的历法；对各项活动发生的年、月、日、时也做了大量的准确记录，保存在浩如烟海的典籍之中。古史古事就靠这些年、月、日、时的记载有了一个清晰的脉络，我们据此研究古代人类社会生活的各个方面。如果没有年、月、日、时的记载，众多的典籍史料就成了一堆杂乱无章的文字记录，其价值也就可想而知。中国古代大量珍贵史料就是靠年、月、日、时的记载而保存下来的。我们还可以用后代的历法依据古籍中年、月、日、时的记载推演出当时的实际天象，解决历史上若干悬而未决的年代问题。如果没有关于时间的文字记载，这种推算也就无法进行。

二、 天文与历法

什么是天文？什么是历法？这是首先应该弄清楚的问题。

《说文》云"文，错画也。象交文"，又说"仰则观象于天"。高诱注《淮南子·天文训》说："文者象也。天先垂文象日月五星及彗孛，皆谓以谴告一人。故曰天文。"王逸注《楚辞》"象"字云"法也"。《易·系辞》："天垂象见吉凶，圣人则之。"可见，天文就是天象，就是天法，就是日月星辰在天幕呈现的有规律的运动形式。它不以人的意志为转移，反而影响着支配着人类的各种活动。正因为这样，远古的人就视之为神圣，把天象看成是上帝、上天给人的吉凶预兆，敬若神明。历代君王重视天文，因为它是上天意旨的体现，它直接关系着人类的生产、生活，影响帝王统治权力的基础。

繁体曆法之曆，最早的写法是秝，后写作歷、厤，再后写作曆。《玉篇》曰："稀疏秝秝然。"段玉裁以为："从二禾，禾之疏密有章也。"《说文》释："厤，治也。""曆，和也。"《释诂》释："厤，数也。"从这些释义看，就是均匀调治之义。从二禾，禾的生长受日月星辰运行的天象支配，即受日月运行所确定的季节的支配，所以秝、厤与天象有关。

秝，古书写作歷，表示人在有庄稼的地里行走，引申为日月运行及日月运行所确定的季节、时令等时间计量。首先，这种运行是有规律的，"疏密有章"；其次，还需要调治，要均匀地调治，使日月运行的时日彼此协调。所以，秝就是均匀地调治天象所显示的年、月、日、时等计量时间单位的手段。

《史记·历书》以厤为推步学，以象为占验学，把两者的区别说得清清楚楚。占验，当然指天象，指上天通过天象显示给人们的吉凶预兆。推步，就是对日月星辰，主要是日月的运行时间进行计算，使日绕地球一圈所形成的寒暑交替与月绕地球一圈所呈现的圆缺隐现彼此配合得大体一致。这就是制历，也就是推步学。

历是什么，简单说就是计量年、月、日的方法，就是年、月、日的安排。这种安排、计量的依据是天象变化的规律，是依据日月星辰有规律的运行来确定年、月、日、时和四季、节气，或者说推算天象以定岁时。作为一种纪时系统，目的只能是服务于人类的生产生活。

一般将历法之"法"，解释为制历的方法。不对。这个"法"，正如语法之"法"，指法则、规律。远古时代的夏商周，当然有它的年月日安排的方法，虽然还比较粗疏，但还有它那时的"历"以指导人的社会生产活动。这种历是否成"法"呢？如果确定一年为"三百有六旬有六日"（《尧典》），是不可能有规律地调配年月日的，还形不成"法"。只有到春秋中期以后，测量出一回归年为 $365\frac{1}{4}$ 日，到战国初期创制、行用四分历，才可能有"法"可依，才称得上有了历法。有历法之前，都是根据天象的观测，调整年月日，随时观测，随时调整，这还是观象授时的时代。到了有"法"可依的时代，就有可能将天象的数据抽象化，就有可能依据日月星辰运行的规律，通过演算，上推千百年，下推千百年，考求、预定年、月、日、时。我国最早的一部历法——四分历，就具备了这种条件。可见，历与历法不能混为一谈。什么是历法呢？历法就是利用天象的变化规律调配年、月、日、时的一种纪时法则。

历法与天象那么紧密不可分，正是我国古代历法独具的特点。在我国古代，历法就包含在古天文学之中，历法是古代天文学中一个很重要的领域。历法的普遍内容包括节气的安排，一年中月的安排，一月中日的安排以及闰月安插规则，等等。我国古代历法还有关于日食、月食的预报和五大行星运行的推算。总之，离开天文就无所谓历法，历法反映了大量的天文现象，历法中有丰富的天文学内容，历法就是古天文学的一个部分。我国古代合天文、历法为一事，就是这个道理。同样的原因，古人称天文历法为历算、星算、天算、星历……总是将天文、历法合在一起加以表述。

历法的内容，一部分属于实用天文学的范围，另一部分属于理论天文学的范围。测时与制历就是天文学为生产服务的主要工作。我国古代历法重视对天象的推算，不仅反映了对天文学的重视，也常常以此来考核历法的准确性。古代历法史上的多次改革，其直接原因之一就是日食等天象的预推出现了差误。从一定程度上来说，我国古代的编历工作，也就是一种编算天文年历的工作。由此可见，我国古代天文学家何等重视实践与理论的结合。

正因为这样，当我们谈到古代天文学，那实际已经包括了古代历法的内容。

三、 天文常识

人类社会各个民族生活的地域不同，星象与季节的相应关系也不同，但是用天象定岁时都是共同的。古代埃及人重视观测天狼星，因为每年天狼星与太阳一起升起的时候，就预示着尼罗河要泛滥，而尼罗河泛滥带来的肥沃土壤，正是埃及人播种的需要。我国上古的夏朝，重视参宿三星的观察，每年三星昏见西方，就意味着春耕季节的开始，参宿就成了夏族主祭祀的星了。晚起的商族，着重观察黄昏现于东方地平线上的亮星，看中了心宿三星，最亮的心宿二就是"大火"。大火昏见东方，也正是春耕季节播种的日子。大火就成了商族主祭祀的星。所以《公羊传·昭公十七年》载："大火为大辰，伐为大辰，北辰亦为大辰。"何休《公羊解诂》云："大火谓心（星），伐谓参伐（星）也。大火与伐，天所以示民时早晚。"这里所谓"大辰"，就是观察天象的标准星，均指恒星而言。大火为大辰，是就商代而言；伐为大辰，是就夏朝而言；北辰亦为大辰，当指以北极星为观察天象的标准的更古时代。于此可见，我国上古对于北极星的认识，起源更早。

现代天文学知识告诉我们，在太阳系里有水星、金星、地球、火星、木星、土星、天王星、海王星共八大行星围绕着太阳，按照各自的轨道和速度运行着。——古人凭肉眼观测，以地球为中心，早就认识了五大行星（金、木、水、火、土）并了解到它们绕地球一圈的时间，掌握了它们的运行规律。

地球绕太阳公转的同时，还在自转。公转一周为365.24219日，自转一周为24小时。由于地球自转轨道与公转轨道有23°26′的倾斜角，地球表面受到太阳照射的程度不同（直射或斜射，斜射还有角度的不同)，便有了春夏秋冬四季冷暖的变化。

月球是地球的卫星，它围绕着地球旋转，运行一周为29.53059日，月球本身不发光，人们所见到的月相是月球对太阳光的反射。随着地球、月球与太阳相互位置的变化，月相也周期性变化着。当月亮的背光面对着地球，人们看不到有光的月面，即为朔日（阴历初一）；当月亮的受光面全部对着地球，人们看到一轮满月，即为望日（阴历十五）。从朔日到望日，望日到朔日之间还有各种月相。人们根据月相变化和月亮出没时间，便知道阴历的日期。俗话说："初三初四蛾眉月，初七初八月半边，十五十六月团圆。"这种以月相变化为依据，从朔到朔或从望到望的周期长度，叫朔望月，就是阴历的一个月。

每一个朔望月，月球都要行经地球和太阳之间的空间一次，如果大体在一个平面上，月球遮住了太阳射向地球的光线，就会发生日食；当地球运行到太阳和月球中间（每月有一次机会），如果大体在一个平面上，地球就会挡住太阳射向月球的光线，就要发生月食。因此，日食总是发生在朔日，月食总是发生在望日。古人特别重视日食的记载，认为是上天对君主的警告，是凶兆。古代天文学家还以日食检验历法的准确性，食不在朔，便据以调历。

前人是怎样以地球为中心表述日食、月食这些天象的？我们用曾运乾先生《尚书正读》注文来回答这个问题，至少可以给我们一些启发。注云：当朔而日为月所掩，是为日食。当望而月为日所冲，是为月食。又说，古人制字，"朔""望""有"均从月得义。朔字从月从屰（屰，不顺也）。月与日同经度而不同纬度，则相屰而为合朔。若同经度而又同纬度，则相屰而为日食。望，为月食专字。从月从壬（壬，朝廷也），取日月相对望也。从亡，遇食则有亡象焉。有，为日食专字。从月，月光蔽其明也。从又，一指蔽前，泰山不见也。则知日月食之由于蔽也。《说文》："有，不宜有也。《春秋传》曰：'日月有食之。'从月又声。"段氏注云："谓本是不当有而有之称，引申遂为凡有之称。"

古代先民只是直观地以地球为中心来观测天体的运行，这就是西方科学未传入中国之前我国古代长期行用的地心说。日月星辰的东升西落，实际是因为地球从西向东在转动。这种地心说并非全无道理。比如上和下，是一种比较的说法。在地球上的上与下，其实都是在和地球中心比较，拿地球中心做标准来比较是有道理的。舍此，就无所谓上与下。同样，国际通用的标准时自有好处，而各个地方时更为各地的使用者称便。道理都一样，地心说对观测者似更方便。古人想象，地球四周被巨大的天球包围着，所有的日月星辰都在天球上运行。太阳系八大行星，古人凭肉眼观测，以地球为中心，只能见到金、木、水、火、土五大行星，并掌握了它们各自绕地球一圈的时间及运行规律，记之甚详。古代典籍关于天象的记载，立足于地心说。古代星图、天球仪之类也据此成象。阅读古籍者不可不知。

四、 历的种类

人类对天象进行观测以确定计时标准，其中观测的主要对象是日、月的运行，依据日、月的运行周期以制定各自的历法。迄今为止，世界上的历法可分为三类：太阴历、太阳历和阴阳合历。

甲，太阴历。它是以月球受光面的圆缺晦明变动为基础，利用月球运行周期（朔望月）为标准制定的历法。月亮运行的周期是 29.53 日，太阴历就用大月（30 日）、小月（29 日）相间，一大一小来调整。因为每两月有 0.06 日盈余，还需要配置连大月才能保证月初必朔，月中必望。太阴历以十二个朔望月为一年计算，共 354 日或 355 日。它把月相与日期固定地联系在一起，见月相而知日期，知日期亦知月相。这在上古，无疑给人们的生产和生活带来方便。其致命的弱点是，十二个朔望月（平年 354 日）与太阳的运行周期（即回归年长度 365.2422 日）不相吻合，太阴历每年与回归年有 11 日多的时差，积三年就相差 34 日。这就必将搅乱月份与回归年长度确定的春夏秋冬四季的关系，冷暖四季与月份的关系错乱，又会给人们的生产、生活带来困难。

从古代历史记载得知，世界上最早制历的国家都首先使用过太阴历，因为月球的盈亏变化对人类而言较为明显而又亲切。上古时代，日苦其短，年嫌其长，月的周期最能适应宗教仪式的需要，朔望月自然就占有了重要的地位。

伊斯兰教用于祭祀节日的回回历就是现存的唯一纯太阴历。回历以公元 622 年 7 月 16 日，即穆罕默德避难麦加的次日为元年元日，以朔望月计，十二月为一年，每月以月牙初见为第一日，单月 30 日，双月 29 日，大月小月相间，全年 354 日，不置闰月。由于十二个朔望月共 354 日 8 时 48 分 34 秒，每年多出 8 小时有余，积三年就多出一天有余。所以，回历每三十年共置十一个闰日。在三十年中，第 2、5、7、10、13、16、18、21、24、26、29 年为闰年，每年 355 日，闰日放在十二月。

由于太阴历和回归年的日差，回历的岁首和节日（如肉孜节、古尔邦节）寒暑不定，便是可以理解的了。

陈垣先生《二十史朔闰表》附有回历与公元历、阴历的日期对照，便于检查。

乙，太阳历。它是以太阳的回归年周期为基本数据制定的历法。欧洲太阳历是古罗马恺撒（Julius Caesar，前 100—前 44）在公元前 46 年请埃及天文学家索西琴尼斯协助制定的，世称"儒略历"或"旧太阳历"。当时测得的回归年长度为 $365\frac{1}{4}$ 日。因此，儒略历规定，每四年中前三年为平年 365 日，第四年为闰年 366 日，即逢四或逢四的倍数的年份为闰年。一年十二个月，单月为大月 31 天，双月为小月 30 天。起自 3 月，终于 2 月，与月相完全无关。因为古罗马每年 2 月（年终）处决犯人，视为不吉，所以减去一日，平年只有 29 日，闰年为 30 日。又因为恺撒养子屋大维（奥古斯都）生于 8 月（小月），又从 2 月减一日加到 8 月，变 8 月小为 8 月大（31 日）。这样，2 月即为 28 日（闰年为 29 日）。为了避免由于 2 月小、8 月大而造成的 7 月、8 月、9 月三个月连大，又改为 7 月、8 月连大，9 月、11 月为小月，10 月、12 月为大月。这都是人为的规定。

公元 325 年，罗马帝国召开宗教会议，决定统一采用儒略历，并依据当时的天文观测，定 3 月 21 日为春分日。

回归年长度为 365.24219 日，即 365 日 5 时 48 分 46 秒。而儒略历是以 $365\frac{1}{4}$ 日，即 365 日 6 时为数据制定的。两者有 11 分 14 秒之差，长期积累就会形成明显误差（128 年差 1 日），这在当时并不为人所知。到公元 1582 年，人们发现春分点竟在 3 月 11 日，与公元 325 年的春分点相差十日之多，即 1258 年间（325—1582）间差十日，相当于每 400 年误差 3 日。为此，罗马教皇格里高利十三世（Pope Gregory XIII，1502—1585）只好召集学者研究，改革儒略历，采取每 400 年取消 3 闰（即 400 年 97 闰）的方法，规定把 1582 年 10 月 4 日以后的一天算为 1582 年 10 月 15

日，所有百位数以上的年数能被 400 除尽者才能算闰年（如 1600 年，2000 年）。这样，一方面纠正了儒略历的误差，另一方面又提高了太阳历的精度。改革以后的儒略历称为"格里历"，其精确度很高：

365×400+97 = 146097 （日）

146097÷400 = 365.2425 （日）

格里历这个回归年长度 365.2425 日比现代实测回归年长度只有 0.0003 日（即近 26 秒）之差，积累 3320 年才会有一日的误差。这对日用历来说，已是十分精确的了。

我国元代郭守敬至元十八年（1281）制定的"授时历"，其回归年长度已达到 365.2425 日的精确度，比格里历早了三百年。

当今世界通用公元纪年，共同使用的就是格里历。而公元纪年并不开始于公元元年，而是开始于公元 532 年（据说基督就诞生在公元 532 年之前，532 年正是我国南朝梁武帝中大通四年）。这是出于宗教的考虑。因为 532 这个数字正是星期日数 7、闰年周期 4 和所谓月周（即一定历日的时间地球上看到月面形状变化的周期）19 （年）的最小公倍数。每过 532 年，基督教的节日（比如复活节）又会是同一日期、星期和月相。因此，公元 532 年之前的公元纪年都是后来逆推而定的。

太阳历以回归年周期为依据，四季与月份的关系稳定。中国古历形成的二十四节气就比较固定地配合在太阳历的一些日子里。

埃及人在远古时代曾一度使用太阴历，后来因为尼罗河涨水对生产影响极大，需要预报涨水时期，而尼罗河水涨和夏至是在天狼星出现的第一天早晨同时来到。古埃及人知道太阳在天球上的运行与尼罗河的洪水期有关，所以特别注意太阳在一年中各时期的高度，以及日出、日没时间和方位。同时还精密地观测了天狼星及南河三等恒星的周年运动，发现了太阳运行周期——回归年长度为 $365\frac{1}{4}$ 日。在公元前 2000 多年古埃及人就制定了以 365 日为一年的太阳历，而放弃了太阴历的使用。

格里历所代表的太阳历也有不便之处，一是每月天数不统一，二是完全排除了月相周期。因此，历法研究者曾提出不少改革格里历的方案，有代表性的方案有两种。

第一种方案：把一个回归年分为十三个月，每月 28 日，四个星期，唯独第十三个月为 29 日（闰年 30 日）。年终可多休息几日，很便于掌握。这种方案的缺点是无法安排习惯上常用的春夏秋冬四季。

第二种方案：每年分四个季度，十二个月。每季度第一月为 31 日，其余两月各 30 日，共 91 日，一季度十三周。每季度的头一天为星期日，每季度最后一天是星期六。上半年和下半年各为 182 日。四个季度加起来 364 日，剩下一日安排在年末，不列入星期，也不列入日期名称，算做国际新年休息日。闰年多出的另一天安排在 6 月 30 日之后，作为休息日，也不列入星期和日期名称。这是 1923 年国际联盟在日内瓦设立的"修订历法委员会"提出来的方案。几十年来，已有比较一致的肯定意见。这个方案比现行日历优越，不但大月、小月、星期有规律，而且每年十二个月可以平分、三等分、四等分和六等分，便于计划、统计和比较。

丙，阴阳合历。太阳历仅注重太阳的运行（实际是地球运行所产生的视动），完全与月球的运行无关；而太阴历则只注意月亮的运行，不涉及太阳的回归年长度，这就使得四季变化没有一定的时间，于生产十分不便。于是又有了折中办法，即阴阳合历。所谓折中，就是将太阳历与太阴历结合起来制历，用设置闰月或用其他计算法以调和四季，使季节能近于天时，便利农事。阴阳合历既照顾月相周期，又符合四季变化。

我国上古自有文字记载以来，一直使用阴阳合历，这正是中华民族"文明"的标志，也正是我们要探讨的主要问题。因为回归年、朔望月和计时的基本单位——日，始终不是整倍数的关系，年与月无法公约。如何调整年、月、日的计量关系，便是提高阴阳合历精度的关键，也是我国千百年来频繁改历的主要原因之一。

世界上几个文明古国，在上古时代使用的历法，比如希腊历、犹太历、巴比伦历、印度历以及我们的中国古历，可以说都属于阴阳合历的范围。

以上是就一般历法分类说的。此外，还有一些特殊的历法。比如非洲古国埃塞俄比亚的纪年法与计时法，就与世界通用的不同。埃塞历一年为十三个月，前十二月每月30天，第十三个月平年为5天，闰年为6天。埃塞历的新年在公历的9月11日。埃塞历比公历纪年迟7年8个月10天。埃塞历的计时法，以每天早晨的6点为0时，每天也是24小时。

此外，还有信奉佛教的国家缅甸，它的历法以开始出现月亮到形成满月之间的时日算做一个月。也就是说，一个月只有两个星期，一年有二十四个月。这个"月"，自然与朔望月不是一回事。

埃塞历也好，缅历也好，都只能划归太阳历一类，因为它的"年"是符合回归年长度的。

五、 古天文学与星占

原始社会时期，生产力十分低下，面对风雨雷电等各种无法解释的自然现象，初民都视之为"神"，认为那是上天的旨意。在没有完全认识自然规律之前的蒙昧时代，以预卜吉凶祸福为目的的星占神学就得到迅速发展，并控制着初民的整个思想领域。天幕上的日食、月食，五大行星的运行，流星、彗星、极光、新星等天象被看作上天给人的启示或警告。这些天象的发生，也就为星相家所详细记录。在星占学盛行的时代，天文学自然是它的附庸，并成为一种保密的学问，变成支持星占神学的皇室的专有品，由皇家的专门机构如钦天监等把持，甚至规定不准私习天文。我国历代编写的《天文志》，除了讲述星区的划分，解释对宇宙的看法外，充斥了大量的星占学内容，道理就在这里。正因为这样，要了解天意，要利用将要发生的天象作出吉凶祸福的准确预报，就必须对天象作大量的观测、研究，以掌握它的运行变化规律。

中国古代星占家，不仅观察日、月、五星的运行，而且还计算它们的运行周期，决定年、月、日、时。这样，客观上就为制历提供了数据。所以，著名的星占家往往就是有成就的天文学家，也就不足为怪了。司马迁《史记》以历为推步学，以象为占验学，正反映了天文与星占的关系。

据《魏书·崔浩传》载，北魏天文学家崔浩（381—450），作过一次被认为"非他人所及"的神占。原文是：

> 姚兴（后秦政权）死之前岁（公元 415 年姚兴死）也，太史奏：荧惑在匏瓜星中，一夜忽然亡失，不知所在。或谓下入危亡之国，将为童谣妖言，而后行其灾祸。太宗（拓跋嗣，明元帝）闻之，大惊。乃召诸硕儒十数人，令与史官求其所诣。浩对曰："案《春秋左氏传》说，神降于莘，其至之日，各以其物祭也。请以日辰推之，庚午之夕，辛未之朔，天有阴云，荧惑之亡，当在此二日内。庚之与未，皆主于秦，辛为西夷。今姚兴据咸阳，是荧惑入秦矣。"诸人皆作色曰："天上失星，人安能知其所诣，而妄说无徵之言。"浩笑而不应。后八十余日，荧惑果出于东井，留守盘游。秦中大旱，赤地，昆明池水竭。童谣讹言，国内喧扰。明年，姚兴死，二子交兵，三年国灭。于是诸人服曰："非所及也。"

从天文学的角度看，崔浩不过根据荧惑（火星）的顺、留、逆行，预报了一次火星的运动而已。以星占说附会之，就带上了极其神秘的色彩。

实际的天象观测受到星占学的束缚，作为实用天文学的古代历法也一样不能摆脱星占学的桎梏。历法的基本数据与理论，都必须符合星占学的意识，星占家都要对之做出他所需要的歪曲解释。如汉代行用过的八十一分法，这不过是四分历法的一种简化形式，它是取朔望月 $29\frac{43}{81}$ 日为月法，并无神秘之处。在星占盛行的汉代，其解说却令人头晕目眩。刘歆说：

元始有象一也，春秋二也，三统三也，四时四也，合而为十，成五体。以五乘十，大衍之数也，而道据其一，其余四十九所当用也。故著以为数，以象两两之，又以象三三之，又以象四四之。又归奇象闰十九，及所据一，加之。因以再扐两之，是为月法之实。如日法得一，则一月之日数也。

把这段神乎其神的文字用数学公式写出来就是

$$一月 = 29\frac{43}{81}日 = \frac{2392}{81}日$$

$$= \frac{\{[(1+2+3+4)\times5-1]\times2\times3\times4+19+1\}\times2}{81}日$$

星占术的依据是阴阳五行说。阴阳五行说可分为阴阳说和五行说两种，但五行说必含阴阳，而阴阳必含五行。阴阳说以阴阳二气的相对势力为天地万物生成的基础。五行说是以木、火、土、金、水五种物质形式作为构成天地及各种变化规律的基础。阴阳五行说在古代发展为指导人类行为的基本原理，联系着政治、军事、农业、星象乃至伦理、艺术、宗教等各个领域，几乎成了各种学科的总枢，到汉代尤为盛行。董仲舒治公羊之学，刘向治穀梁之学，刘歆治左传，都以阴阳五行为说。《史记·天官书》云："天有五星，地有五行。"是以地上的五种物质形式相配天上的五颗行星，仅有对照的含义。《汉书》首创《五行志》以日食星象说灾异，算是阴阳五行说渗透天文学的一次总结。其余医卜星相，无不以之为原则。

《淮南子·天文训》把天地万物，日月星辰的起源，都以阴阳五行说作解释："宇宙生气，气有涯垠。清阳者，薄靡而为天；重浊者，凝滞而为地。……天地之袭精为阴阳，阴阳之专精为四时，四时之散精为万物。积阳之热气生火，火气之精者为日。积阴之寒气为水，水气之精者为月。日月之淫为精者为星辰。天受日月星辰，地受水潦尘埃。"据此，日叫太阳，月叫太阴，也就明白了。星辰是从日月溢出的气的结合物，则行星与众星不过是阳精与阴精的不同量的结合罢了，这如同"四时之散精为万物"一样。

《淮南子》以后，对五行的运用更为广泛，五帝、五方、五色、五音、五味、五脏、五数、五器……凡以五为一组的事物都配以五行。就是四时、四方、四相，也牵合为五时、五方、五兽（《天官书》四相加黄龙），以顺应五行之说（见下表），足见五行说之无孔不入。

五行的运用

五行	土	金	木	火	水
十支	戊己	庚辛	甲乙	丙丁	壬癸

五灵	倮（圣人）	毛（麟）	鳞（龙）	羽（凤）	介（龟）
五音	宫	商	角	徵	羽
十二律	黄钟之宫	夷则、南吕、无射	太簇、夹钟、姑洗	仲吕、蕤宾、林钟	应钟、黄钟、大吕
数	五	九	八	七	六
五味	甘	辛	酸	苦	咸
五臭	香	腥	膻	焦	朽
五祀	中	门	户	灶	行
五脏	脾	肺	肝	心	肾
五帝	黄帝	少皞	太皞	炎帝	颛顼
五神	后土	蓐收	句芒	祝融	玄冥
五色	黄	白	青	赤	玄
二十八宿		奎娄胃……	角亢氐……	井鬼柳……	斗牛女……
五事	思	言	貌	视	听
八卦	坤（艮）	乾（兑）	巽（震）	离	坎
五徵	风	旸	雨	燠	寒
五福六狂	凶短折寿	忧攸好德	恶考终命	疾康宁	贫富
五常	信（脾）	义（肺）	仁（肝）	礼（心）	智（肾）
五官	口	鼻	目	耳	窍
五星	镇星	太白	岁星	荧惑	辰星
五官	都	理	田	司马	司空
五神	志	魄	魂	神	精
五方	中央	西	东	南	北

时	孧	秋	春	夏	冬
五兽	黄龙	白虎	苍龙	朱雀	玄武
五器	绳	矩	规	衡	权

天有五星，地有五行，人有五德（仁、义、礼、智、信）。天、地、人三界是彼此影响、相互关联着的。天上的木星有了异象，地上的木和人心的仁都会有异象发生；天上的土星有了异象，地上的土及人心的礼都会产生变异。星占术就以此为基础解说天象，预卜人世祸福。

星占术以肉眼能见的五大行星为主要观测对象，五星在古代又各有不同的名称，这些不同的称号又来源于长期的实际观测。

木星。古称岁星，春秋时代曾用以纪岁。古人已知木星十二年运行一周天，一年行一次，故有岁星纪年之说。

火星。名荧惑，因为它的光度常有变化，顺行逆行使人迷惑，难以掌握。

土星。名镇星，古人以为它二十八年运行一周天，一年行一宿，如同二十八宿坐镇天上。

金星。名太白，因为它光辉夺目，是天球上最明最白的一颗星。

水星。又名辰星，因为它距太阳最近，相距不及一辰。

五星的名称，足以反映古人对行星观测的精细及勤劬。古人又观察到木星色青，火星色赤，土星色黄，金星色白，水星色灰，便以五色配五行，这不能不说是天文学的发展丰富了阴阳五行说的内容。

阴阳五行说，起源于殷代，盛行于汉魏，流传至唐宋，宋代理学家谈性理，奉阴阳五行说为金科玉律。影响及今，中医理论及占卜原理都以阴阳五行为说。

要之，阴阳五行说是星占的依据，星占与古天文学又密切难分。要想对古天文学有正确的认识，不能不对阴阳五行说有个大致的了解。

由于阴阳五行说的泛滥，天干地支也蒙上五行说的尘埃，要通读古籍就不可不知它们的关系。

五行相生：木→火→土→金→水→木

五行相克：水_灭 火_熔 金_伐 木_{长于} 土_防 水

五行配天干： 木　　 火　　 土　　 金　　 水
　　　　　　甲乙　 丙丁　 戊己　 庚辛　 壬癸

五行配地支： 木　　 火　　 金　　 水　　 土
　　　　　　寅卯　 巳午　 申酉　 亥子　 辰未戌丑

五行配干支（纳音五行）：

　　　甲子乙丑海中金，丙寅丁卯炉中火。

　　　戊辰己巳大林木，庚午辛未路旁土。

　　　壬申癸酉剑锋金，甲戌乙亥山头火。

　　　丙子丁丑涧下水，戊寅己卯城头土。

　　　庚辰辛巳白蜡金，壬午癸未杨柳木。

　　　甲申乙酉泉中水，丙戌丁亥屋上土。

　　　戊子己丑霹雳火，庚寅辛卯松柏木。

　　　壬辰癸巳长流水，甲午乙未沙中金。

丙申丁酉山下火，戊戌己亥平地木。

庚子辛丑壁上土，壬寅癸卯金箔金。

甲辰乙巳覆灯火，丙午丁未天河水。

戊申己酉大驿土，庚戌辛亥钗钏金。

壬子癸丑桑柘木，甲寅乙卯大溪水。

丙辰丁巳沙中土，戊午己未天上火。

庚申辛酉石榴木，壬戌癸亥大海水。

六、 古代天文学在阅读古籍中的作用

古代天文历法在研究古代科技史、古代历史、文物考古等方面均有实用意义，这里谈谈它在指导我们阅读古代典籍中的作用。

清儒有言，不通声韵训诂，不懂天文历法，不能读古书。粗看起来有点夸大其词，细加思忖，不无道理。

我国是世界文明古国之一，也最早进入人类社会的农牧业时代，对与农耕生活紧密相关的天文学的研究，自然源远流长。先民在这方面积累了极其丰富的知识，并将它广泛地应用到社会生活的各个领域，这在古代典籍中得到了充分的反映。明末大学者顾炎武在《日知录》卷三十里说：

三代以上，人人皆知天文。"七月流火"，农夫之辞也。"三星在天"，妇人之语也。"月离于毕"，戍卒之作也。"龙尾伏辰"，儿童之谣也。后世文人学士，有问之而茫然不知者矣。

古代典籍是古代社会生活的真实记录或艺术化的再现，这就必然要涉及古代天文历法的内容。古代大量的神话传说、民间故事，都源于古人的天文学知识。先民世代相传，不断丰富，一经文人的妙笔加工，就成为我国古代文化遗产的重要组成部分。

跂彼织女，终日七襄。虽则七襄，不成报章。睆彼牵牛，不以服箱。东有启明，西有长庚。有救天毕，载施之行。维南有箕，不可以簸扬。维北有斗，不可以挹酒浆。维南有箕，载翕其舌。维北有斗，西柄之揭。（《诗·小雅·大东》）

诗人在这里运用了"织女、牵牛、启明、长庚、天毕、箕、北斗"等星象，巧积成文，反复歌咏，生动形象地表达了深沉幽思的感情。

昔高辛氏有二子，伯曰阏伯，季曰实沈，居于旷林，不相能也。日寻干戈，以相征讨。后帝不臧，迁阏伯于商丘，主辰（主祀大火），商人是因，故辰为商星（即心宿）；迁实沈于大夏（晋阳），主参（主祀参星），唐人是因……故参为晋星。由是观之，则实沈参神也。（《左传·昭公元年》）

这是一个影响深远的历史故事：传说中的帝王高辛氏有二子——阏伯、实沈，彼此不和，争斗不已。高辛氏迁阏伯于商丘主商，迁实沈于西方大夏主参，彼出则此没，解决了兄弟间的矛盾。故事虽具有浓郁的神话色彩，却有可靠的天象依据。参宿与商（心宿），一个东升，一个西落，永不相见。因此，后世便以参商喻兄弟不和或久违难见。曹植《与吴质书》："面有逸景之速，别有参商之阔。"陆机《为顾彦先赠妇诗》："形影参商乖，音息旷不达。"王勃《七夕赋》："谓河汉之无浪，似参商之永年。"杜甫《赠卫八处士》更有名句："人生不相见，动如参与商。"诸多用典，即由此而来。

古代关于牛郎织女的传说，关于嫦娥奔月的神话，《庄子》中傅说死精神托于箕尾的文字，《列子》中两小儿辩日的记载……无一不与日月星辰永无休止的运转相关。

如果说上面的举例还属于虚幻不实，出于艺术加工，有牵强附会之嫌的话，那么关于记人记事，确不可疑的实例在古代典籍中也比比皆是。

帝高阳之苗裔兮，朕皇考曰伯庸。摄提贞于孟陬兮，惟庚寅吾以降。(屈原《离骚》)

这是自叙家世，自报出生年月日的写实文字，无半点虚浮。这又该如何理解？用什么方法推算年月日才算可靠？千百年来众说纷纭，文史界至今尚在探讨。仿屈原用同一手法记年月日的，还有贾谊《鵩鸟赋》："单阏之岁兮，四月孟夏，庚子日斜兮，鵩集于舍。"这也要具有古天文学知识才能理解。

七月流火，九月授衣。一之日觱发，二之日栗烈，无衣无褐，何以卒岁？三之日于耜，四之日举趾。同我妇子，馌彼南亩，田畯至喜。（《诗·七月》）

这是《诗经》中的名篇，人尽皆知的农事诗。农事必与月份、季节有关，诗中的纪月就标志着用历。而这里的"七月""九月"的时令与后世的农历（夏历）并不一致，一般注释家认为这是周历与夏历并用。在夏历解释不通的地方，说是用的周历；在周历无法诠释之处，说是用的夏历。这种理解显然不合常理，绝不可能有一首诗兼用两种历。有人认为《七月》属"豳风"，用的是一种古拙的豳历。那又实在缺乏依据，是"大胆假设"的变种了。如果我们将诗中涉及的天象、气象、物象和农事记载，与《夏小正》《月令》《淮南子》等古籍中有关的文字比较，《七月》的用历也就迎刃而解了。

其次，《吕氏春秋·序意》"维秦八年，岁在涒滩，秋甲子朔。朔之日，良人请问十二纪"的纪年月日，《诗经·十月之交》"十月之交，朔月辛卯，日有食之"所歌咏的中国文献可靠的日食记载，近代以来出土文物中诸多的干支纪日原文，都是不能用想象、用夸张的感情去理解的。

一句话，要解决这些疑难，要读懂古代典籍，古代天文历法知识是不可或缺的。

为了更好地说明问题，我们举几个常见又常被误解或忽视的例子，以引起大家对古天文学知识的高度重视。

第一例 有名的汉乐府民歌《陌上桑》："日出东南隅，照我秦氏楼。秦氏有好女，自名为罗敷。罗敷喜蚕桑，采桑城南隅。"

这首一句，文学家的理解一般是不错的，就是"日出东南方"。而有的训诂家为了证明词的偏义，认为只有"日出东方"，没有日出东南方，"东南"义偏在东，"南"字虚拟。认为这是与"便可白公姥""我有亲父兄"同例。"白公姥"，刘兰芝有姥无公，偏义在姥；"亲父兄"，刘兰芝有兄无父，义偏在兄。抠字眼的训诂家这些刻板的理解，当然会受到文艺评论家的讥笑。这毕竟是文学作品呀！而文艺家的认识"日出东南方"是否就尽善尽美了呢？从古天文学角度看，还有深进一层的必要。

"日出东南隅"，这是初春的天象。时令规律是，日南至——冬至之后，太阳北回，大地逐渐返春。地处黄河流域的古人眼里，初春季节，太阳从东南方升，从西南方向落。《淮南子》称"天有四维"，"日冬至，出东南维，入西南维……夏至，出东北维，入西北维"。冬至之后春分之前这一段时间，太阳不从正东而从东偏南方向出来。这种观察太阳升起和落山位置以定季节的办法在《山海经》中也有记载。《山海经·大荒东经》就记载了六座日出之山，《山海经·大荒山经》里记载了六座日入之山。六座日出之山，六座日入之山，两两成对。说明古人对不同季节不同月份太阳出山入山时在不同的方位已有了清晰的认识。六座日出之山，从东北到东南，相当于太阳从夏至到下一个夏至往返一次，即一年十二个月太阳出入的不同方位。日出东南隅，这正是初春的天象。

为什么一开始写一个初春的天象呢？这不仅写罗敷喜蚕桑，初春里就养蚕了，那么勤劳，也衬托了少女罗敷的美丽。虽然诗的后面对罗敷的美有大量描写，但一开头就放她在初春的环境里活动，无异于告诉读者，少女罗敷就如同初春般的含苞待放，如同初春般的令人可亲可近。这个开头就不是一般的交代时令了。

接着还有"采桑城南隅"一句，这仍是写初春的天象。不到城东、城北、城西采桑，而采桑城南隅。因为初春天，阳气始回，草木萌动，太阳总是从南向照来，靠南的枝、芽、叶、果，总是先生先发，利于率先采摘。一旦阳春三月，就是阴山背后的草木也已蓬勃生机了。所以，"采桑城南隅"也不能简单地理解为在城南采桑而已，仍是以初春嫩桑初发在写罗敷的勤劳与美丽。

第二例 苏轼有一首词，《江城子·密州出猎》，内中有一句："会挽雕弓如满月，西北望，射天狼。"注释家对"雕弓"的理解是：弓臂上刻镂花纹的弓。这样的理解有违作者之初志。苏轼在这里以天象入词，指北兵入侵之时，自己虽不能临阵退敌，仍不失慷慨意气。

天狼星在南天，一等大星，很明亮。古埃及人凭天狼星预报尼罗河水的上涨。《史记·天官书》载："狼比地有大星，曰南极老人。"杜甫诗《泊松滋江亭》"今宵南极外，甘作老人星"就是指此。天狼星靠近南极老人，当在南天。如果按注释家的意见，"雕弓"真的指弓，指弓臂上刻花的弓，则

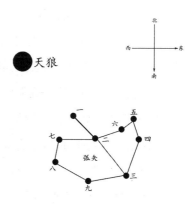

只能是西南望或南望了，与"西北望"正相反。其实，"雕弓"也指星官，即天弓"弧矢"星。《史记·天官书》正义："弧九星，在狼东南，天之弓也。以伐叛怀远，又主备盗贼之知奸邪者。"《晋书·天文志》："狼一星，在东井东南。狼为野将，主侵掠。"又："弧九星，在狼东南，天弓也，主备盗贼，常向于狼。"不难看出，天弓即弧矢，就是对付天狼的。（见上图）

弧矢、天狼并用，古诗中早有。《楚辞·九歌·东君》："青云衣兮白霓裳，举长矢兮射天狼；操吾弧兮反沦降，援北斗兮酌桂浆。"《增补事类赋·星象》："阙邱三水纷汤汤，引弧矢兮射天狼。"注引《天皇会通》："狼主相侵盗贼也。弧，天弓也，常属矢拟射于狼。"白居易诗《答箭镞》："寄言控弦者，愿君少留听：何不向西射？西天有狼星；何不向东射？东海有长鲸。"取意亦同。苏词以雕弓这一艺术形象取代弧矢，也是天弓、天狼并用，就是挽弧矢射天狼。

天狼隐喻辽，而不是西夏。这不是实地的西北望，不必看成实指在西北方的西夏，这是天象上的西北望，得从天象上申说。《宋史·天文志》引武密语："天弓张，则北兵起。"苏词作于宋神宗熙宁八年（1075），当时侵宋的正是北兵辽。《宋史·天文志》载："弧矢九星，在狼星东南，天弓也。……流星入，北兵起，屠城杀将。"同书《流陨》篇记："（熙宁八年十月）乙未，星出弧矢西北，如杯，东南缓行，至浊没，青白，有尾迹，照地明。"这是苏轼写词的当年有关流星的记载。因为历代天文志都与星占术有密切关系，流星的记载正应验外兵的入侵。可见，当时天象指北兵，即辽兵入侵。正因为这样，苏轼的《江城子·密州出猎》为什么不可以看作对抗辽兵入侵的战斗演习呢？无疑，这是一首充满豪迈气概的诗篇。

第三例 关于《周易》丰卦"日中见斗"的理解。列为群经之首的《周易》，历来是被当作卜筮之书看待的。一般将"丰卦"之六二、九四爻辞"丰其蔀，日中见斗"理解为：大房子用草盖房顶，白天能见到北斗星。（见李镜池先生《周易通义》）这是就《周易》卦爻辞的字面意义分别解说的。

《天文学报》1979年第四期的一篇文章认为，"日中见斗"及九三"日中见沫"两条筮辞就是古代太阳黑子记录的一种表达形式。文章首先肯定这是两条天象记载，进一步肯定是太阳黑子的记录。作者认为，最迟到公元前800年，《周易》成书的时代（李镜池说），中国已有了关于太阳黑子的明文记载，这是世界上最早的记录。

如果我们用古代天文学常识并结合考据学方法来研究这两条爻辞，就可以得出不同的结论。

"日中见斗"的"日中"，《周易》经文已无从找到内证，而与《周易》大体同时代的《尚书·尧典》，有"日中星鸟，以殷仲春"这一条观象授时的记录。所谓"日中"是指春分时节，是春天的天象记录。如果这样理解，"日中见斗"的"见"读xian（现），是指春天夜晚北斗现。爻辞"丰其蔀，日中见斗"，"丰其沛，日中见沫"是说，春天来了，满天星斗，北斗最显眼，要观察星象，就在原野上搭个棚，棚顶盖上草。这反映出远古时代初民的穴居生活以及初民对星象的重视。

这样理解，就与"白天见到北斗星"完全不同，也与"最早的太阳黑子记录"不相干。而哪一种解说最接近事理，请大家自行判断吧。不过，有一点应该注意，解读《周易》中的天象记录，务必参照《尚书·尧典》的文字，才能得其真谛。

第四例 《左传》关于阆伯、实沈故事的意义。《诗·唐风·绸缪》"绸缪束薪，三星在天"，"绸缪束刍，三星在隅"，"绸缪束楚，三星在户"，历代注诗者对"三星"的理解各不相同。有注"三星"为"心宿"的（如朱熹《集传》）；有人说第一章指参宿三星，第二章

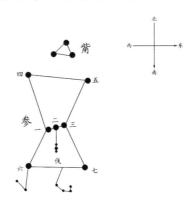

指心宿三星，第三章指河鼓三星（朱文鑫），似不可从；毛传以三星为参宿三星。王力先生主编《古代汉语》面对诸家之说，认为"那要看诗人做诗的时令了"。实际上没有任何结论。

前引《左传·昭公元年》高辛氏"迁阆伯于商丘，主辰，商人是因，故辰为商星；迁实沈于大夏，主参，唐人是因"。实沈是传说中夏氏族的始祖，以参宿为族星，大夏正是夏代的古都。夏为商汤所灭，其地称为"唐"。《左传·定公四年》记"封唐叔于夏墟"，成王姬诵封其弟于此，称唐叔虞，就是晋国的始祖。

《唐风》是晋人的民歌，歌颂参宿，以示不忘先祖，不忘本源，也反映了早就灭亡了的夏民族的观星习俗。春秋时代的晋国采用以寅为正的夏历，战国时代韩、赵、魏仍袭其旧。时至今日，山西临汾地区还有观参宿的习俗，称参三星为"三晋"，可

见大夏民族的流风余韵，影响何其深远！

《左传》所记阏伯、实沈之争是上古时代夏商两族长期征战不休的形象化的反映。商族胜了夏族，商族始祖阏伯被尊为老大，夏族始祖实沈就只能屈居老二了。不难看出，《左传》有关文字已打上了商代文化的烙印。

所以《唐风》所记"三星"是指参宿三星，毛传的解说是可信的。

明确了夏商两族观测天象各有不同的习惯，选择不同的标准星宿，可以断定，《左传》"阏伯、实沈之争"的记载是商代文化的遗迹。还可以推知，十二地支（子丑寅卯辰巳午未申酉戌亥）当起源于传说中的夏代。因为十二地支之首的"子"字，最早用"巳"字，甲骨文巳作兕兕，郑文光同志以为"子"（巳）字是从代表夏族的参星图形衍化而来，觜宿三星形似三根小辫。（见前页图）

第五例　历法与《红楼梦》研究。有人说《红楼梦》是一部奇书，是一部封建社会末期的所谓"百科全书"，充满了许多特异的记载。例如第二十七回，写"宝钗扑蝶""黛玉葬花"，这也是全书的重要情节之一。书上明白写着，那一天是四月二十六日，交芒种节。按照风俗习惯，芒种这天要摆设各种礼物，祭饯花神。因为芒种一过，便是夏日了，众花皆谢，花神退位，需要饯行。这个芒种节与《红楼梦》，与曹雪芹有什么关系？根据历法我们知道，乾隆元年（1736）的芒种节，正好是四月二十六日（阳历是6月5日），曹雪芹死于乾隆二十八年（1763），终年四十岁。由此推算，乾隆元年曹雪芹正好十三岁，这与黛玉葬花时贾宝玉的年龄相同。这就是《红楼梦》一书为自传说的有力佐证。可以认为，贾宝玉这一艺术形象是以作者自己为模特儿来描写的，虽然我们不会在贾宝玉与曹雪芹之间画等号。研究《红楼梦》的专家周汝昌先生早就提出了这条证据，表达了他的独到见解。可见，搞古代文学研究的人，懂得古代天文历法还是必要的。

以上举例不过是想说明，一切与古代典籍有关的学科无不与时间的记载（即古代天文历法）有关，甚至古代字书的解说也不例外。《说文解字》释"龙"字："龙，麟虫之长……春分而登天，秋分而潜渊。"这是一条什么样的龙呢？春分登天，秋分潜渊。在许慎生活的东汉时代，作为麟虫之长的"龙"早已绝迹，许慎无从得见，也无法交代清楚，就利用天象上的角亢氐房心尾箕——东方苍龙七宿来加以描绘。天幕上的苍龙七宿从春分到秋分这一段时间里，每当初昏时候就横亘南中天。到现在，民间传说还有"二月初二龙抬头"的说法。春分后苍龙七宿现，秋分后苍龙七宿初昏已入地了。原来许慎在用天象释字义。

古代天文学在阅读古籍中的作用是不可忽视的，当代一些著名学者于此深有体会。王力先生主编的《古代汉语》开了先例，将古代天文历法作为古代汉语基础知识的一部分专章讲授。南京大学程千帆先生将古代天文历法列入古代文化史课程的重要内容，作为研究生的必修课之一。这都是远见卓识之举，将有深远意义。

我们学习古代天文学知识，不仅仅是为了校读古代典籍，继承优秀文化遗产，发扬我中华民族的古老文化传统，同时可以从中看到我们祖先非凡的聪明才智，激发我们的民族自豪感和爱国热情，攀登新时代的科学高峰。

七、 怎样学好古天文历法

　　我国浩如烟海的古代典籍中涉及天文历法的部分实在不少。从《史记·天官书》始，历代官修正史，大多有《天文志》，详细记述星官及特异的天文现象。对于与生产紧密相关的历法的研究，那就更为丰富了。据朱文鑫先生《历法通志》统计，我国古历在百种以上。可以毫不夸张地说，世界上没有任何一个国家，任何一个民族像我们祖先这样重视和研究历法的。从古至今，研究古天文历法的学人，根据自己的见解，留下了大量的文字。这些材料，头绪纷繁，解说各异，要想找到入学的正确门径确是很难的。再说，中国古代历法，十分重视推步，重视对日、月、五星运动规律的观测与运算，这涉及较为高深的数学知识。对一般文史工作者来说，要读懂这些有关推步的文字实为难事，若为阅读古籍而回头钻研高等数学又实无必要。怎样解决这个矛盾，使一般文史工作者能有一个便捷之法掌握古天文历法这把打开阅读古籍大门的钥匙？

　　这就得大体了解近代关于古天文历法研究的一些方法与流派，扬己之长，避己之短，走自己的路，收事半功倍之效。

　　我国近代关于古天文历法的研究，无论从规模、质量、成绩几方面看，都是历代封建统治下学者个人奋斗达到的水平所不能相比的。1949 年后，研究受到党和政府的重视，不仅有了专门的研究机构，集中了不少专门人才，而且在其他部门从事古天文历法研究者亦逐日增多。尽管科学的研究方法还处于萌芽状态，但就现状看，由于研究者本身所取的角度不同，研究方法也就大不一样，各自具有特点，形成了几个不同的研究流派。这是初入门者不能不知道的。

1. 从历史学角度研究的。以刘坦、浦江清先生为代表。刘坦著《中国古代之星岁纪年》一书，浦先生有《屈原生年月日的推算问题》一文。他们所据春秋、战国、秦、汉诸多记载，不承认"焉逢摄提格"是干支别名，认定那是"岁星纪年"的实录，否定干支纪年起于战国初期。因此，他们以木星运行周期11.8622年为基本数据推考纪年，或从"太岁超辰"之说推求历点。

2. 从考古学角度研究的。以王国维先生为代表。他们根据出土文物、鼎盘铭器上的历点，用刘歆的"孟统"（周历）进行推算。由于不考虑"先天"的条件，西周历法总是与实际天象相差两日到三日。王国维氏著《生霸死霸考》，倡"月相四分"之说，在文物考古界影响很大，至今沿用者不在少数。王氏弟子吴其昌作《金文历朔疏证》，更发挥了王氏的观点。

3. 从现代天文学角度研究的。以朱文鑫、陈遵妫先生为代表。朱文鑫著《历法通志》，陈遵妫有《中国天文学史》一书。目前国内各科研机构（自然科学史研究所、紫金山天文台、北京天文台等）都有这方面的专门小组。其特点是拥有现代天文学的科研手段，所测数据准确，研究者本人精于数学，长于推算。但是，用今天的科学手段比勘古人的肉眼目测，结论往往是有差谬的。如果硬搬《-2500年到+2000年太阳和五星的经度表》以考证古事，又常常有违于古代典籍的记载。

4. 从考据学角度研究的。以张汝舟先生为代表。张氏20世纪50年代末著《西周经朔谱》《春秋经朔谱》《西周考年》等，未遑问世。1979年著《历术甲子篇浅释》《古代天文历法表解》两种，比较集中地代表了他的星历观点。他提出纸上材料（文献记录）、地下材料（出土文物）、天上材料（实际天象）对证。做到"三证合一"才算可靠，尤其重视实际天象。他剔除了《历术甲子篇》中后人的妄改，视它与《次度》为古天文历法之双璧，确证四分历创制于战国初期，行用于周考王十四年（前427）。汝舟先生之说信而有征。经他的友辈和门弟子宣讲阐释，其科学性、实用性已逐渐为文史界所重视。

笔者于1980年底为通俗地介绍张汝舟先生星历观点，曾编写《古代天文历法浅释》一稿，并由南京大学中文系收入所编《章太炎先生国学讲演录》附录中。《浅释》的前言曾说：古代天文历法这门学问，并不如某些人想象的那么神秘。正因为这样，要学习它、掌握它就不是什么难事。古往今来，有关的材料实在不少，前人的解释也众说纷纭。只要找到一把好的钥匙，这个大门还是容易打开的。至于如何掌握这把钥匙，我在从汝舟师学习的过程中有这样的体会：一是要树立正确的星历观点，才不至为千百年来的惑乱所迷；二是要进行认真的推算，达到熟练程度，才能更好地掌握他的整个体系。由此下去，"博观则有所归宿，精论则有所凭依"（黄季刚先生语）。

张氏星历观点的运算立足于四分历，这自然最能反映我国古代历法的实际。从现有记载看，中国最早的历法，所谓"古六历"——黄帝历、颛顼历、夏历、殷历、周历、鲁历，都依照四分历数据。在四分历法产生之前，包括"岁星纪年"在内，都还是观象授时阶段。进入"法"的时代，就意味着年、月、日的调配有了可能，也有了规律，可以由此求得密近的实际天象。——这是一切历法生命力之所在。

一般文史工作者掌握四分历的运算也就够了，这不需要高深的数学知识，不会感到繁难，再进而钻研古天文历法也就有了一个很好的基础。通过演算，相信你会产生越来越大的兴趣，因为它可以引导你解决一些实际问题。你会感到古代天文历法并不如想象的那么玄虚，那么高不可攀。任何一门学问，如果被某些研究者研究得神秘莫测，那就失去了科学的意义。张汝舟先生的星历观点之所以可信，就在于他恢复了这门学科的本来面目，于古代文献、古代历史、古代文学、古代语言都具有真正的实用价值。

在当代古天文学研究领域，张氏的观点独具一格，于繁芜中见精要，于纷乱中显明晰，力排众论，自成一家言。这种以古治古的方法，尤其易为文史工作者所接受。掌握张氏的古天文观点与推演方法，于古代文献的释读，于古史古事的考订，都会深感灵便，情趣无限。

第二讲

———

纪时系统

从服务于生产这个角度说，历法是一种纪时系统，是关于年、月、日、时的有规律的安排与记载。日是计时的基本单位，纪日法当最早产生。年，反映了春夏秋冬寒暑交替，直接关系农事的耕种收藏。依章太炎先生说："年，从禾，人声。""年"的概念也应当起源甚早。年嫌其长，日苦其短，才利用月亮隐现圆缺的周期纪时，才有朔望月的产生。这种周期不长不短的纪时法最适用于人类生活的需要，配合年、日，行用不衰。这就是年、月、日用于纪时的社会作用。比"日"小的计时单位是时（非四季之时，指时辰、小时、刻），那是起于人类有了一定程度的文明，需要有较细致的时间概念之后。为叙述的方便，我们以纪年、纪月、纪日、纪时的顺次，一一说解。

一、 纪年法

帝王纪年法　从西周大量金文及出土的殷商甲骨可以断定，殷商和西周都依商王、周王在位年数来纪年。这就是帝王纪年法。春秋以降，周王权力削弱，各诸侯国均用本地诸侯在位年数纪年。记载鲁史的《春秋》就用鲁侯在位年数纪年。其他诸侯国史虽已不存，但从《国语》中可以看出，各诸侯国都用本国君王在位年数纪年。如：

《晋语》记献公事："十七年冬，公使太子伐东山。……二十二年，公子重耳出亡。……二十六年，献公卒。"

记文公事："元年春，公及夫人嬴氏至自王城。……二年春，公以二军下，次于阳樊。……文公立四年，楚成王伐宋。"

记悼公事："三年，公始合诸侯。四年，诸侯会于鸡丘。……十二年，公伐郑。"

又，《越语》："越王勾践即位三年而欲伐吴。……四年，王召范蠡而问焉。"

记周王事，仍用周工在位年数纪年。如《周语》记幽王事："幽王二年，西周三川皆震。……十一年，幽王乃灭，周乃东迁。"

记惠王事："惠王三年，边伯、石速、芮国出王而立王子颓。……十五年，有神降于莘。"

记襄王事："襄王十三年，郑人伐滑。……二十四年，秦师将袭郑，过周北门。"

记景王事："景王二十一年，将铸大钱。……二十三年，王将铸无射而为之大林。……二十四年，钟成。"

乱世乱时，不统于王，各自为政，就出现了纪年的混乱。纪月起始也各有一套，并不划一。

年号纪年法 秦始皇统一六国，仍用帝王纪年法。到汉武帝元鼎元年（前116）正式建立年号，并将元鼎以前在位的二十四年每六年追建一个年号。按顺次是建元、元光、元朔、元狩，接着元鼎。这就是中国皇帝年号纪年的开始。皇帝一般在即位时用新年号，中间根据需要可随时更换。年号换得最多的是武则天，她在位二十年（684—704），先后使用过十八个年号，随心所欲，经常一年换用两个年号。从汉武帝起，直到清末，中国历史上使用过的年号共计约六百五十个，其中有不少是重复使用的。重复最多的是"太平"年号，先后用过八次。——这从《中国历史纪年表·年号索引》中一查即得。年号最多用六个字组成，如西夏景宗"天授礼法延祚"，西夏惠宗"天赐礼盛国庆"。一般年号是两个字组成，也有三字、四字的。

并不是皇帝非用年号不可，就有不用年号的。如西魏的废帝、恭帝和北周的闵帝。也有沿用前帝年号不改的。唐昭宗年号天祐，哀帝沿用不改；辽太祖年号天显，太宗沿用不改；后晋高祖年号天福，出帝沿用不改；金太宗用天会年号，熙宗沿用不改。

明朝基本上一个皇帝一个年号，只有明成祖夺位后先用了一年"洪武"表示继替朱元璋正统，此后才使用年号"永乐"。明英宗先后两次登极，用了两个年号（用正统十四年，用天顺八年）。清朝皇帝一律一帝一年号。大家习惯于用年号来称呼皇帝本人。说清圣祖、清高宗、清仁宗、清德宗，反而不熟悉，一提康熙、乾隆、嘉庆、光绪，人皆尽知指谁。康熙在位六十一年，乾隆在位六十年，年号使用时间也就最长久。

年号纪年实有不便，但有影响的帝王年号在典籍中不乏记载，甚至常用一些简称。诸如"太初改历"（汉武帝），"元嘉体""元嘉草草"（刘宋文帝），"贞观之治"（唐太宗），"开元天宝"（唐玄宗），"元和体""元和姓纂""元和郡县志"（唐宪宗），"元祐党争"（宋哲宗），"宣和遗事"（宋徽宗），"靖康耻"（宋钦宗），"永乐大典"（明成祖），"天启通宝"（明熹宗），"启崇遗诗考"（天启，崇祯——明思宗），"康熙字典"（清圣祖），"乾嘉学派"（乾隆，清高宗；嘉庆，清仁宗），等等，我们都是应该弄明白的。

岁星纪年法 春秋时代，各国纪年以本国君王在位为依准，各有一套，诸多不便。虽然各国纪年都以太阳的回归年周期为基础，但回归年周期与朔望月长度的调配尚未找到理想的规律。天文学家便在总结前人观测行星的经验及资料的基础上，加上亲身的观测，确知木星运行一周天用十二个回归年周期，即十二年，便定木星为岁星，用以纪年。这是企望扩大回归年周期的倍数，以与朔望月协调，使年与月的安排能够规律化。为此，古天文学家把天赤道带均匀地分为十二等分，作为起始的一分就叫做"星纪"。星纪者，星之序也。由西往东，依次是：星纪，玄枵，娵訾，降娄，大梁，实沈，鹑首，鹑火，鹑尾，寿星，大火，析木。这正是岁星行进的方向。这天赤道带的十二等分，叫十二次，岁星一年行经一次，岁星纪年就这样与十二次联系起来。

岁星纪年法首先出现于《国语》和《左传》。如《周语》"武王伐纣，岁在鹑火"。《左传·襄公二十八年》"岁在星纪而淫于玄枵"。

岁星纪年法是以天象为基础的纪年法，无疑可以比照各诸侯国的纪年。要是它准确无误的话，自会成为统一的纪年法，流行于普天之下。但木星运行周期并非整十二年，而是 11.8622 年。

经历几个周期，岁星就要超次，如《左传》所记，本应"岁在星纪"，而岁星"淫于玄枵"，岁星纪年就失灵了。古籍中虽有关于岁星纪年的记载，但由于岁星本身运行周期不是整十二年，它便不能长久，它只能是春秋时代昙花一现的纪年法。我们自不可将它扩而广之，延及春秋之后。春秋时代的天文学家虽已观测到岁星的"淫"而有记录，但最早据文字记载正式提出岁星超辰的学人却是汉代的刘歆。

太岁纪年法 木星运行周期不是整十二年，用实际岁星的位置来纪年就不准确，自不会符合创始者的初衷。人们就另外设想了一个理想的天体，与岁星运行方向相反，从东到西，速度均匀地十二年一周天，仍利用分周天赤道带十二等分的方法，将地平圈分为十二等分，只是方向相反：以玄枵次为子，星纪次为丑，析木次为寅……（见下图）称为十二辰，与岁星纪年的十二次区

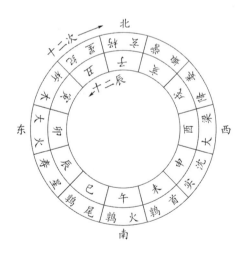

太岁纪年法十二次与十二辰

别。这个理想的天体就称为岁阴、太阴或太岁。太岁和木星保持着大致一定的对应关系。一般是，木星在星纪，太岁在寅；木星在玄枵，太岁在卯……这种用假想的天体——太岁所在的辰来纪年，可以叫做太岁纪年法。

可以明确，太岁纪年法的产生是在岁星纪年失灵之后。太岁是天文学家在不能放弃分周天十二等分而又无法克服木星运行周期非整十二年的矛盾情况下假想的一个理想天体。由于创始行用之初要接续岁星纪年，这个天体——太岁就必然与木星有一定的对应关系，以便有一个接续点，一个起算期。如"木星在星纪，太岁在寅"就是。使用太岁纪年法推算历点者，总是要先确定木星的实际位置，特别是确定木星在星纪的位置，以求找到太岁纪年的起算点，道理就在这里。由于木星周期非整十二年，而理想的太岁周期必须整十二年，这就必然要发生无法调和的矛盾。木星与太岁的对应关系会很快打破，将不再发挥作用。太岁一旦失去了与木星的对应关系，太岁纪年法也就无可依存，自当寿终正寝。如果认为太岁纪年法生命力如何之长久，那也是不合事理的。它仍是春秋后期昙花一现的纪年法，只不过是在岁星纪年法之后，干支纪年之前。

《周礼注》云："岁星为阳，右行于天；太岁为阴，左行于地。"由阴阳关系转化为雌雄关系，即岁星为雄，太岁为雌。《淮南子·天文训》所列一套十二个岁名，与太岁居辰有了固定关系。

太阴在寅，岁名曰摄提格，其雄为岁星，舍斗、牵牛；

太阴在卯，岁名曰单阏，岁星舍须女、虚、危；

太阴在辰，岁名曰执徐，岁星舍营室、东壁；

太阴在巳，岁名曰大荒落，岁星舍奎、娄；

太阴在午，岁名曰敦牂，岁星舍胃、昴、毕；

太阴在未，岁名曰协洽，岁星舍觜觿、参；

太阴在申，岁名曰涒滩，岁星舍东井、舆鬼；

太阴在酉，岁名曰作鄂，岁星舍柳、七星、张；

太阴在戌，岁名曰阉茂，岁星舍翼、轸；

太阴在亥，岁名曰大渊献，岁星舍角、亢；

太阴在子，岁名曰困敦，岁星舍氐、房、心；

太阴在丑，岁名曰赤奋若，岁星舍尾、箕。

这与《史记·历术甲子篇》所记岁名大体相同。如果抛开那个假想的天体不论，太岁纪年法就是十二地支纪年法，由此过渡到干支纪年就很好理解。

后世探讨关于岁星与太岁的文字很多。清代钱大昕、孙星衍、王引之都有专文涉及。近代一些学人如浦江清、郭沫若等就据以推算屈原生年。如果弄清上面的纪年法，这些探讨岁星与太岁纪年的文字都是不难读懂的，也是不难定其是非的。

岁星纪年因木星周期非整十二年而失灵，太岁纪年亦因之而无用，但划周天为十二等分的辰与次却保存下来，继续发挥作用。因为十二等分正好与十二地支配合，太岁纪年法的十二辰就用十二地支名目与岁星纪年的十二次相对应，由太岁纪年过渡到干支纪年就是十分自然的了。在那同时，天文学家已测得回归年周期为 $365\frac{1}{4}$ 日，冬至点在牵牛初度。制历有了基本数据，调配年、月、日有了可能，又有天象作依据，四分历由此产生。那时已进入战国时代。

干支纪年法 天干地支的名目起源很早。郭沫若氏《释支干》以为十二支是从观察天象产生的，郑文光氏以为起源于传说的夏代。因为十二支之首的“子”（崽），甲骨文有作兑𠒇，是从参宿的图形衍化出来的。参宿正是夏氏的族星，是夏民族观测星象的标准星。郑氏的研究以为，十二支的名目都来自天上星宿的图形。不管怎么说，天干地支在秦汉以前已失去了创始的含义。秦汉之后，更无人说得清子丑寅卯、甲乙丙丁的意义。东汉许慎《说文解字》的解说，多从阴阳五行为说，夹杂了更多的汉代人的观念。

甲骨文中已数次发现完整的六十干支片，那当是纪日所用。由于“三正论”的产生与影响，纪月也用了地支名目，所谓“斗建”。若再由十二次、十二辰转入十二地支纪年，就有彼此相混的可能。所以，四分历创制者本欲用干支纪年而故避子丑寅卯等文字，而用了干支的别名。那就是《史记·历术甲子篇》所载：

十天干：	甲	乙	丙	丁	戊	
	焉逢	端蒙	游兆	强梧	徒维	
	己	庚	辛	壬	癸	
	祝犁	商横	昭阳	横艾	尚章	
十二地支：	子	丑	寅	卯	辰	巳
	困敦	赤奋若	摄提格	单阏	执徐	大荒落
	午	未	申	酉	戌	亥
	敦牂	协洽	涒滩	作噩	淹茂	大渊献

《淮南子·天文训》所记，与此小有出入。

后世学者文人仿古，往往亦用干支别名纪年。如《说文解字叙》记"粤在永元困敦之年孟陬之月朔日甲申"，困敦是子，徐锴注：汉和帝永元十二年岁在庚子也。魏源写《圣武记》末记"道光二十有二载玄黓摄提格之岁"，《淮南子》玄黓指壬，摄提格指寅，即壬寅年。

这些古怪的干支别名，或者说太岁纪年法的十二个岁名，从何而来？近人研究，当源于少数民族语言，是民语的音译。陈遵妫先生以为："这也许是占星术上的术语，因系占星家所创用，所以一般都忘却了意义。"如果进一步推求，我以为这是战国初期楚国星历大家甘德的创作，是楚文化的遗迹。司马迁对楚国文化有相当深入的研究，《史记·律书》所依据的天象就是楚人甘德的体系，《史记·历术甲子篇》所记当同。《历术甲子篇》所反映的"四分历"的创制不能说与当时的大星历家甘德无关。楚文化到汉代已更加昌明，由楚辞发展而来的汉赋几独霸汉代文坛，传习成风。这不仅由于汉高皇帝生于楚，功臣武将大多来于楚，也由于楚文化本身在春秋末期就已有相当实力，足以对后世的文化产生绝大的影响。就天文学而言，楚国在春秋后期就足以与中原各国的水准相匹敌。战国初期之甘德可视为楚国天文学说之集大成者。《淮南子》关于岁星、太阴的记载，已不是初创之作，而是战国初期的遗留文字，或经加工。"太阴在寅，岁名曰摄提格，其雄为岁星，舍斗、牵牛"，只能认为是楚文化的遗风。楚行寅正，寅为初始。"岁星舍斗、牵牛"，斗牛为二十八宿的初始。四分历以牛宿初度为冬至点，岁星居此辰，也有初始之义，这正是战国初期的实际天象。《天文训》所载，就不必看作汉朝人的创作。

干支纪年在东汉普行，干支别名纪年就只存在于前代典籍之中。因为官方通行的是帝王年号纪年法，干支别名纪年和干支纪年只能起一个延续久长的纪年作用。

十二生肖纪年法 干支纪年到了民间，却有超越帝王年号纪年法的永无更换的突出优点，六十年一周期也大体可以记录人生的整个旅程。民间还略去天干成分，用十二种动物表示十二地支，这就是十二生肖纪年法。根据王充《论衡·物势》及《论衡·言毒》篇载，汉代"十二辰禽"——子鼠、丑牛、寅虎、卯兔、辰龙、巳蛇、午马、未羊、申猴、酉鸡、戌狗、亥豕，与流传至今的十二生肖完全一样。

十二生肖纪年法，以与人类生活相关而常见的动物代替十二支，十二年一周期，形象易记，屈指可数，更称方便。不仅在汉族地区广为流传，而且一直传播到各兄弟民族地区，只不过为适应各民族的生活环境与习惯，取用的十二种动物略有不同罢了。例如云南的傣族用象代替猪（豕），用蛟、大蛇代替龙，用小蛇称蛇；哀牢山的彝族用穿山甲代龙；新疆维吾尔族用鱼代龙；等等。

藏族的纪年完全接受了十二生肖法，并配合来自汉族的阴阳五行说组成十天干，构成六十循环的纪年法，这可以看成干支纪年法的另一种形式。

十天干：甲——阳木 乙——阴木

丙——阳火 丁——阴火

戊——阳土　己——阴土

庚——阳金　辛——阴金

壬——阳水　癸——阴水

甲子年称阳木鼠年，乙丑年称阴木牛年，丙寅年称阳火虎年……余可类推。

1949 年后我国已采用国际通用的公元纪年法，这是可以长期延续而永不重复的纪年法，优越之处是显而易见的。公元纪年，使用精确度很高的格里历，三千多年才有一日的误差。

在介绍了我国从古及今的各种纪年法之后，还有几个问题需要明确，才算真正懂得纪年法的意义与作用。

1. 十二，天之大数

前面提到，干支纪年法以十天干与十二地支相配组成六十个干支纪年，十二生肖纪年法是十二地支的形象化纪年，岁星纪年法分为十二次，太岁纪年法有十二辰。纪年法的"十二"这个数字太重要了。

十二，确实是中国古代天文学的一个重要数字。《尚书·尧典》记："（舜）受终于文祖……肇十有二州，封十有二山。……咨十有二牧……。"《周礼·春官》载："冯相氏掌十有二岁，十有二月，十有二辰……。"《左传·哀公七年》载："周之王也。制礼上物，不过十二，以为天之大数也。"《左传·襄公九年》："十二年矣，是谓一终，一星终也。"《山海经》记载的神话里有"生月十有二"的帝俊妻羲，"生岁十有二"的噎鸣。屈原《天问》有"天何所沓？十二焉分"，屈原问：这个"天之大数"怎么来的？

殷墟甲骨已数次发现完整的干支表，证明武丁时代（公元前14世纪）就有了十二支的划分。十二支应用于天空区划就是十二辰，是将沿着地平线的大圆划为十二等分，以正北为子，向东、向南、向西依次排列子丑寅卯辰巳午未申酉戌亥。这就是以十二支划分的地平方位，正东为卯，正南为午，正西为酉，正北为子。南北经纬线又称子午线，来源于此。

岁星纪年所用十二次是沿天球赤道，自北向西、向南、向东依次记为星纪、玄枵、娵訾、降娄、大梁、实沈、鹑首、鹑火、鹑尾、寿星、大火、析木。十二次与十二辰方向正好相反。如以十二辰为左旋的话，十二次便是右旋。

十二次、十二辰当来源于十二支。前已述及，郭沫若氏《释支干》认为十二支是从观察天象诞生的，郑文光氏进一步研究，十二支起源于传说中的夏代，这是根据夏氏的族星参宿的图像衍化为"子"（甲骨文作兕兕）确认的。

干支周期的十干，出自人手有十指，从而有了十进位的记数法。十二支"十二"这个数字，只有十二个朔望月约略等于一年这个周期与人最为亲近。可以说，由一年十二个朔望月产生了"十二"这个天之大数，由此依周天星象产生十二支，由十二支产生了十二次、十二辰。由此演化下去，"十二"的应用就更广泛了。

2. 次和辰

《左传·庄公三年》："凡师，一宿为舍，再宿为信，过信为次。"可见次与宿紧密相关。十二次的得名，当源于二十八宿。而十二次与二十八宿相配并不划一。有的次含三宿，有的次含两宿。长沙马王堆三号汉墓出土的帛书中有"岁星居维，宿星二"，"岁星居中，宿星三"，就是这个意思。

为什么有"岁星居维""岁星居中"之分呢？郑文光氏以为，这是远古时代天圆地方说的残存。《淮南子·天文训》有"帝张四维，运之以斗"即是指此。据高诱注："四角为维。"一个方形的大地，自然有四个角落。岁星运行至此，需要拐弯，只住两"宿"。运行到两维之间，即"中"，是直线行进，就经历三"宿"。(见下图)

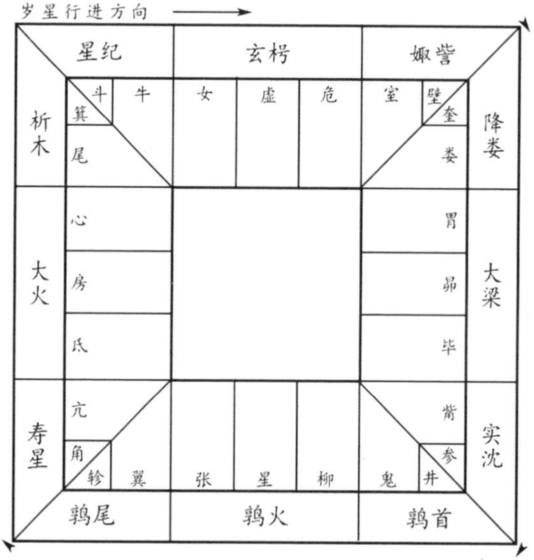

岁星与星宿对应关系

岁星居维，宿星二；岁星居中，宿星三

郑氏以为，"十二次并不单纯是天空区划，而是照应到天地关系"，"还保留着天圆地方说的残余"，意味着其来源"甚古"。

关于辰，用法十分广泛，解说也有不同。《左传·昭公七年》："日月之会是谓辰，故以配日。"《公羊传·昭公十七年》说："大火为大辰，伐为大辰，北辰亦为大辰。"日本天文学家新城新藏以为，观象授时，"所观测之标准星象……通称之谓辰。所以随着时代的不同，它的含义有种种变迁"。

在中国古籍记载中，"日月星辰"总是相提并论。今人将"星辰"连着解释，以此律古，那就不着边际。《管子·四时》篇记，"东方曰星"，"南方曰日"，"西方曰辰"，"北方曰月"，日月星辰各有所指。《国语·周语》载："昔武王伐殷，岁在鹑火，月在天驷，日在析木之津，辰在斗柄，星在天鼋，星与日、辰之位皆在北维。"星与辰在这里区别清楚。同样，《尧典》"历象日月星辰，敬授民时"，也应理解成分别为说。

在上古人眼里，日、月、星、辰并不相混，当各有内涵。日与月自不待说，星当指行星，辰当指恒星。这就包括了肉眼能见的除彗星、流星外的所有天体。星与辰的区别在行与恒，动与不动。金木水火土五大行星称"星"，不与辰相混，辰指水星当在有了十二辰之后。辰虽指恒星，说也笼统。有不动，有不动之动。在所有恒星中，北极星可视为不动之恒星，其余则可视为运转之恒星，所谓"北辰亦为大辰"就是这个意思。如果把"大辰"理解为"所观测的标准星象"，那么上古人类最先是以北极星为标准星的。因为所有天体，不考虑岁差，只有北极星是真正不动的，最易识别。现今人们肉眼观星，也总是先找北极星，再取北斗定方位，并确定其他星象，道理相同。依郑文光氏说，到了传说中的夏代，为了农事的需要，观测星象取的标准是参宿（伐星的位置），这就是《公羊传》所谓"伐为大辰"。商代观星取商星（心宿，即大火）为标准星，这就是"大火为大辰"。伐、大火，或者说参宿、商宿，每年春季的黄昏或晨旦都出现在大体相同的位置上。作为"大辰"，仍取一个相对固定的意思。总之，上古典籍中的星与辰是不容混淆的。

至于十二辰，沈括在《梦溪笔谈》中说："今考子丑至于戌亥，谓之十二辰者，《左传》云'日月之会是谓辰'，一岁日月十二会，则十二辰也。"对十二辰的解释历来大都从此。

总之，十二次与十二辰的划分，除了方向相反以外，其他方面完全一致。

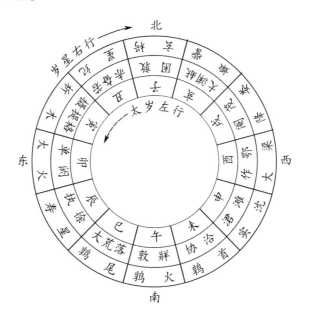

十二次与十二岁名的对应关系

3. 十二次名的来源

岁星纪年的十二次，取名都是有来源的，比较清楚。

星纪：星之序也。表示岁星纪年以此次为首。战国以后历代都将冬至点的牵牛初度安放在星纪次的中点，反映的是战国初期的天象。《淮南子》"岁星舍斗、牵牛"，正是星纪一次。

玄枵：即传说时代黄帝的儿子，亦写作玄嚣。

娵訾：是传说时代帝喾的妻子。

降娄：即奎、娄二宿名。

大梁：地名。战国魏后期的都城。

实沈：传说时代高辛氏（帝喾）的次子，即夏族的先祖。

鹑首、鹑火、鹑尾：把南天一片星座联想成鸟的形象，分鸟头、鸟心、鸟尾三次。

寿星：传说中的神名。

析木：地名。属燕国。

4. 公元与干支纪年的换算

接触文史古籍的同志，经常要遇到公元纪年与干支纪年的换算问题。除了利用《中国历史纪年表》直接查对之外，还有什么简便的换算法呢？这里给大家介绍两种方法。

第一法，用"一甲数次表"以数学公式推算。

甲，公元后年干支的推算法。

公元1年是辛酉年，2年壬戌，3年癸亥，4年甲子。

4加56才等于60，才能符合一甲数。"56"这个数字就是至关重要的了。干支纪年60年一轮回。凡大于60的干支年序数都必须逢60去之，余数才与60干支序数相吻合。推算法是：

$$(x+56) \div 60 = 商数 \cdots\cdots 余数$$

余数就是年甲子序数。从"一甲数次表"中可查得。（表见209页）

为什么"一甲数次表"中，甲子的代号数是0，而不是常用的1？这是因为中国最早的历法——殷历，记载太初历元的甲子朔日与冬至甲子日是用"无大余"表示的。乙丑日用"一"表示，丙寅用"二"表示。"无大余"就是0，0就是甲子的代表数。（见《史记·历术甲子篇》）

例1　求公元1984年的年干支

$$(1984+56) \div 60 = 34 \cdots\cdots 无余数$$

能被60整除而无余数者（余数为0），则年干支为"甲子"。

例2　求公元3年的年干支

$$3+56=59$$

年数加56，小于60，这个"和"就是年干支代表数。查"一甲数次表"59为癸亥，则公元3年即癸亥年。

例3　求公元1840年的年干支

$$(1840+56) \div 60 = 31 \cdots\cdots 36（余数）$$

"一甲数次表"中，36是庚子的代号。公元1840年即庚子年。

乙，公元前年干支的推算法。

公元前1年是庚申，公元1年辛酉，2年壬戌，3年癸亥，4年甲子。

数学上从−1到1，中间还有整数0，间隔是2。而历法纪年无公元0年，从公元前1年直接进入公元后1年。故庚申56加3

即得一甲数60。公式为：

$$(x+3) \div 60 = 商数 \cdots\cdots 余数$$

因为公元前某年是从公元前1年起逆推，必须60减去余数，才得年干支序数。

例4　求公元前427年干支

$$(427+3) \div 60 = 7 \cdots\cdots 10 （余数）$$

$$60-10 = 50 （干支序数）　得甲寅$$

例5　求公元前1106年干支

$$(1106+3) \div 60 = 18 \cdots\cdots 29 （余数）$$

$$60-29 = 31 （干支序数）　得乙未$$

例6　求公元前10年干支

$$10+3 = 13$$

相加小于60，即以之做余数

$$60-13 = 47 （干支序数）　得辛亥$$

第二法，用"甲子检查表"直接查干支。这是已故历史学家万国鼎先生在《中国历史纪年表》中所载两个表，我们加以介绍（为便于读者使用，已稍作修改）。

先看《公元前甲子检查表》。上三列分别是公元纪年个位、天干和地支，其中地支分为六列。左下"千百位"有规律地排为三行，与右下的"十位"三行相衔接，代表公元纪年的千百位和十位。"十位"分为六列，与地支六列对应。查阅时，由"千百位"所在行找到"十位"所在行，借由"十位"上溯找到对应地支所在列，再由个位确定行，两者所交即为干支。

如查公元前1066年干支。先在左下三行中找到千百位数10，

公元前甲子检查表

■ ○ 公元前1066年
千百位：10
十位：6
个位：6
干支：乙亥

□ ○ 公元前89年
千百位：00
十位：8
个位：9
干支：壬辰

个位	天干	地支					
9	壬	戌	申	午	辰	寅	子
8	癸	亥	酉	未	巳	卯	丑
7	甲	子	戌	申	午	辰	寅
6	乙	丑	亥	酉	未	巳	卯
5	丙	寅	子	戌	申	午	辰
4	丁	卯	丑	亥	酉	未	巳
3	戊	辰	寅	子	戌	申	午
2	己	巳	卯	丑	亥	酉	未
1	庚	午	辰	寅	子	戌	申
0	辛	未	巳	卯	丑	亥	酉

千百位								十位					
00	03	06	09	12	15	18	…	5	4	3 9	2 8	1 7	0 6
01	04	07	10	13	16	19	…	1 7	0 6	5	4	3 9	2 8
02	05	08	11	14	17	20	…	3 9	2 8	1 7	0 6	5	4

位于第二行。横向对应的十位数6在"十位"第二列。由此直上，个位数6横向与之相交，穿过的天干为乙、地支为亥。公元前1066年的干支即为乙亥。

又查公元前89年干支。千百位为00，在左下第一行。横向找到"十位"，在"十位"第四列找到8。由此直上，个位为9，相交的天干为壬、地支为辰。公元前89年的干支即为壬辰。

《公元后甲子检查表》（见下页）使用方法同前表。如查公元618年干支。先在左下三行找到千百位数06，在第一行；再在十位第一行找到十位数1，在第二列；由此直上，与个位8横向相交，天干为戊、地支为寅。得公元618年干支戊寅。

这确实是公元纪年与干支纪年换算最简易之法。然后从干支纪年换算出公元纪年则有一定困难。因为干支60年一轮回，同一个干支年对应一系列的公元纪年，它们之间要么相差60年，要么相差60年的倍数。尽管如此，"检查表"还可以供我们利用，从已知干支查找公元纪年。

例1　胡诠有《戊午上高宗封事》一文，求戊午的公元纪年。

查法：先找出个位数，戊午是8；再找出百位、千位数；最后判断出十位数。

胡诠是南宋高宗、孝宗时人。南宋孝宗于公元1163年即位，所以千百位数是11。已查出个位数是8，戊午之"午"下向，十位数就只能是3或9。结论一定是1138，不可能是1198。

例2　查近代"庚子赔款"的公元纪年。

查法：先查出个位数。庚子是0；再确定千百位数，18或19；最后判断出十位数。结果，1840年与1900年都是庚子年。近代史常识告诉我们，庚子年赔款是1900年事，与1840年无关。

例3　求"甲午海战"的公元纪年。

查法：先查出甲午的个位数4；

再确定千百位数18；

最后查出十位数：3或9。

近代史常识帮助我们得出结论：甲午海战发生在1894年。

公元后甲子检查表

示例

■ ○公元 2020 年
千百位：20
十位：2
个位：0
干支：庚子

■ ○公元 618 年
千百位：06
十位：1
个位：8
干支：戊寅

个位	天干	地支					
0	庚	申	午	辰	寅	子	戌
1	辛	酉	未	巳	卯	丑	亥
2	壬	戌	申	午	辰	寅	子
3	癸	亥	酉	未	巳	卯	丑
4	甲	子	戌	申	午	辰	寅
5	乙	丑	亥	酉	未	巳	卯
6	丙	寅	子	戌	申	午	辰
7	丁	卯	丑	亥	酉	未	巳
8	戊	辰	寅	子	戌	申	午
9	己	巳	卯	丑	亥	酉	未

千百位								十位					
00	03	06	09	12	15	18	…	0 / 6	1 / 7	2 / 8	3 / 9	4	5
01	04	07	10	13	16	19	…	2 / 8	3 / 9	4	5	0 / 6	1 / 7
02	05	08	11	14	17	20	…	4	5	0 / 6	1 / 7	2 / 8	3 / 9

例 4　郭沫若氏有《甲申三百年祭》，求甲申的公元纪年。

查法：先查出甲申的个位数 4；

再确定千百位数 16；

最后查出十位数 4。

得知：公元 1644 年甲申。亦知郭文写于 1944 年前后。

二、 纪月法

甲骨文、金文中尚未发现"朔"字，证明"朔"较晚出。因为朔日无月相，肉眼看不见，朔日只能根据月满时日得知。《诗·十月之交》有"朔月辛卯"的记载，至少西周时代已用朔为每月之首日了。

比"朔"为早，甲骨文中有"朏"字，指新月初见。于是有人据以指出，中国古代最早是以新月初见为一月之首的，像当今的回历一样。这种以造字为说的结论是靠不住的，犹如说"日"字中有阴影，证明中国人早就观察到太阳出现黑子，才造出了一个日字一样。

可以确切地说，从我国上古制历开始，一贯是以朔作为每月的起首。

至于纪月法，从甲骨文、金文中可以看出，最早是以数序从一到十二来纪月份的。几千年的文明史都是这样，主要是用数序纪月。

春秋时代，各诸侯国以自己的君王在位年数纪年，岁首之月也不尽相同，纪年、纪月都呈现出混乱。这时，天文学已相当发达，天象的观测日渐勤奋和准确。天文学家创制了岁星纪年，可据以参照各诸侯国的纪年，还创制了以斗柄所指方位用十二支纪月，可据以对照各国不同的岁首，这就是十二支纪月法。

十二支纪月以天象为依据。纪年的十二辰，是将地平圈十二等分，用十二支定名，北斗柄指向十二辰中的某个方位就是某月：斗柄指向地平圈的寅位，就是寅月；指向卯位就称卯月。这就是所谓"斗建"。典籍中的有关记载还不少。

十二支纪月是将冬至所在之月的子月（斗柄正北向，指地平圈子位）作为一岁之首，依次到岁终的亥月即十二月，这就是所谓建子为正，称子正。这种用十二支纪月之法，民用日历虽不行用，在古代却有相当影响。据以制历和对照先秦古籍有关文字是缺之不得的。

星象家不仅用十二支纪月，还配上十干，成为干支纪月。干支纪月法很少有科学上的意义，搞命理预测，推算生辰八字才用到它。

此外，古人纪月还用别名。《诗·小明》："昔我往矣，日月方除。"郑笺：四月为除。《国语》载："至于玄月是也。"玄月指九月。《离骚》有"摄提贞于孟陬兮"。孟陬指春季正月。

《尔雅·释天·月名》记："正月为陬，二月为如，三月为寎，四月为余，五月为皋，六月为且，七月为相，八月为壮，九月为玄，十月为阳，十一月为辜，十二月为涂。"

又，《尔雅·释天·月阳》载："月在甲曰毕，在乙曰橘，在丙曰修，在丁曰圉，在戊曰厉，在己曰则，在庚曰窒，在辛曰塞，在壬曰终，在癸曰极。"

知道月名、月阳这些别名，《史记·历书》"月名毕聚"也就好懂了。毕即甲，聚通陬，均取正、首之义。岁首用"子"，斗柄指子位，聚实指"子"。毕聚即甲子月。据此知，《尔雅》之"正月为陬"，是以子月（冬至之月）为首月，《尔雅》用子正

（周正）。可见月名、月阳是先秦的文字，汉人录之而已，亦见司马迁《史记·历书》仍有干支纪月的流风。

由于先秦典籍毁者太多，存者甚少，月名、月阳这些纪月的别称没有全部得到文献上的验证。

除此之外，一年四季，一年十二月都有种种别名。如古代将音律与历法的纪月联系起来，将十二律分配在十二月上以代月名。文献典籍中这类材料实在不少，我们不可不知。

四季异名表

春：阳春、青阳、艳阳、阳节、淑节、韶节、青春、苍灵、三春、九春

夏：朱明、朱夏、炎序、炎节、炎夏、清夏、朱律、长嬴、三夏、九夏

秋：素商、高商、金天、白藏、素节、商节、萧长、凄辰、三秋、九秋

冬：元冬、元英、元序、清冬、严节、寒辰、岁余、安宁、三冬、九冬

这些月份别名都来自文献典籍，或影响较大的诗文名句，一般都不难于理解。如，正月称开岁，见《史记·冯衍传》："开岁发春兮，百卉含英。"

二月称酣春，有李贺诗句"劳劳莺燕怨酣春"。

三月称杪春，取义于岁杪。《礼·王制》："冢宰制国用，必于岁之杪。"杪春指三月，杪秋指九月，杪冬指十二月。

四月称麦秋，见《礼·月令》"孟夏麦秋至"，"孟夏之月，农乃登麦"。四月称清和，见谢朓诗"麦候始清和，凉雨销炎燠"。又，曹丕《槐赋》有"伊暮春之既替，即首夏之初期，天清和而温润，气恬淡以安治"。

月份异名表

类别		正月	二月	三月	四月	五月	六月	七月	八月	九月	十月	十一月	十二月
月名 四季 地支 律吕	月名	陬	如	寎	余	皋	且	相	壮	玄	阳	辜	涂
	四季	孟春	仲春	季春	孟夏	仲夏	季夏	孟秋	仲秋	季秋	孟冬	仲冬	季冬
	地支	寅	卯	辰	巳	午	未	申	酉	戌	亥	子	丑
	律吕	太簇	夹钟	姑洗	仲吕	蕤宾	林钟	夷则	南吕	无射	应钟	黄钟	大吕
花木			杏月	桃月	槐序	榴月 蒲月 葡月	荷月	兰月 兰秋 桐月	桂月	菊月 菊序		葭月	
时令		首春 元阳 正阳 孟阳 首阳	酣春 仲阳 丽月	晚春 杪春 暮春	清和 麦秋	端月	精阳 暑月 伏月 溽暑 徂暑	首秋 肇秋 新秋 开秋 早秋 巧月 霜月	中秋 正秋 桂秋	暮秋 霜序 凉秋 抄秋	小春 上冬 开冬 初冬 小阳春	冬月	末冬 杪冬 严冬 暮冬 岁杪 冰月 严月
其他		初月 嘉月 泰月 岁首 端月 开岁 献岁 肇岁 夏正	令月 大壮	央月 蚕月 禊月	乾月	垢月 小刑 郁蒸		否月 瓜月	仲商	剥月 青女月	坤月 良月 朽月	复月 畅月 龙潜	腊月 临月 嘉平 清祀

　　五月称小刑，见《淮南子·天文训》："阴生于午，故五月为小刑。"

称蒲月，民俗端午节将菖蒲做剑悬于门首，作为应时的辟邪景物，故五月又称蒲月。

六月称溽暑。见《礼·月令》："土润溽暑，大雨时行。"谢惠连诗"溽暑扇温飚"，意即六月湿热。

称徂暑，见《诗·四月》："四月维夏，六月徂暑。"杜甫诗："密云虽聚散，徂暑终衰歇。"

称荷月，荷花盛开之月。江南旧俗以六月二十四日为荷花生日。《内观日疏》云："六月二十四为观莲节。"《吴郡记》："荷花荡在葑门之外，每年六月廿四日，游人最盛。"

七月称兰秋，谢惠连诗："凄凄乘兰秋，言践千里舟。"也称开秋、早秋、新秋。梁元帝《纂要》：七月曰孟秋、首秋、初秋、上秋。又因兰花吐芳而称兰月。

八月称仲商，见《礼·月令》："孟秋之月，其音商。"可见古以"商"为秋之音，仲商即仲秋也。

九月称青女月，《淮南子·天文训》云："至秋三月，青女乃出，以降霜雪。"相传青女是天神，即青霄玉女，主霜雪之降。

十月称良月，见《左传·庄公十六年》："使以十月入。曰良月也，就盈数焉。"数至十为小盈，取其义。

称朽月，见《礼·月令》："孟冬之月其味咸。其臭朽。"臭，指以嗅觉闻之。气若有若无为朽。

十一月称畅月，见《礼·月令》："仲冬之月命之曰畅月。"孙希旦注：畅，达也；时当闭藏，万物充实。

十二月称腊月，也叫蜡月、嘉平、清祀。腊，原是祭的别称。古代常于此月行祭祀，故后世称为腊月。

称暮节，见《初学记》："十二月也称暮节。"也称暮冬、穷冬、穷纪、晚冬、残冬、三冬。

称星回节，语出《玉溪编事》："南诏以十二月十六日谓之星回节。"

还有一个四季与月份的配合问题，即所谓"建正"。在制历而尚无规律可循的时代，只能随时观测天象而定季节，设置闰月以确定月份。也就是说，每年春季第一个月是哪一月，并不是固定不变的，或者说岁首并不一致。北斗柄所指的方位是固定的，斗建起于子，终于亥。因为这是天象，不可能含糊。春秋各国的岁首月份，有在子月的，有在丑月的，有在寅月的，这就有一个"建正"问题。

《左传·昭公十七年》载："火出，于夏为三月，于商为四月，于周为五月。"这是以天象"火出"为依据，十分客观的记载。

《史记·历书》云："夏正以正月，殷正以十二月，周正以十一月。盖三王之正若循环，穷则反本。"这是司马迁立足于夏正为说。

以上两处都触及建正问题，即所谓夏、商、周三正。所谓周正，是以冬至所在之月，斗建子月（夏历十一月）为正月，即建子为正，又称子正；所谓殷正，是以斗建丑月（夏历十二月）为正月，即建丑为正，又称丑正；所谓夏正，是以立春之月，斗建寅月为正月，即建寅为正，又称寅正。春秋时代，依据建正不同，称子正之历为周历，丑正之历为殷历，寅正之历为夏历。

三正与四季的对应关系是不同的。

	子	丑	寅	卯	辰	巳	午	未	申	酉	戌	亥
周历	正	二	三	四	五	六	七	八	九	十	十一	十二
殷历	十二	正	二	三	四	五	六	七	八	九	十	十一
夏历	十一	十二	正	二	三	四	五	六	七	八	九	十

这样一来，春夏秋冬四季则各有所指。先秦典籍记载时令，往往与今人的习俗不同，彼此之间也经常两样。究其实，仍是建正不一所致。

古人迷信阴阳五行和帝王嬗代之应，春秋时代"三正论"大兴，就是顺应了时代的需要。按照三正论者对"周正建子、殷正建丑、夏正建寅"的解释，夏商周三代使用了不同的历法，即夏代历法以寅月为正，殷代历法以丑月为正，周代历法以子月为正，夏商周三代迭替，故"改正朔"以示"受命于天"。秦王迷于"三正论"，继周之后，以十月为岁首，也有绍续前朝，秉天所命之意。实际上，四分历产生之前，还只是观象授时，根本不存在夏商周三代不同正朔的历法。所谓周历、殷历、夏历，不过是春秋时代各诸侯国使用的子正、丑正、寅正的代称罢了。近代学者新城新藏、郭沫若、钱宝琮对此均有研究，一致否定了"三正论"。张汝舟先生对古书古器留下的四十一个西周历点详加考证，结论是建丑居多，少数失闰建子建寅。（见所著《西周考年》）他的《中国古代天文历法表解》更以大量确证，论定西周承用殷历建丑。这里摘要列举《表解》所列之"表三"：

不同文献记载中的建正

尧典	夏小正	诗·七月	月令	夏历	殷历	周历
五月 日永星火	六月 初昏斗柄正在上	六月 莎鸡振羽	季夏之月 昏火中	五	六	七
六月	七月 初昏织女正东向	七月 流火	孟秋之月 昏建星中	六	七	八
七月	八月 辰则伏	八月 断壶	仲秋之月 昏牵牛中	七	八	九
八月 宵中星虚	九月 内火	九月 授衣	季秋之月 昏虚中	八	九	十

表中所列，不仅"火（心宿）"的中流伏内顺次不紊，就是《尧典》与《月令》所举中星亦分明不误。不难看出，《尧典》用夏正不用周正，《夏小正》《诗·七月》《月令》，皆用殷正，不用周正。

结论只有一个：西周一代并不是建子为正。

春秋用历，有记载可考。隐公三年寅月己巳朔，经书"二月己巳，日有食之"，当是建丑为正；桓公三年未月定朔壬辰，经书"七月壬辰朔，日有食之"，亦是建丑为正。其他春秋纪日，皆可定出月建。事实是，僖公以前，春秋初期是建丑为正，这自然是赓续西周。不能设想，西周建子为正，到春秋突来一段丑正。

正因为是观象授时，无历法以确定置闰，确定朔日余分，失闰失朔便极为自然。少置一闰，丑正就成了子正；多置一闰，丑正就成了寅正。到僖公以后，出现建子为正，也就是顺理成章之事。

　　到了战国时期，各国普遍行用四分历，建正不同是事实。齐鲁尊周，建子为正；三晋与楚建寅，使用夏正；秦用夏正，又以十月（亥）为岁首。明白这个道理，对阅读古书大有好处。

　　《春秋》《孟子》用周正建子，所以《春秋·成公元年》云："二月……无冰。"（适夏正十二月，当冰而不冰，反常天气，故记。）《春秋·庄公七年》云："秋，大水，无麦苗。"（注：今五月，周之秋。平地出水，漂杀熟麦及五稼之苗。）《孟子·梁惠王上》云："王知夫苗乎？七八月之间旱，则苗槁矣。天油然作云，沛然下雨，则苗浡然兴之矣。"（朱子集注："周七八月，夏五六月也。"）《孟子·滕文公上》云："昔者孔子没……他日，子夏、子张、子游以有若似圣人，欲以所事孔子事之，强曾子。曾子曰：'不可。江汉以濯之，秋阳以暴之（暴，蒲木反），皜皜乎不可尚已。'"（集注："江水多，言濯之洁也。秋日燥烈，言暴之干也。"周正之秋阳，正夏正之赤日炎炎，故言"秋日燥烈"。）这些记载，都可用子月为正解读。《楚辞》用寅正，诗句中明明白白。《九章·抽思》："望孟夏之短夜兮，何晦明之若岁"；《九章·怀沙》："滔滔孟夏兮，草木莽莽"；《湘夫人》有"袅袅兮秋风，洞庭波兮木叶下"；《九辩》有"秋既先戒以白露兮，冬又申之以严霜"，"无衣裘以御冬兮，恐溘死不得见乎阳春"；等等。这些文句只能用夏正建寅解释。因为夏正孟夏四月（巳）近于夏至（五月中气），日长夜短，故称"短夜"；南方夏正四月，正值立夏、小满，草木茂盛，才以"莽莽"状之；夏正九秋十冬，节气有白露、霜降、冬至、大寒，才可言"白露""严霜"；至于衣裘御寒之时，必在夏正冬季，才有"不得见乎阳春"之说。

《史记·秦本纪》记昭襄王四十二年"十月，宣太后薨。……九月，穰侯出之陶"；"四十八年十月，韩献垣雍……司马梗北定太原，尽有韩上党。正月，兵罢，复守上党。其十月，五大夫陵攻赵邯郸。四十九年正月，益发卒佐陵。……其十月，将军张唐攻魏"。这里记昭襄王四十二年、四十八年、四十九年，都先记"十月"，后记"九月""正月"。这是秦历——颛顼历，起于冬十月（岁首）止于秋九月。昭襄王四十八年、四十九年记有"其十月"。正月前的十月是秦历十月，正月后的十月，是三晋历的十月。三晋以正月（寅正，同秦）为岁首。"其十月"之在秦历，是在明年岁首，今记在本年内，注明"其十月"，犹言"他的十月"。如果三晋不是寅正是周历子正，"其十月"是秦历"八月"，秦史正好用秦历"八月"顺记下来，何来一个"其十月"呢？《秦本纪》中两个"其十月"是三晋用寅正之确证。

《史记·魏其武安侯列传》载武帝元光五年（前130）十月杀灌夫，十二月晦杀魏其，"其春，武安侯病，专呼服谢罪。使巫视鬼者视之，见魏其、灌夫共守，欲杀之"。这里，先记十月，接着记十二月，之后不说"明春"，而说"其春"，是什么原因？因为秦用寅正，使用寅正月序，又以夏正十月为岁首记事，号称颛顼历。汉初承用秦制，也以十月为岁首，当年春天在当年十二月之后，故称"其春"。直到汉代武帝太初（前104）改历之后，才以正月为岁首。此后两千余年，除了王莽和魏明帝（曹叡）时用殷正（建丑），武则天和唐肃宗（李亨）一度用周正（建子）之外，都用夏正建寅，延续至今。

从中可看出：建正与岁首一般是统一的。但建正多属于天文（斗建），岁首多属于用历，有时并不一致，如秦用夏正建寅的月序，又以十月为岁首记事。其次，有建正并不等于有历法。因为只要纪年月就有建正、有岁首，但不一定就有了制历法则，所以不能说夏历、殷历、周历就是夏、殷、周三代的历法。今农历称夏历，取建寅为正之夏，非夏朝之夏。又，夏正建之历，作为战国时代四分历的内容，古称殷历，假托成汤所制。实即假殷历真夏历。假殷历者，取名而已；真夏历者，取寅正之义；具体内容是古四分历的法则所推演的年月日安排。

在"纪月法"这一部分，还有一个月甲子的推算问题。

根据"五虎遁"已知：

甲年和己年正月之甲子为"丙寅"

乙年和庚年正月之甲子为"戊寅"

丙年和辛年正月之甲子为"庚寅"

丁年和壬年正月之甲子为"壬寅"

戊年和癸年正月之甲子为"甲寅"

如1984年之年干支为甲子，即"甲年"，正月之月甲子（干支）即丙寅。二月即丁卯，三月戊辰，四月己巳，五月庚午，六月辛未，余顺推。1980年之年干支为庚申，即"庚年"，正月之月甲子即戊寅，二月即己卯，三月庚辰，四月辛巳，五月壬午，六月癸未，余可顺推而出。列表如下。

干支纪月法甲子推算表

月 年	甲、己	乙、庚	丙、辛	丁、壬	戊、癸
正月	丙寅	戊寅	庚寅	壬寅	甲寅
二月	丁卯	己卯	辛卯	癸卯	乙卯
三月	戊辰	庚辰	壬辰	甲辰	丙辰
四月	己巳	辛巳	癸巳	乙巳	丁巳
五月	庚午	壬午	甲午	丙午	戊午
六月	辛未	癸未	乙未	丁未	己未
七月	壬申	甲申	丙申	戊申	庚申
八月	癸酉	乙酉	丁酉	己酉	辛酉
九月	甲戌	丙戌	戊戌	庚戌	壬戌
十月	乙亥	丁亥	己亥	辛亥	癸亥
十一月	丙子	戊子	庚子	壬子	甲子
十二月	丁丑	己丑	辛丑	癸丑	乙丑

所谓"五虎遁"者，记住十干之年的正月五个寅（虎）月干支即可依次顺推之意。编成歌诀即是：

甲己之年丙作首，

乙庚之年戊为头，

丙辛之岁庚寅上。

丁壬壬寅顺水流，

若言戊癸何方起，

甲寅之上去寻求。

三、 纪日法

日是最基本的时间计量单位，也是最重要的时间单位。只有认识了日，把日子连续不断地记录下来，才可能产生比日大的时间单位——月、年，安排年、月、日才有可能，制历才有基础。

日是有长度的时段，有起止时刻，或者说，日与日有一个分界。初民"日出而作，日入而息"，是把白天当一日，夜晚并不重要。有了火的发明，夜以继日，一日一夜合在一起，称为一日。

《史记·天官书》载，"用昏建者杓"（杓指摇光），"夜半建者横"（横即玉衡），"平旦建者魁"（魁指天枢）。这是讲上古观测北斗星以定季节的三种不同的观测系统。而值得注意的是，先民所选取的观测时刻，正可以代表他们认识日的观念，平旦、黄昏、夜半都可以作为日与日的分界标志。日出（平旦）、日落（黄昏）作为日的分界，标志最为显明，生产力低下的部落人也最易掌握。但冬至日短，夏至日长，日出、日落的时刻一年四季是不固定的。在生产力有了相当发展的阶段显然就不能适应人类社会的需要，必须选用另外的标志以确定日的分界。现代天文学上使用的儒略日制度是以日中做分界标志的，这在实际生活中极为不便。我国古代，至迟春秋时代就以夜半作为日的起点了。

以夜半划分日期必须有较精确的计时器，这就是漏壶。漏壶是计时刻的。只要用漏壶测得两次日中之间的长度，取其半就能得到较准确的夜半时刻。传说周公已有测景台，春秋时代已有了精确的圭表测影。圭表测影必取日中时刻。从现存文献看，战国初期行用的四分历就以夜半子时为一日的计算起点了，至今不废。

有了正确的日的概念，古人用什么方法纪日呢？最原始的办法当然是结绳和刻木（竹）。新中国成立前夕，云南的独龙族还用结绳法纪日，佤族则用刻竹法。这都是原始纪日法的遗留。

有了文字，纪日法就简单多了。甲骨卜辞使用的是干支纪日，如"己巳卜，庚雨"，"乙卯卜，翌丙羽"。现今不仅已数次发现完整的六十干支骨片，还发现有长达五百多天的日数累计结果。有人以为，完整的干支片，就是古人的日历牌。可见干支的创制当在殷商之前。

干支纪日法是我国古代历法的重要内容。利用古历推算任何日期（包括节气、朔、望），都是首先推出它的干支数。要掌握古代历法的基本知识，就必须学会干支纪日的推算。《左传·宣公二年》"乙丑，赵穿攻灵公于桃园"，《离骚》"唯庚寅吾以降"，贾谊"庚子日斜兮，鵩集于舍"……这些干支纪日的记载，文献中比比皆是。据可靠的资料看，鲁隐公三年（公元前720年）二月己巳日至今，干支纪日从未间断，这是人类社会迄今所知的最长的纪日文字记载。

干支纪日对于历史学、考古文献学，对于科技史有着重要意义。我国浩如烟海的古代典籍，大量珍贵史料赖干支纪日的行用而有条不紊地留传下来。没有干支纪日，史迹的推算便失去时间脉络，众多原始珍宝就成了杂乱无章的文字记录，价值也就可想而知。

干支纪日法至今还有它一定的作用。有些历日还必须用干支来推求。如三伏、社日的计算。《幼学琼林》云："冬至百六是清明，立春五戊为春社。寒食节是清明前一日，初伏日是夏至第三庚。"注说：立秋后戊为秋社。夏至后四庚为中伏，立秋后逢庚为末伏。这就是逢戊记社，逢庚记伏。过去西南一些地方赶场也是按干支纪日，主要是用十二支所代表的十二生肖称呼场地：牛场、马场、龙场、猫场、兔场……七天一大场，五天一小场。逢丑（牛）日赶场的集镇称牛场，逢寅（虎）日赶场的集镇叫猫场，余可推知。镇远侗族婚礼，定在每年阴历十月辛卯、癸卯两个卯日举行。

干支纪日的局限是明显的。因为干支六十个序数一周期，延续不断，如果不知道朔日干支，就无法明确某个干支在该月的序次。在阅读古籍遇到纪日的干支还必须有专门的朔闰表来检查日子。

除了干支纪日法还有数序纪日法。最早的数序纪日法资料是1972年于山东临沂出土的汉武帝七年（元光元年，公元前134年）历谱竹简。这份历谱在三十根竹简顶上标了从一到三十的数字，这是每月内各个日子的序数。每根简下面写着各个月中这个日子的干支日名。从那以后，凡出土的汉武帝以来的历谱都记有月内各日的序次数字。尽管有数序纪日法，民用甚为方便，历代史官的记载仍主要采用干支纪日法。

星期是七天一周的纪日法。按"日、一、二、三、四、五、六"顺次排列。远在古巴比伦时代就采用了星期纪日法，后来和基督教一起传入希腊和罗马，现在已在全世界通用。星期的每一天，按照罗马占星术的观点，是由当时所知道的七颗行星（日、月和五星）中的一个所庇护的。因此，一星期中每一天的命名就用一个星的名字。这些名字到现代还保留在西欧的语言中。

1583年，法国学者斯加利杰（J. J. Scaliger，1540—1609）倡议在公历之外创立一种不间断的纪日尺度。它以太阳周28年、章法19年和律会15年相乘，得7980年为一总，称为儒略周。

$$28 \times 19 \times 15 = 7980$$

因为儒略历每年 $365\frac{1}{4}$ 日，28年的日数恰为7的倍数，所以一太阳周后某月某日的星期又和以前同。

章法：19个儒略年比235个朔望月约多一个半小时，可看作大体相等。所以某年1月1日合朔，一章19年后的1月1日仍必合朔。

律会：当时罗马税周，15年为一周期，和天文没有关系。

太阳周、章法、律会的"元"都起于儒略历1月1日。于是上溯得公元前4713年1月1日平午为一总的纪元（公元前1年在天文上记为0年，公元前4713年记为公元前4712年）。一切有史以来的时日都可以包括在儒略周一总之内，预推未来可应用的时日也足够了。

儒略周的连续不断的纪日法在现代天文学上还很有用，因为这种纪日法是脱离年、月羁束的唯一长期纪日法，要想求得两个天象发生的准确时间距离，使用这种纪日法最为方便。

每年的天文年历登载有每天的儒略日，可以查用。下面摘出近代主要年份元旦儒略周的日数，供查对。

1800 年元旦　2 378 497

1840 年元旦　2 393 106

1900 年元旦　2 415 021

1920 年元旦　2 422 325

1950 年元旦　2 433 283

1970 年元旦　2 440 588

1980 年元旦　2 444 240

这里谈谈关于公元日与干支日的推算问题。

中国古代以干支纪日为主，六十日一轮回，周而复始。现代通行于世的格里历以公元年月数字纪日。两者均可顺推或逆推出若干年的干支日或数字日。二者必有一个彼此换算的问题。公元后若干年的数字纪日常需要换算成干支纪日，近代以前若干年的干支纪日也常需要换算成公元数字纪日。除了查阅陈垣先生《二十史朔闰表》之外，还有什么快速便捷之法？国内对此进行研究者不乏其人。重庆张致中、张幼明兄弟经多年研究，创"万年甲子纪日速查法"，把万年内外的公元数字纪日快速地变换为干支日。张氏兄弟的"速查法"服务于中医研究，于古史、考古、星历等亦有参考价值。我们知道，当干支成为纪日工具时，它便很快被引入医学领域，借以说明人体很多复杂的生理病理现象，创立了相应的中医基础理论和治疗方法，如五运六气、天人相应学说、子午流注针法等便是。因此，进行中医的理论研究与治疗，均不能离开干支纪日，常常需要将公元年月日的数字纪日迅速地换算出干支日，这是张氏"速查法"的主要作用。

历法上的运算，当然也离不开干支日，但主要是推求朔日干支。而朔日又依据农历的朔望月，这与公元纪年的"月"内容不一样，是不能不知道的。

四、 纪时法

1. 时的概念

时的概念古今是不一致的。《说文》云："时，四时也。"指一年春夏秋冬四时。古籍中的"时"，多指季节、时令，《孟子》"斧斤以时入山林"就是。这样理解，时就是一个比年小、比月大的时间单位。文史学家常顺次排列为"年、时、月、日"。《春秋经传》记事，多有类似记载。如：

（文公）"传 十六年春，王正月，及齐平。"

"夏五月，公四不视朔。"

"秋八月辛未，声姜薨。"

"冬十一月甲寅，宋昭公将田孟诸。"

其中的春、夏、秋、冬，指的是"时"，就是季节。《说文》据以释义。

纪时法之"时"，是指比日小的时间单位，时辰、时刻之类属此。

2. 地方时、世界时、北京时

如果没有钟表，人们习惯于把太阳在正南的时刻说成中午12点，此时地球另一面正在背着太阳的地点，必然是夜里12点，也就是午夜 0 点。这种由观测者所在地，根据太阳位置所确定的时刻叫做地方时。地球绕太阳转动，各地的观测者都有各自正对太阳的时刻，都有各自的正午。只有同一条经线上的地方时才相同，地方时随着地理东西经度的不同而有差别。国际上规定，以通过英国格林尼治天文台的经度（0 度）为起点，向东至 180 度称东经，向西自 0 度至 180 度称西经。地球自转一周 360 度，每小时转过 15 度（360÷24）。

每距经度一度，时差 4 分钟（60÷15）。

每距经度一分，时差 4 秒钟（60 分为一度）。

这就是地方时与经度的关系。这样，地球上东西任意两点同一时刻的地方时差，都可以通过两点的经度差算出来。

随着人类社会彼此交往的频繁，全人类统一的时间系统的建立就是必不可少的了。公元 1884 年的一次国际会议上，建立了统一的世界纪时的区时系统。规定，将地球表面分成 24 个时区。太阳每小时所经过的地方即每 15 经度范围内为一个时区。东经 12 区，西经 12 区。东经 180 度即西经 180 度作为国际日期变更线。一日之内，东早西迟。人们沿用 0 时区的区时，即 0 度经线上的地方平时，作为国际通用的世界时。

我们常用"北京时间"以统一祖国各地的地方时。北京位于东经 116 度 20 分，属于东八区。因此规定东八区的区时为"北京时间"。东八区的区时是指东经 120 度经线上的地方平时，并不是北京所在东经 116 度 20 分线上的地方时。杭州、常州正好位于东经 120 度经线上，严格说，"北京时间"与杭州、常州的地方平时才正好相当。

美国时间 1971 年 10 月 25 日夜 11 点 22 分联合国大会以压倒性多数通过恢复中华人民共和国在联合国的合法权利，这在当时是一个振奋人心的消息。这是北京时间的几时几分呢？这就涉及区时的关系。

所谓美国时间，就是指华盛顿时间。华盛顿位于西经 77 度，属西五区。美国时间就是西五区的区时，也就是西经 75 度经线上的地方平时。西五区的区时与北京时间即东八区的区时，相差 13 小时。

美国时间 10 月 25 日晚 11 时 22 分正是北京时间 10 月 26 日中午 12 时 22 分。

在我国国内，北京时间与各地的地方时差，也可以由各地的经度与东经 120 度线的经度差推算出来。

3. 古代的测影报时

中国古代是利用表影的方位来报时，自成系统，这也是观测太阳位置来确定时辰。

最早当是就近利用自然物（山势、树木）的影长，进一步发展就是立竿测影。古代的"表"，就是竿，直立的竿子。古人十分重视"表"的作用，观测十分勤勉。表的用途甚多，主要有三个：

一是定方位。《周礼·冬官·考工记》云："匠人建国，水地以县，置槷以县，眡以景。"郑玄注："于所平之地中央，树八尺之臬，以县正之。眡之以其景，将以正四方也。"《周礼》的"槷"，就是郑注的"臬"，实际就是表。《诗·大雅·公刘》："既景乃冈，相其阴阳。"传云，考于日影，参之高冈。可见，依太阳高度利用日影测量地理位置，那是周代以前就有的了。

二是报时辰。这是观测表影角度的变化，从日出到日落，以定出一天之内的时间。这种"表"发展为后来的日晷。古人将地平圈从北向东向南向西按十二支顺次分为十二等分，定出地平方位。春分、秋分日出正东而没于正西，即日出卯位没于酉位。冬至日出东南而没于西南，即日出辰位而入于申位。夏至日出东北而没于西北，即日出寅位而入于戌位。这是利用表影的方位来报时。

三是定时令。观测每天正午的日影长度及其变化，测量回归年长度并确定一年二十四节气。这就是"土圭之法"，所谓"日中，立竿测影"。报时辰的"表"发展成"日晷"，作用也就专门化了。《说文》云："晷，日景也。"日景即今影子。晷确真是测日影的。故宫太和殿前左边摆着的就是我国传统的赤道式日晷。古代日晷，晷面一般为石质，晷面和地球的赤道面平行。与赤道面平行，必然和地平面成一角度，角度的大小随地理纬度不同而变化。北京地理纬度 40 度，日晷与地面角度即为 40 度。晷面中心立一根垂直于晷面的钢制指针，这根指针同地球自转轴的方向也是平行的。晷面边缘刻有子丑寅卯辰巳午未申酉戌亥等十二时辰。每年春分以后，太阳位置升高，看盘上面的针影所指；秋分以后，太阳位置降低，看盘下面的针影所对时辰，十分准确。

4. 十二时辰

从甲骨文材料看，殷人对每天各个不同时刻，已有专门称呼。大体上是将一日分为四个时段：旦（旦、明、大采），午

（中日），昏（昏、昃日），夜（夕、小采）。这种粗略的纪时法，在生产力低下的时代，已足够应用了。

在一日分四个时段的基础上，利用起源很早的十二地支定时辰，那也是很自然的。顾炎武《日知录》卷二十"古无一日分为十二时"载："自汉以下，历法渐密，于是以一日分为十二时。盖不知始于何人，而至今遵用不废……《左氏传》卜楚丘曰：'日之数十，故有十时。'而杜元凯注则以为十二时。"顾氏以为"一日分为十二，始见于此"。即：

夜半者子也，鸡鸣者丑也，平旦者寅也，日出者卯也，

食时者辰也，隅中者巳也，日中者午也，日昳者未也，

晡时者申也，日入者酉也，黄昏者戌也，人定者亥也。

古籍涉及时辰者不少。《诗·女曰鸡鸣》"女曰鸡鸣，士曰昧旦"（卜辞作未旦、旦）；宋玉《神女赋序》"晡夕之后，精神恍忽"；《淮南子·天文训》"（日）至于衡阳，是谓隅中；至于昆吾，是谓正中"；《汉书·游侠传》云"诸客奔走市买，至日昳皆会"；《古诗·孔雀东南飞》"奄奄黄昏后，寂寂人定初"；杜甫诗"荒庭日欲晡"；等等。

顾炎武认为十二时辰的划分起于杜预的注，其实在商周之间就有了。《诗·小雅·大东》曰："跂彼织女，终日七襄。虽则七襄，不成报章。"郑玄以为："从旦至暮七辰，辰一移，因谓之七襄。"郑玄讲反了，不是从旦到暮而是指织女星从升到落，在天上走了七个时辰。这个"七襄"，已透露了西周时代一天分十二时辰的消息。

除了常见的分一日为十二时辰外，还有将昼夜各分为五个时

段的，那就是"日之数十，故有十时"。《隋书·天文志》载："昼：有朝，有禺，有中，有晡，有夕。夜：有甲、乙、丙、丁、戊。"由此又称夜为"五更"。《颜氏家训·书证篇》解释道："或问：'一夜何故五更？更何所训？'答曰：'汉魏以来，谓为甲夜、乙夜、丙夜、丁夜、戊夜；又云鼓，一鼓、二鼓、三鼓、四鼓、五鼓；亦云一更、二更、三更、四更、五更，皆以五为节。……所以尔者，假令正月建寅，斗柄夕则指寅，晓则指午矣。自寅至午，凡历五辰，冬之月虽复长短参差，然辰间辽阔，盈不过六，缩不至四，进退常在五者之间。更，历也，经也，故曰五更尔。'"颜氏结合星象说五更，是可信的。

更有《淮南子·天文训》将白天分为十五个时段：晨明、朏明、旦明、蚤食、晏食、隅中、正中、小还、铺时、大还、高春、下春、悬车、黄昏、定昏。这是就太阳的位置"日出于旸谷"至"日入于虞渊之汜"来划分白昼的。

宋代以后，又规定把十二时辰的每个时辰平分为初、正两个部分。子初、子正，直到亥初、亥正。初或正都等于一个时辰的二分之一。"小时"之称由此而来。

5. 百刻制度

与十二时辰同时并行的是昼夜均衡的百刻制度。这应是由"十时"制发展而来的更细致的一种纪时法。百刻制，当以漏壶的产生为基础。漏壶是古人制作的计时仪器，用箭来指示时刻。箭上刻着一条条横道，这就是刻。刻应比箭更早。

《周礼》一书就有关于漏壶及昼夜时刻划分的记载，那时已有报时的制度和专职人员。《周礼》的内容反映了春秋乃至西周的社会礼制。

《周礼·春官·鸡人》载："夜呼旦，以叫百官。"

《周礼·秋官·司寤氏》载："掌夜时。以星分夜，以诏夜士夜禁。御晨行者，禁宵行者、夜游者。"这里的"鸡人""司寤氏"，应是值夜班的专职人员，职责明确。

《周礼·夏官·挈壶氏》记："掌挈壶以令军井。……凡军事，悬壶以序聚柝……以水火守之，分以日夜。"郑注："悬壶以为漏，以序聚柝，以次更聚击柝备守也。……以水守壶者为沃漏也；以火守壶者，夜则观刻数也。分以日夜者，异昼夜漏也。漏之箭昼夜共百刻，冬夏之间有长短焉。"

《诗·东方未明》有："狂夫瞿瞿，不能辰夜，不夙则莫。"毛诗序："刺无节也。朝廷兴居无节，号令不明，挈壶不能掌其职焉。"严粲以为此诗主刺哀公，兴居无节，故归咎于司漏者以讽之。

这些记载都说明，时刻制度行用是很早的。

昼夜漏刻制以太阳出没为基础。秦和西汉规定，冬至日昼漏40刻，夜漏60刻；夏至日昼漏60刻，夜漏40刻；春分秋分则昼夜漏都是50刻。

古代还明确规定昏旦时刻，以利于早晚观测中星及其他天象。秦汉以前，大体是日出前三刻为旦，日没后三刻为昏。秦汉以后改三刻为二刻半，一直用到明末。东汉以前，从冬至日起，每隔九日昼漏增一刻；夏至日起，每隔九日昼漏减一刻。因冬至与夏至相距百八十二三天，昼漏或夜漏时刻相差二十刻，约合每九日一刻。《秦会要订补》卷十二《历数上》说："至冬至，昼

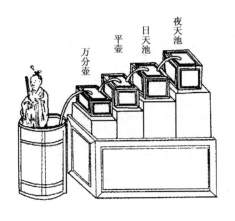

夜天池
日天池
平壶
万分壶

吕才漏刻图

漏四十五刻。冬至之后，日长，九日加一刻，以至夏至，昼漏六十五刻。夏至之后，日短，九日减一刻。"昼漏或夜漏时刻虽略有不同，但九日增减一刻却是一致的。

在钟表传入之前，漏壶一直是传统的纪时工具。由于一百刻与十二时辰无整倍数关系，难于协调，于是有改革百刻制的出现。汉成帝、哀帝及新莽时短时间行用过甘忠可推衍的一百二十刻制。梁武帝天监六年（507）曾改为九十六刻制，大同十年（544）又改为一百零八刻制，只用了数十年。陈文帝天嘉年间又复用百刻制。明代末期西学传入九十六刻制，清初定为正式制度，废百刻。

一个时辰等于八刻又三分之一，这三分之一刻又称为小刻。

6. 时甲子的推算

十二支用于纪时，民间又往往配以十干，发展为干支纪时。具体推算如下表。

干支纪时法甲子推算表

时＼日	甲、己	乙、庚	丙、辛	丁、壬	戊、癸
0~2 子	甲子	丙子	戊子	庚子	壬子
2~4 丑	乙丑	丁丑	己丑	辛丑	癸丑
4~6 寅	丙寅	戊寅	庚寅	壬寅	甲寅
6~8 卯	丁卯	己卯	辛卯	癸卯	乙卯
8~10 辰	戊辰	庚辰	壬辰	甲辰	丙辰
10~12 巳	己巳	辛巳	癸巳	乙巳	丁巳
12~14 午	庚午	壬午	甲午	丙午	戊午
14~16 未	辛未	癸未	乙未	丁未	己未
16~18 申	壬申	甲申	丙申	戊申	庚申
18~20 酉	癸酉	乙酉	丁酉	己酉	辛酉
20~22 戌	甲戌	丙戌	戊戌	庚戌	壬戌
22~24 亥	乙亥	丁亥	己亥	辛亥	癸亥

根据"五鼠遁"，已知：

甲日和己日子时之干支为甲子，

乙日和庚日子时之干支为丙子，

丙日和辛日子时之干支为戊子，

丁日和壬日子时之干支为庚子，

戊日和癸日子时之干支为壬子。

归纳成歌诀，便是：

甲己还加甲，乙庚丙作首，

丙辛生戊子，丁壬庚子头，

戊癸起壬子，周而复始求。

如公元1949年10月1日干支甲子日，那么甲日之子时干支为甲子，丑时即为乙丑，寅时即为丙寅……亥时即为乙亥。

又公元1981年10月1日干支壬子日，那么壬日之子时干支为庚子，丑时即为辛丑，寅时即为壬寅……亥时即为辛亥。

一般十二时辰配24小时，是23~1时为子，1~3时为丑……21~23时为亥。张汝舟先生以为，夜半子时作为一日之首，正如夜半0点作为一日之起始一样。夜半11点59分还是前一日，少一分都不行，少一分都未进入下一天。0点以后才是一日开始，也就是子时的开始。子时应指0点到2点之间这两个小时，余当类推。

旧有的说法是将子时分为子初、子正，子初指23~24时，子正指0~1时。具体应用时，将"子初"归于上一日，0点是分界线。

观象授时

"观象授时"这一术语是清代毕沅在《夏小正考注》中首先提出来的，十分形象地描述了原始民族的天文学知识，也表达了先民在上古时期制历依据天象的事实。我国《尚书·尧典》《夏小正》《逸周书·时训解》等古籍中都有不少观象授时的记述。下面就有关的几个主要问题，分别加以解说。

一、 地平方位

观测天象，不仅有一个标准的时间计量，还得有一个统一的方位概念。这就得从地平四方说起。

一分为二，二分为四，就是四方、四时概念的发展。四分体制几乎是世界古老民族都具备的原始计数体制。古巴比伦把宇宙看成一个四等分的圆周，根据月相（新月、上弦、满月、下弦）把一个月四等分。古希腊于公元前 6 世纪就产生了以水、火、气、土为宇宙万物四大本源的理论。古印度有所谓"四大种子"，指的是风、火、水、地。

中国古代的八卦，事实上也是一种四行理论：天生风，地载山，雷出火，水成泽。何尝不可以看成风、地、火、水四种物质元素？虽然五行——金、木、水、火、土这种多元物质本源论泛滥无涯，但不能否认产生得更早的八卦——即四行的存在。

甲骨文中已有明确的四方记载："东土受年，南土受年，西土受年，北土受年。"还有关于四方风的叙述："东方曰析，南方曰夷，西方曰韦，□□□勹。"（后者阙文，自然指"北方曰勹"。）《山海经》已分大荒东经、南经、西经、北经，也有类似甲骨文中四方和四方风名的描写。《尧典》更将四仲中星所代表的春夏秋冬四季与东南西北四方联系起来。《管子·四时篇》说得很清楚：

是故阴阳者，天地之大理也。四时者，阴阳之大径也……

东方曰星，其时曰春，其气曰风。

南方曰日，其时曰夏，其气曰阳。

西方曰辰，其时曰秋，其气曰阴。

北方曰月，其时曰冬，其气曰寒。

这里的四方、四时、四气与日月星辰配，把天象与地平方位、四季、气令结合起来，顺次井然，脉络清晰。

前些年发掘出来的殷代宫殿基址，其南北方向跟今天指南针所指方向完全吻合，这说明殷商时代测定东南西北方位已是完全准确的了。这准确的方位，古人是怎样测出的呢？《周髀算经》载："以日始出，立表而识其晷；日入复识其晷。晷之两端相直者，正东西也。中折之指表者，正南北也。"或者说，日出时表影的端点和日没时表影的端点的连线，就是正东和正西；线的中点，跟表本身的连线就是正南和正北。

表示方位的词，一般都用东、南、西、北。东（東），古人以为"从日在木中"，指太阳升起的方位。西，古字形作&#xFFFD;，下像巢，上像鸟，《说文》云"鸟在巢上也"，又说"日在西方而鸟西"，可见西方之"西"是一个假借字。古人为区别字义而新造一个"栖"字，鸟西作鸟栖，"西"就专表西方了。南，是草木到夏天长满了枝叶的意思，所以"从米（pō）屮（rěn）声"。夏天，太阳从那个方向来，就是南方。北，古时就是"背"字。朝南为正，背南当然是"北"了。古人又说北方是伏方，取万物伏藏的意思。

中华民族的祖先生息在黄河流域一带，处在北半球，太阳总是在古人视觉的南面运动着，坐北朝南就成了人们生活的习俗，所以古代典籍记载东南西北方位的方法以及左右的概念与我们今天的认识是大不相同的。长沙马王堆三号汉墓出土的地形图及驻军图，都是坐北朝南的，上方指南，下方指北，与当今地图南北向正相反对。《楚辞·哀郢》"上洞庭而下江"也是指方位的，洞庭湖在南、长江在北，用上、下标志。

因为是坐北朝南，古人的左右就是指东西方位而言了。《史记·项羽本纪》："纵江东父兄怜而王我，我何面目见之?"《晋书·温峤传》："江左自有管夷吾，吾复何虑?"江左就是江东。

古代匈奴有左贤王、右贤王，以今之方位言之，则左在西，右在东，实际上左贤王居东部，右贤王居西部。古人所谓"左地"，即东部地区，"右地"即西部地区。

古有左将军、右将军，左侍部、右侍部，左庶子、右庶子之类的职官，办公或用事之地，都是左在东，右在西。

古人观天象以三垣二十八宿为基准。紫微垣有左垣、右垣，太微垣有左垣、右垣，天市垣亦有左垣、右垣。左垣就是东垣，右垣就是西垣。《史记·天官书》："紫宫左三星曰天枪，右五星曰天棓。"《史记正义》云："天市垣在太微垣左，房、心东北。"类似以左右指方位的记载在古书中比比皆是。要是我们夜观天象，使用当代星图，就要面对北极星才能切合。如果用旧式星图，必须坐北朝南，才能分出左右，不致迷惑。

扬雄《解嘲》云："今大汉左东海，右渠搜，前番禺，后椒途，东南一尉，西北一侯。"即用左右前后，亦指东西南北，方位还是准确的。

表示方位的左右，古人也常用来表示地位的尊卑。这与中国西高东低的自然地形也是吻合的。左表示东方，又表示地位低下；右表示西方，又表示地位尊显。《史记·廉蔺列传》载："以相如功大，拜为上卿，位在廉颇之右。"指地位高过廉颇。《后汉书·儒林传》："（董钧）后坐事，左转骑都尉，年七十卒于家。"左转即左迁，就是降职。左低右高，若设左右二丞相，则右丞相地位高于左丞相；若有东宫西宫，自然西宫尊于东宫。因为右方地位高上，左方地位卑下，亲近赞助用右，疏远贬损用左，《战国策·魏策二》："衍将右韩而左魏。"即公孙衍亲近、赞助韩国而疏远、损害魏国。

东南西北也常用来表示地位、身份。历代帝王宝座都朝正南方，故有"南面称王"之说。这就是清代学者凌廷堪所说"堂上南向为尊"。贾谊《过秦论》："秦并海内，兼诸侯，南面称帝，以养四海。"以坐北朝南为尊。胡诠《戊午上高宗封事》:"向者陛下间关海道,危如累卵,当时尚不肯北面臣虏。"指北面为臣。引申开去,没有占上风,处在下位,打败仗,称"北"。"败北""追亡逐北"就是此意。这里的"南面""北面",是朝南、朝北,不是南方、北方。就座位说,北边的位子是尊位了。东与西,即前面讲的左与右,左东为低下,所以主人之位在东,右面为尊崇,所以宾客之位在西。主人称"东家""做东""东道主",客位称"西席""西宾"。

君王南面而坐,公侯将相则东向而朝,以坐西向东为尊贵,这就是凌廷堪所谓"宫中以东向为尊"。《史记·廉蔺列传》载:"今括一旦为将,东向而朝,军吏无敢仰视之者。"《史记·项羽本纪》载:"项王即日因留沛公与饮。项王、项伯东向坐;亚父南向坐。亚父者,范增也。沛公北向坐;张良西向侍。"不难看出,项王座位最尊崇,范增次之,沛公又次之,张良在东且是"侍"。后来樊哙撞进来,还是"披帷西向立",站在东边。这自然是一张合乎礼仪及习俗的座次表了。

古书里,又常以山川地势作为定方位的基准。山之南称阳,山之北称阴,水之南称阴,水之北称阳。衡阳,处衡山之南;贵阳,得名于贵山之南;华阴,处华山之北;河阳,指黄河之北;洛阳,处洛河之北;江阴,处长江之南;汉阴,指汉水之南。

龙、虎也用来表示东西两个方位。《书·传》:"东方成龙形,西方成虎形。"因为"东溟积水成渊,蛟龙生之,西岳山峦潜形,虎豹存焉。"所谓"左青龙、右白虎",就是东有青龙之象,西有白虎之形。东西有龙虎,南方配以鸟,北方配以龟,就是"南朱雀、北玄武"。综合龙、虎、鸟、龟，古人谓之"四象"。在古代的天文星图中，作为观象授时主要依据的二十八宿，也配以"四象"。传统的二十八宿歌诀是：

角、亢、氐、房、心、尾、箕——东苍龙，

斗、牛、女、虚、危、室、壁——北玄武，

奎、娄、胃、昴、毕、觜、参——西白虎，

井、鬼、柳、星、张、翼、轸——南朱雀。

二十八宿配四象，起源很早。《书·尧典》载"二月日中星鸟"就是以井鬼柳星张翼轸之"星"宿为中星，不说"星星"，而说"星鸟"，可见四象的端倪。1979 年湖北随县（今随州）出土了一只绘有二十八宿星图的箱盖，已确认是战国初期的实物。箱盖上，二十八宿之外，左绘龙形，右绘虎形，也是表方位的。

由于在划分恒星群基础上产生的"四象"有着广泛的影响，所以古书利用它表方位的描写就很多。《曲礼》以"前朱雀、后玄武、左青龙、右白虎"这种星宿的布列显示行军布阵之法。张衡在《灵宪》中更有生动的描写："苍龙连蜷于左，白虎猛踞于右，朱雀奋翼于前，灵龟圈首于后。"这左右前后，自然指的是东西南北方位。《鹖冠子》云"前张后极，左角右钺"，其含义也与《曲礼》《灵宪》所写四象同。张，指井鬼柳星张翼轸——南方七宿朱雀之"张"；极，指北极；角，东方苍龙七宿——角亢氐房心尾箕之"角"；钺，指西方白虎七宿——奎娄胃昴毕觜参之参宿区界内的钺星。由于北方七宿玄武之象隐入地平线下，人所不见，背后唯北极而已，故言"后极"。从表方位角度说，与言"后玄武"是一个意思。《说文》释"龙"字云："龙，鳞虫之长……春分而登天，秋分而潜渊。"前句还可以接受，后句"登天""潜渊"就玄乎了。如果与四象之"左苍龙"联系起来就不难理解。恒星群东方七宿——角亢氐房心尾箕，春分后黄昏时候开始出现在东方，这就是民间所谓"二月初二龙抬头"的传说。经半年，秋分后这条龙就从西方地平线隐没了。这不正是"春分登天""秋分潜渊"吗？

四象与方位紧密联系，四象也就可做东南西北的代称了。南京的玄武湖，实际上是北湖的意思。唐朝长安有玄武门，当然是指北门。旧金陵有朱雀门、朱雀桥，长安旧城内有朱雀门，其他各地旧城的朱雀门，都指的是南门。同理，东海之滨的青龙镇，自然坐落在国土之东。其他，称青龙港、青龙河、青龙桥、青龙塔，都标志了其所在的地理位置。古时的"白虎"含贬义，这与原始时代虎豹危害人类生存的事实有关，所以做地名白虎洞者少有，而白虎堂、白虎厅之类已喻义军机紧要，示禁入内之意。

两千多年来列为群经之首的《周易》是用卦爻辞反映作者思想体系的。《周易》基本卦次是乾☰、坤☷、震☳、艮☶、离☲、坎☵、兑☱、巽☴。司马迁有"文王拘而演周易"之说，所谓"文王八卦方位"西周时代就有了。其具体方位是：东（震）、南（离）、西（兑）、北（坎）、西北（乾）、西南（坤）、东南（巽）、东北（艮）。搞占卜预测的端公道士，就利用阴--阳—的变化，演示八卦，定出方位，以占筮的卦爻辞进行说解，俘获人心。

《淮南子》称"天有四维"，这四维，并不指东南西北四方。而是"日冬至，日出东南维，入西南维……夏至，出东北维，入西北维。"这与八卦中的巽（东南）、坤（西南）、艮（东北）、乾（西北）的方位是一致的。

能推演的历法产生以前还是观象授时。观象不仅可以授时，亦可以定方位。利用北斗七星斗柄所指，就可以确定方位与季节。《夏小正》载"正月斗柄悬在下"，"六月斗柄正在上"。因为北天极处在高空，绕极而转的斗柄悬在下，指北方；正在上，指南方。《淮南子·齐俗训》说："夫乘舟而惑者，不知东西，见斗极则寤矣。"东晋僧人法显《佛国记》云："大海弥漫无边，不识东西，唯望日、月、星宿而进。"古人在茫茫大海里用北斗、北极星及其他星宿确定方位那是很自然的。保存了一些原始记载的《鹖冠子·环流》说："斗柄东指，天下皆春；斗柄南指，天下皆夏；斗柄西指，天下皆秋；斗柄北指，天下皆冬。"斗柄的东南西北紧系着天下的春夏秋冬。所以，春夏秋冬也可以配合方位。那就是东方春，南方夏，西方秋，北方冬。

天干地支的使用远在商代以前。发掘出土的甲骨中已数次发现完整的干支表。殷周以降，干支不仅用来纪日、纪月，还用来纪年，也用来表示方位。天干表示方位的方法是，甲乙为东，丙丁为南，戊己为中，庚辛为西，壬癸为北。东南西北中配以十干，这自然是受了阴阳五行学说的影响。地支表示方位，汉代已属常见。《史记·历书》以"正北"代夜半子时，以"正东"代晨旦卯时，以"正西"代黄昏酉时，以"正南"代日中午时。《周髀算经》卷下有"冬至夜极长，日出辰而入申；夏至昼极长，日出寅而入戌"，这显然也是以地支表方位的。子为北，午为南，南北经线我们称之为子午线，一同此理。

历代制作的浑仪以及天球仪上都装有地平环，一般都用四维、八干、十二支代表二十四个方位，位置的显示就精确得多了。（见右图）汉唐以来的月令图及民间使用的罗盘都用它来表示方位。

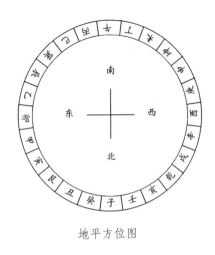

地平方位图

地平方位图甚至还用于标志汉字古读的声调。唐人在字的四角点四声。张守节《史记正义·论例》"发字例"云：若发平声，每从寅位起，上点巳位，去点申位，入点亥位。到宋代改点为圈，位置依旧。对照附图，平上去入四声标志的位置就不难明了。

二、 三垣二十八宿

天空间繁星密布，日夜运转，周而复始。怎样从纷繁中理出一个头绪？最简便的就是识别一些亮星，再划分天区，以利观测。中国古代天文学分天区以三垣二十八宿，形成别具一格的划分法，自成独特的观象系统。按照先民的划分，每一天区的星又分成若干群，一群之内的星用各种假想的线连接起来，组成各种图形，并给一个相应的名字。古代称这一星群为星官，《史记·天官书》之"官"，源于此。"虽群星之散乱，但依象而堪核其实。"北斗七星可连成像一只长把的勺或古人用的酒斗，与"斗"相似，星官取名为斗。箕宿四星可连成簸箕的形状，名之曰箕。《诗·大东》："维南有箕，不可以簸扬。维北有斗，不可以挹酒浆。"是就这两个星官说的。

三垣的名称，依现存文字记载，完整的提法初见于唐初的《玄象诗》。《史记·天官书》中尚无"天市垣"，称紫微垣为"紫宫"，太微垣只称"太微"。可见形成一个体系较晚。

二十八宿就不同了。有些星名在甲骨文中就已出现。《尚书·尧典》作为四仲中星的星已包括在二十八宿之中。日本天文学家新城新藏提出西周初年二十八宿已经形成，虽嫌证据不足，但亦不致晚于春秋。1972年湖北随州出土一件漆箱，箱盖上围绕北斗的"斗"字，有一圈二十八宿的名称。这座古墓的时代，比较肯定的说法是春秋末年或战国初期。

二十八宿的名称是：

东方七宿：角、亢（天根、本）、氐、房、心（农祥、天驷、大火）、尾、箕；

北方七宿：斗、牛（牵牛）、女（须女、婺女）、虚、危、室（定、营室）、壁（东壁）；

西方七宿：奎、娄、胃、昴、毕、觜（觜觿）、参；

南方七宿：井（东井）、鬼（舆鬼）、柳、星（七星）、张、翼、轸。

早期星官的命名，都和生产生活中常见的事物有关。

人物：老人、织女、农丈人；

动物：鳖、天狼、角、牛、翼、尾；

用具：五车、天船、斗、轸；

农具：箕、定（《尔雅·释器》注：锄属）；

猎具：弧矢、毕（带网的叉子）；

物件：天门、南门、柱、室、井、糠；

其他：柳、火、天津、江、河。

人类进入阶级社会，人间的一套政治机构和社会组织也相应地搬到了天上。如帝、太子、上辅、上弼、帝座、侯、宗人、上将、次将、上相、次相、五诸侯……这些帝王将相的名称，大理、天牢、垒壁阵、羽林军、八魁、军市、明堂、灵台、华盖……这些人世间常见的机构、组织、器物专名。正如古人言：

天市者，原系天之市也。觉亦不应乎人之市。故垣外则有齐楚燕郑并姬周分封之国。垣之中，则有斗、斛、市楼及宗人、宗星、宗正、车肆、列肆、屠肆等星。故凡地之所有者，天亦应地而有之。如少微者，是少于紫微也。微何以言少？试观垣中，则太子、幸臣、从官之类，并三公、九卿之俦，及中独列五帝之座。可知上相、次相、上将、次将，皆属辅嫡子以嗣统者也。至于以列星而论，若有东咸，必有西咸，有南河必有北河，有左旗、左更、左辖、左摄提，则必有右旗、右更、右辖、右摄提，有外屏必有内屏，有三台、三辅必有三公、三师，有杵必有臼。有离瑜必有离珠，有土公而有土公吏、土司空者，由之有水委必有水府，水积之位也。推而广之，言水族者，则有鱼龟与鳖，言昆虫者，则有腾蛇与蜂，言旗者则有节游与弁，言戈者则有铁钺与籥，言鸟者则鹤与火鸟、天鸡也，言兽者则有马与狗国、天狗也。然而星象甚繁，不能枚举。通盘考核，皆可取配成趣，变化致祥。学者当自举一反三耳。

所以，遍观中国的星座如同认识一个完整的封建社会。

古人又是怎样标示这些繁多的天体的具体位置呢？

从天文学角度说，任何天体的位置可以由赤道坐标系标示也可以由黄道坐标系来标示。中国古代，广泛应用赤道坐标系标注天体位置。赤道，是指天球上一个与天极处处垂直的大圆。赤道坐标的两个分量是入宿度和去极度，即用去极度和入宿度表示天体位置。

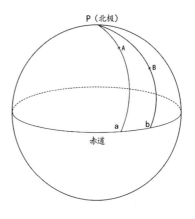

入宿度、去极度示意图

若 A 为二十八宿距星，B 为另一天体，过 A、B 的赤经圈分别交赤道于 a、b。则 B 天体的入宿度为 $\overset{\frown}{ab}$，去极度为 $\overset{\frown}{PB}$。

古代分周天 $365\frac{1}{4}$ 度，配合二十八宿，一回归年运行一周天。二十八宿都是星群，测量两星群之间的距离得取其中一星为标准，定为距星，下宿距星与本宿距星之间的赤经差，就叫本宿的距度。二十八宿每宿的距度是不等的，加起来合 $365\frac{1}{4}$ 度。

《汉书·律历志·距度》载：

角十二。亢九。氐十五。房五。心五。尾十八。箕十一。东七十五度。

斗二十六（又四分之一）。牛八。女十二。虚十。危十七。营室十六。壁九。北九十八度（又四分之一）。

奎十六。娄十二。胃十四。昴十一。毕十六。觜二。参九。西八十度。

井三十三。鬼四。柳十五。星七。张十八。翼十八。轸十七。南百一十二度。

这样，每过一天，二十八宿便向西运行一度。每过一回归年，二十八宿便运行一周天。从而把日期的变更与星象的位移紧密联系起来，形成了二十八宿与十二月、二十四节气的对应关系。

所谓"入宿度"就是以二十八宿中某宿的距星为标准，测出这个天体与这个距星之间的赤经差。如织女星入斗五度，就是说，它在斗宿范围内，与斗宿距星（斗一）的赤经差为五度。

所谓"去极度"，就是所测天体距北极的角距离。

弄明白表示天体位置的方法，古籍中有关的记载就可以读懂。如下面是以宋皇祐年间观测为准所编制的《宋代星宿》（日本学者薮内清著）中几个天体的位置。

斗宿	距星斗一	去极 119 度	入宿箕 8 度半	赤经 226°54
建	建一	113 度	斗 4 度	270°48
织女	织一	52 度	斗 5 度	271°47
河鼓	河二	83 度	斗 22 度	288°22
牛宿	牛一	108 度半	斗 23 度半	291°77
女宿	女一	104 度半	牛 7 度半	298°93

表列"赤经"，是指自春分点起沿着与天球周日运动相反的方向量度的数据。从 0 度到 360 度。现今之春分点在奎宿内（距星奎二赤经 359 度 50），经井（井一赤经 81 度 39）、角（角一赤经 188 度 96）、斗（斗一赤经 266 度 54）。分周天 360 度，这是西方用法，中国古代是不用它的。

用入宿度和去极度标示天体位置的赤道坐标系和观测点的位置无关，而且同一天体的赤道坐标也不随时间而变化。因此在天文历表中，一般都用赤道坐标表示恒星的位置。只有研究太阳系天体位置和运动时，一般采用黄道坐标。

中国古代分天区为三垣二十八宿，而国标上通行的是划分为八十八个星座。现今人们夜晚观星，有的用西名星座，有的用古代星名，更多的是中西星名杂用。如北京天文馆天象厅演示天象时，《怎样认星》《夏夜星空》《冬夜星空》等认星歌就是中西杂用，《夏夜星空》的认星歌是：

认星先从北斗来，由北向西再展开。

两颗极星指北极，向西轩辕十四在。

大角、角宿沿斗把，天蝎、南斗把头抬。

顺着银河向北看，天鹰天琴紧相挨。

天鹅飞在银河上，夏夜星空记心怀。

中国古代既有独特的观象体系——三垣二十八宿，所以我们得熟悉自己的这一套，便于考之于古籍。这里编一首《星象名称对照歌》，将三垣二十八宿所涉的西方星座名称与中国古代名称对照起来，帮助记忆。

《星象名称对照歌》：

斗转星移满苍穹，中西名称两不同。

划分三垣廿八宿，勾一为心各西东。

北极勾陈小熊座，紫微左垣乘天龙。

轩辕五帝座狮子，内屏端门室女空。

天市两垣跨巨蛇，宗人宗正蛇夫中。

织女渐台名天琴，河鼓右旗叫天鹰。

北斗文昌大熊座，三台靠边熊掌跟。

大角梗河两摄提，玄戈招摇牧夫星。

南有角亢嫁室女，氐做天秤也公平。

房心尾宿在天蝎，箕与斗建人马星。

牛宿天田在摩羯，女虚坟墓居宝瓶。

危室雷电如飞马，壁一在南当边兵。

天大将军与奎北，壁二也归仙女星。

奎南右更叫双鱼，黄道之上有外屏。

娄胃左更白羊头，昴毕天关像金牛。

觜参参旗当猎户，五车在北做御夫。

井与北河成双子，南河水位小犬居。

天狼军市大犬座，鬼在巨蟹翼巨爵。

柳星张摆长蛇阵，轸上乌鸦叫不停。

二十八宿加三垣，西洋名字要记清。

　　隋代丹元子把周天各星的步位，编成一篇七字长歌，文辞浅近，便于传诵，当时就成为初习天文的必读歌诀，非常流行，这就是《唐书·艺文志》初载的《步天歌》。《步天歌》将星空分为三十一大区，即三垣加二十八宿，包括了当时全天已定名的1464 颗恒星。我们读着《步天歌》，按着方向，或向东，或向南，由甲星到乙星，到丙星，好像在天上一步一步地走过去一样，条理分明，方便记忆。清代星历家梅文鼎评价《步天歌》："句中有图，言下见象，或丰或约，无余无失。"

　　现今能见到的《步天歌》已非丹元子原文，多源于《仪象考成续编》卷三所载之《星图步天歌》。今录《古今图书集成·乾象典》所载《步天歌》有关紫微垣一段，以示一斑。

中原北极紫微宫，北极五帝在其中。
大帝之座第二珠，第三之星庶子居，
第一号曰为太子，四为后宫五天枢。
左右四星为四辅，天乙太乙当门路。
左枢右枢夹南门，左八右七十有五。
上少宰兮上少弼，上少卫兮少丞数，
前连左枢共八星，后边门东大赞府。
少尉上辅少辅继，上卫少卫上丞比，
以及右枢共七星，两藩营卫于斯至。
阴德门里两黄聚，尚书以次其位五。
女史柱史各一星，御女四星天柱五。
大理两黄阴德边，勾陈尾指北极颠，
勾陈六星六甲前。天皇独在勾陈里，
五帝内座后门是。华盖并杠十六星，
杠作柄象华盖形，盖上连连九个星，
名曰传舍如连丁。垣外左右各六珠，
右是内阶左天厨。阶前八星名八毂，
厨下五个天棓宿。天体六星两枢外，
内厨两星左枢对。文昌斗上半月形，
依稀分明六个星。文昌之下曰三师，
太尊只向中台明。天牢六星太尊边，
太阳之守四势前。一个宰相太阳侧，
更有三公柄西偏。杓下元戈一星圆，
天理四星斗里暗，辅星近著太阳淡，

北斗之宿七星明，第一主帝为枢精，
第二第三璇玑是，第四名权第五衡，
开阳摇光六七名，摇光左三号天枪。

隋代以前，二十八宿仅指星宿个体，而《步天歌》始，每宿所指已是一大片星区。如讲到角宿，歌词是：

两星南北正直著。中有平道上天田，
总是黑星两相连。前有一鸟名进贤，
平道右畔独渊然。最上三星周鼎形，
角下天门左平星，双双横于库楼上，
库楼十星屈曲明。楼中柱有十五星，
三三相聚如鼎形。其中四星别名衡，
南门楼外两星横。

角宿星区所指，北至周鼎（去极64度半），南至南门（去极137度），实际上已包括了十一个星座，南北一大片了。夜观天象，常常以亮星为基准，由此推延开去。西方天文学上表示星的亮度，有一套独特的"星等"系统，天文图上就根据星等标志星宿的亮度。两千年前，古希腊天文学家喜帕恰斯（Hipparchus）把肉眼可见的星按亮度分为六等，最亮的星称为一等星，肉眼刚能看到的星为六等星，其他星按视亮度插入，星越亮，星等越小。后人沿用这套星等系统，并经仪器检验加以精密化，规定：星等相差5等，亮度相差100倍。因此，星等数每增加一，亮度

变暗 $100^{\frac{1}{5}}$，即约 2.512 倍。

现今能用望远镜拍摄到暗达 23 等的星。有几颗亮星比 1 等星更亮，便向 0 等、负的等星扩充。最亮的恒星天狼星是 −1.45 等。金星最亮时达 −4.22 等，满月是 −12.73 等，太阳是 −26.82 等。下面是天空中二十颗最明亮的星的视星等及中西名称对照。

中名	西名	视星等
天狼	大犬座 α	−1.45
老人	船底座 α	−0.73
南门二	半人马座 α	−0.1
大角	牧夫座 α	−0.06
织女	天琴座 α	0.04
五车二	御夫座 α	0.08
参宿七	猎户座 β	0.11
南河三	小犬座 α	0.35
水委一	波江座 α	0.48
马腹一	半人马座 β	0.60
河鼓二	天鹰座 α	0.77
参宿四	猎户座 α	0.8
毕宿五	金牛座 α	0.85
	南十字座 α	0.9
角宿一	室女座 α	0.96
心宿二	天蝎座 α	1.0
北河三	双子座 β	1.15

北落师门	南鱼座 α	1.16
天津四	天鹅座 α	1.25
	南十字座 β	1.26

这二十颗亮星中，南十字座 α 星与 β 星是我们北半球区不能见到的，清代以前尚无中文名称。从上可知，只有心宿二（古称火、大火）才是标准的一等星。

这里我们讲一讲古代天文图。现今常见的天文图有两种，一是《辞海》理科分册所附"天文图"，那是以世界通用的西方八十八个星座划分天区的天文图。还有一种是王力主编《古代汉语》所附伊世同绘"天文图"，图中将我国古代主要星群都绘制出来，图上列有西方星座名称，初学者使用方便，堪称简明。

中国古代的天文图是一个圆形图，符合天圆之说。至迟在汉代就比较完备了。蔡邕《月令章句》中有一段文字记叙了当时的天文史官使用的官图。根据构拟，东汉官图如下图所示：用红色绘出三个不同直径的同心圆，圆心就是北天极。最内的小圆称作内规，也叫恒显圈。最外面的大圆称作外规，即南天可见的界线。中间一个圆代表赤道，它距南北两极相等，所以称"据天地之中"。文字中有"图中赤规截娄、角者是也"的话，所以二十八宿和黄道也就必不可少。除了二十八宿，还应当有中、外星官等。这就是《汉书·天文志》所载"天文在图籍昭昭可知者"的图籍。后代圆形星图的大圈外还标明地理分野、十二辰、十二次；靠内记二十八宿距度，赤经线按二十八宿距度画出，可从图上看出采用赤道坐标系标注天体位置（见前插页图3）。

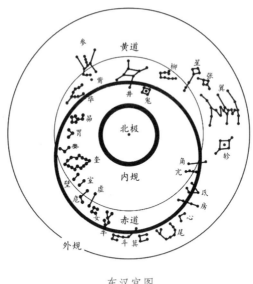

东汉官图

圆形星图的黄道本应是一个扁圆形，但古人也画成了一个正圆，致使星图上赤道以南的星官形状变形很大。隋代前后出现了一种用直角坐标投影的卷形星图，称作横图，弥补了这个缺点。《隋书·经籍志》载"《天文横图》一卷高文洪撰"就是。后来，除了一张表示赤道附近星官的横图，又画了一张以北极为中心的圆形图标注赤极附近的星官。王力《古代汉语》中所附天文图就源于隋唐时代的这种星图，一张横图，一张圆形图。

这里再给大家介绍两个图表。表一（113 页）显示了中国传统的天文学观点，表二（114 页）是张汝舟先生的创制，反映张氏的古天文观。表一、表二的大圆圈，就是从地球赤道线之北 23 度半的圆周线上向高空延展而成的。二十八宿罗列在这条线上或

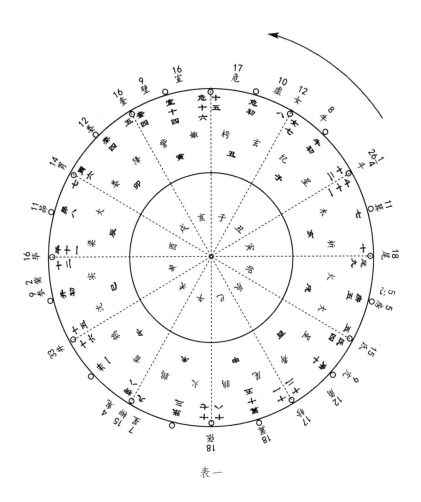

表一

稍南或稍北，就在这个大圆圈上移动。这个大圆圈，又名天球上的北回归线，自古一贯称为黄道。南回归线在南半球的高空，我们祖先没有利用它。西方天文学讲的"黄道"，与我国旧说不同。我们用旧说是为便于清楚地说明问题。

　　表一向西指的箭头，是表示二十八宿的西行。表二加画一个

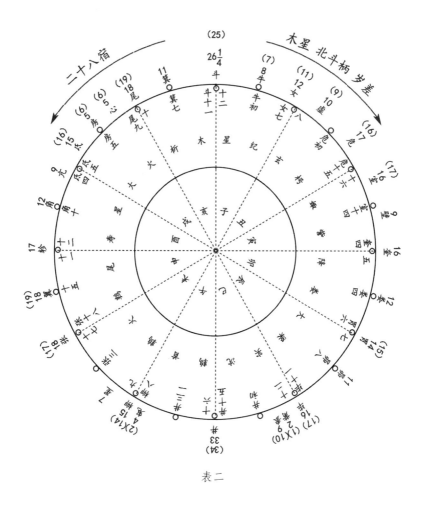

表二

东指箭头，表示二十八宿却又向东缓慢偏移，形成了"岁差"，从而规定了二十八宿以及北斗柄的运行关系。

表一的二十八宿配四象，所以必按四象次序，从东方的南端，列角、亢、氐、房、心、尾、箕，向西移动；接着北方七宿斗、牛、女、虚、危、室、壁，也就从北方的东端向西移；西

方、南方同样如此排列。这个排列次序，表明二十八宿向西移动。

如用《尧典》"日永星火""宵中星虚"来检验，可见表一之误。按表一所示，虚宿在火（心）宿之西 83 度弱（心 $\frac{5}{2}$ 度加尾 18 度，加箕 11 度，加斗 26 $\frac{1}{4}$ 度，加牛 8 度，加女 12 度，加虚 $\frac{10}{2}$ 度，得此数）。夏历五月，"日永星火"，即夏至昏火中。二十八宿西移，到八月，火（心）宿已落到地平线下，虚宿应在中天，即"宵中星虚"。按表一，火（心）宿纳入地平，虚宿已在地平之下 83 度多了，根本不合天象。

更以岁星东移证明表一的错误。春秋期间，星历家把赤道圈划为十二等分，名十二宫，又名十二次，即星纪、玄枵、娵訾、降娄、大梁、实沈、鹑首、鹑火、鹑尾、寿星、大火、析木。每年岁星（木星）顺序移一次，十二年一转头，叫"岁星纪年"。《国语》《左传》里所谓"岁在星纪""岁在玄枵"……代表子年、丑年……汉代理解为与岁星运行方向相反的"太岁"年，称为十二辰。《淮南子·天文训》称："岁星为阳，右行于天；太阴为阴，左行于地。"《史记·天官书》称："岁阴左行在寅，岁星右转居丑。"太阴、岁阴，就是太岁，也称"假岁星"。表一就在于反映这个"太岁左行""岁星右行"。由于四象作祟，把宿位排颠倒了，造成混乱，与十二辰不相应，不得不把它也倒过来。反加混乱。从《汉书·律历志》"次度"可看出，星纪是十一月，建子；玄枵是十二月，建丑……只纪月不纪年，足证星纪、玄枵等名目与岁星纪年毫无关系。

因四象之害，以至引起二十八宿排列之误倒，不得不妄列十二支与传统相反的排列，如表一外列的十二支，形成一个西行的箭头指示，不符合北斗柄东指十二支以定月；不符合冬至点71年8个月西移一度，就是恒星东移一度，十二次也是东移。表二改动的要点在此。

表二纠正了历代就二十八宿配四象所造成的错误，恢复了二十八宿宿位排列的本来面目。这张表由于调整了二十八宿的位置，调整了十二宫、辰的位置，加了岁差、木星、北斗柄的方向，与传统的排列法比较，不仅彻底摆脱了"四象"的束缚，放正了二十八宿的位置，使"地望""占卜术"无所依存，而且在以下几个方面有它突出的意义。

1. 二十八宿的运行与二十四节气的配合取得了一致。此表依据《次度》，二十八宿运行方向由东向西（箭头标明），冬至点在牛初，春分点在娄4度，夏至点在井31度，秋分点在角10度，历历分明。节气顺次与二十八宿运行方向一致。

2. 北斗柄方向与四季的方向、二十八宿运行方向吻合。由于北斗柄绕着北极转动，一年四季斗柄指向不同的方位，此表加一个北斗柄方向，与二十四节气顺次配合无误，与二十八宿运行也就吻合。这也表示了古人把北斗、北极与二十八宿紧密相连的观测星象方法。

3. 否定了"岁星纪年"。传统的二十八宿安排有内外十二支排列，这是迷恋岁星纪年，又假想出一个与木星成相反方向运行的假岁星（太岁）。张汝舟先生表二取消了假岁星的安排，明确了木星运行方向，十二支与纪月的"星纪、玄枵、娵訾……"相配合，彻底改变了对"岁星纪年"的认识。昙花一现的"岁星纪年"不过是四分历产生之前观象授时阶段的一个插曲而已。

4. 明确了岁差与岁差的方向。岁差虽是东晋人虞喜发现并加以计算，可是汉代已有明确记载：西汉末冬至点在建星（南斗尾附近），东汉时冬至点在斗宿 $21\frac{1}{4}$ 度。冬至点从牛初的移动表明，汉代天文学家已观察到恒星的位移，并记录下来，更证明"冬至点在牛初"是战国初期的实际天象。

三、《尧典》及四仲中星

上古时代，观象授时的历史是相当漫长的。《史记·天官书》载："昔之传天数者：高辛之前，重、黎；于唐、虞，羲、和；有夏，昆吾；殷商，巫咸；周室，史佚、苌弘；于宋，子韦；郑则裨灶；在齐，甘公；楚，唐昧；赵，尹皋；魏，石申。"《史记·历书》记："太史公曰：神农以前尚矣。盖黄帝考定星历，建立五行，起消息，正闰余，于是有天地神祇物类之官，是谓五官。各司其序，不相乱也。"《国语·楚语》云："少昊之衰也，九黎乱德，民神杂糅，不可方物。……颛顼受之，乃命南正重司天以属神，命火正黎司地以属民。……其后，三苗复九黎之德，尧复育重、黎之后不忘旧者，使复典之，以至于夏、商，故重、黎氏世叙天地，而别其分主者也。"《国语·郑语》也说："夫黎为高辛氏火正，以淳耀惇大，天明地德，光昭四海，故命之曰祝融。"

这些记载都说明，先民对天象的观测可追溯到传说的远古时代。那时，南正、火正的职务是分别由两人（重、黎）担任的。到后来，合南正、火正之职由一人主之，又以氏代事，重黎由人名变成职事之名，由二人之名合一名了。《尧典》所叙"羲和"与此大致略同。有以羲和为一人的，有以羲氏和和氏相称的，都不难理解。《楚语》韦昭注云："尧继高辛氏，平三苗之乱，绍育重、黎之后，使复典天地之官，羲氏、和氏是也。"由此看出，传天数者还是祖传，有世家，观测天象的连续性有了保证。典籍中所记的结论也就比较可信，不必看做全是传说虚构。

现存典籍最早而又比较完整记录观象授时的文字是《尚书·尧典》。对这段文字我们应当高度重视，因为它涉及的内容比较广泛，可以看做是上古观象授时的总结，可从中窥探先民丰富的天文学知识。其文曰：

乃命羲和，钦若昊天，历象日月星辰，敬授民时。

这一段讲尧用羲氏、和氏家族中之贤能者，敬顺天理，观测日月星辰的运行，掌握其规律，以审知时候而授民，便于农事。

要点：

1. 韦昭云，重、黎之后为羲、和。郑玄谓，尧育重、黎之后羲氏、和氏之贤者，使掌旧职天地之官。

2. 历，数也。就是观测。日、月、星、辰，如《管子·四时篇》言，分别有所指。《左传·昭公七年》"晋侯谓伯瑕曰：……何谓六物？对曰：岁、时、日、月、星、辰是谓也"，亦可证之。又，《尸子》"燧人察辰心而出火"，所谓"辰心"，就是恒星心，就是心宿。观心宿昏现而举行"出火"活动。比照《公羊传·昭公十七年》"大火为大辰，伐为大辰，北辰亦为大辰"，凡大辰所指，皆为恒星。所以言"大"，是以之为观测星象的标准星。最早，先民是以北极星作为观测天象的标准星的，所以"北辰亦为大辰"。夏代以参星（伐在参宿中）作为观测天象的标准星，所以"伐为大辰"。商代以大火（心宿二，即商星）作为观测天象的标准星，所以"大火为大辰"。凡日月星辰并举之"辰"，当指恒星而言。星，当指五星，《左传·昭公七年》"日月之会是谓辰"，那是指"一岁日月十二会，则十二辰"，是明显的时间概念。水星古名辰星，取近日不出一辰。辰星之"辰"是一个空间概念。后代"星辰"连续，泛指除日月之外的所有行星、恒星，也是可以理解的。

　　分命羲仲，宅嵎夷，曰旸谷。寅宾出日，平秩东作。日中星鸟，以殷仲春。厥民析，鸟兽孳尾。

　　申命羲叔，宅南交，曰明都。平秩南讹，敬致。日永星火，以正仲夏。厥民因，鸟兽希革。

　　分命和仲，宅西，曰昧谷。寅饯纳日，平秩西成。宵中星虚，以殷仲秋。厥民夷，鸟兽毛毨。

　　申命和叔，宅朔方，曰幽都。平秩朔易。日短星昴，以正仲冬。厥民隩，鸟兽氄毛。

此四段文字可合读。有祖传专长的天文官分布四方，设固定观测点，进行长期观测，以东南西北、春夏秋冬分叙所观测到的日月星象、民事、物候等。

要点：

1. 羲仲，官名，指春官。羲叔指夏官。和仲指秋官。和叔指冬官。仲、叔指羲氏、和氏家族之子。《楚语》所谓"重、黎氏世叙天地"，至夏商为羲氏、和氏。

宅，度。宅，古音定纽铎部；度，定纽模部。纽同，唐铎模对转。度即测量，观测。观测什么？当是表影。以定日出日入的时辰，表则相当于日晷。日中测影定节气，则为土圭。

嵎夷、南交，不必是实指辽西某地或古交趾。嵎夷泛指东方，南交泛指南方，与下文西、朔方一致。连前"宅"字，当为观测四方表影，定春夏秋冬四时的日出日入时分。

旸谷、明都、昧谷、幽都，当实指，即具体观测点。旸谷即首阳山谷，在今辽阳境。明都，依郑注增，不可考。昧谷即蒙谷，无考。幽都即幽州。

2. 寅宾，寅，敬也，礼敬如接宾。出日，方出之日。春分日测朝日之影，当在卯时，必先候之，如接宾客。秋分日测夕日之影，当在酉时，有饯别之义，故"寅饯纳日"。

平秩，当作采秩，辨别秩序义。东作，东始。言日月之行从东始，即以春分日为起算点。秋分时日月正好运行一年之半，故言"西成"，即西平，取平半义。

南讹、朔易：讹，动义；易，变义。古称赤道为中衡，北回归线古称内衡，南回归线古称外衡。南讹，言日自内衡南行。朔易，言日自外衡北返。这几句是说，观测日影变化，分别日月运行的起点——东作（春分点），南讹极点（冬至点），中点——西成（秋分点），朔易极点（夏至点）。

敬致，言冬夏致日，致日犹底日（《左传》）、待日，与寅宾、寅饯参照，言夏冬待正午日出以观表影。

3. 日中星鸟，日永星火，宵中星虚，日短星昴。这是讲春分、夏至、秋分、冬至四个气日的中星。浑言之，仲春的中星是星宿，仲夏的中星是火（心宿二），仲秋的中星是虚宿，仲冬的中星是昴宿，所谓"四仲中星"指此。

4. 析、因、夷、隩，皆为动词，指春夏秋冬四时民众的活动。析，分也，春日万物始动，当分散求食也。因，就也，夏日花果繁茂，当聚合就食也。夷，通怡，秋日果实累累，食多喜悦也。隩，冬日寒气降，当掘室避寒也。这是就上古部族人的活动说的。民以食为天，以"食"为解，更近其实。

5. 鸟兽孳尾、希革、毛毨、氄毛，指鸟兽在不同时令的表象。春季，鸟兽交配繁殖。夏季，毛稀而露皮革。秋季，毛羽鲜洁。冬季，生细毛自温。

帝曰：咨，汝羲暨和。期三百有六旬有六日，以闰月定四时成岁。允厘百工，庶绩咸熙。

这一段意思是，帝尧说：你们羲氏、和氏子弟，观测天象，得知春夏秋冬一年有 366 日，又以置闰月的办法调配月与岁，使春夏秋冬四时不差，这就可以信治百官，取得各方面的成功了。这几句可以看做是尧对羲氏、和氏勤劬观测验天象的"嘉奖令"。亦见上古帝王对观象制历何等重视，更看出星历在指导生产中的重要作用，在社会职事上的特殊地位。

《尧典》一书，很多人认为是周代史官根据古代传闻旧说而编写的，还经春秋、战国时代所增补，但所记天象却不是春秋以后的，这一点可以肯定。"日中星鸟，以殷仲春"，"日永星火，以正仲夏"，"宵中星虚，以殷仲秋"，"日短星昴，以正仲冬"，这四句是实际天象的记录，标志着它产生的时代。历代都有人对《尧典》四仲中星进行研究，希望找到产生四仲中星的准确时代。其方法是，依据四颗中星的赤经差，再用岁差法计算出它的年代。近人更应用现代天文学的方法严格地推算。《新唐书·天文志》载，李淳风说："若冬至昴中，则夏至、秋分，星火、星虚皆在未正之西。若以夏至火中、秋分虚中，则冬至昴在巳正之东。"四仲中星彼此是有矛盾的。正如竺可桢先生说："以鸟、火、虚三宿而论，至早不能为商代以前之现象。惟星昴则为唐尧以前之天象，与鸟、火、虚三者俱不相合。"他以为观测星昴出现于南中天的冬季，正值农闲，天气寒冷，观测时间一定大为提前。这样解释，四仲中星就只能是殷末周初的天象。这是以鸟、火、虚三宿位置确定的。

竺可桢先生研究《尧典》四仲中星，还认为四季的划分在认识天象方面起了关键作用。因为先民早就意识到，四季交替与恒星的运转有一种内在的联系，上古"观天数者"主要任务之一就是探索这内在联系的规律性。因此，先民对恒星分布的认识当是起源很早的，这才有《尧典》产生时代的比较准确的四仲中星的记载。

以现代天文学科学数据逆推，四仲中星是公元前 2000 年的天象。据发掘陶寺夏墟遗址，确定的夏代纪年为约公元前 2500 年至公元前 1900 年，那么，四仲中星当是夏代的星象。考虑到肉眼观测的粗疏，再参证出土的甲骨卜辞，可以断定，至迟到殷商时代（公元前 18 世纪到前 11 世纪，准确地说，商代当是公元前 1734—前 1107 年）古人已能用昏南中星测定二分二至，并能用闰月调整朔望月与回归年的关系。回归年计为 366 日，与真值相差甚远，不能据以创制历法，只能靠观象确定大致的节气时日。不过，更能说明不是什么"朏为月首"。

《尧典》四仲中星举出了四颗标志星：鸟、火、虚、昴。鸟，即星宿。不言"星星"而言"星鸟"，避不成词。这四颗星是二十八宿中最关键的星，彼此的间距不是精确地相等，但已大致将周天划为四段，已见"四象"的雏形。所谓"星鸟"，以鸟代星宿，足证"四象"是以朱鸟为基础逐步发展完善的。《尧典》四仲中星已有周天恒星分为四方的意思。二十八宿中最关键的四颗星都处在四方的腹心位置。二十八宿当以这四颗星为基础发展完备起来。而二十八宿分为四群的意识产生得也很早，虽不能断定就有"四象"，说《尧典》已见"四象"的端倪还是不错的。

《左传·昭公十七年》载："我高祖少皞挚之立也，凤鸟适至，故纪于鸟，为鸟师而鸟名：凤鸟氏，历正也；玄鸟氏，司分者也；伯赵氏，司至者也；青鸟氏，司启者也；丹鸟氏，司闭者也。"凤鸟氏是历正，下面还有四名鸟官分管分（春分、秋分）、至（夏至、冬至）、启（立春、立夏）、闭（立秋、立冬），足见鸟的形象与天文学的密切关系。郑文光以为，鸟与云、火、龙一样，为原始氏族的图腾或自然崇拜。以鸟为图腾的原始氏族，把春天初昏南天的星象描绘成一只鸟，那也是容易理解的。更后，岁星（木星）纪年划周天为十二次，其中鹑首、鹑火、鹑尾三次相连，就是南宫朱鸟，包括井鬼柳星张翼轸七宿。岁星纪年虽行用于春秋中期之后，但"鹑"之名是早就有的了。

总之，《尧典》所记载的天象，内容是丰富的。元代许谦在《读书丛说》中这样概括它："仲叔专候天以验历：以日景验，一也；以中星验，二也；既仰观而又俯察于人事，三也；析、因、夷、隩，皆人性不谋而同者，又虑人为或相习而成，则又远诸物，四也。盖鸟兽无智而囿于气，其动出于自然故也。"

四、《礼记·月令》 的昏旦中星

除了《尧典》，观象授时的完整记载还保存在《礼记·月令》之中。战国末期的《吕氏春秋》及西汉《淮南子》所记，亦与之大体吻合。前贤多以"月令载于《吕览》"为说，而《月令》对后世的影响是很大的，因为它与农业生产关系密切，直接指导着农事的安排。汉代以后，差不多历代都有类似《月令》的农书或总括天象、节气的《月令图》。著名的如汉代《四民月令》（崔寔）和《唐月令》。清李调元说："自唐以后，言《月令》者无虑数十百家。"可见古人对《月令》的重视。

《礼记·月令》所记天象是：

孟春之月，日在营室，昏参中，旦尾中。

仲春之月，日在奎，昏弧*中，旦建星中。

季春之月，日在胃，昏七星中，旦牵牛中。

孟夏之月，日在毕，昏翼中，旦婺女中。

仲夏之月，日在东井，昏亢中，旦危中。

季夏之月，日在柳，昏火中，旦奎中。

孟秋之月，日在翼，昏建星中，旦毕中。

仲秋之月，日在角，昏牵牛中，旦觜觿中。

季秋之月，日在房，昏虚中，旦柳中。

孟冬之月，日在尾，昏危中，旦七星中。

仲冬之月，日在斗，昏东壁中，旦轸中。

季冬之月，日在婺女，昏娄中，旦氐中。

*弧在舆鬼南，建星近斗。

二十八宿横亘一周天，如果知道初昏中星，就能确知其他三个时辰的中星。子、卯、午、酉四个时辰正好一周，处于四个象限，一推即得。正午太阳的位置，就是午时中星的位置，与夜半中星相冲的星度正是太阳所在，这时（午）太阳的视位最好，正好测影。

我们利用《天文图》找到它的春分点、夏至点、秋分点、冬至点，就可以推知一日四个时辰（卯——旦，午——日中，酉——昏，子——夜半）的中星。因为二十八宿不仅有周年视运动，也有周日视运动，即一日行经一周天（实际是地球自转一周）。

酉（昏）	子（夜半）	卯（旦）	午（日中）
春分	夏至	秋分	冬至
夏至	秋分	冬至	春分
秋分	冬至	春分	夏至
冬至	春分	夏至	秋分

如果某日晨朝（卯）的星象是《天文图》上春分点的星象，当日正午就是夏至点的星象，当日黄昏就是秋分点的星象，当日夜半就是冬至点的星象。其余可按上表类推。

《月令》所记是一年十二个月昏、旦、午三个时辰的宿位，夜半（子）的中星自然是容易推出的。应注意的是，冬夏季节昼夜时刻不均，用对应方法（利用四个象限）推求，未必就得实际天象。当然相去是不会远的。如果用二十八宿距度对照《月令》所记，我们可以发现，《月令》宿位已经考虑了四季昼夜时刻不均等的现象，《月令》所记应看做是实际天象的实录。虽然一般的看法以为《月令》录于《吕览》，而《吕览》所记仍来源于前朝史料，非战国末年的观测记录。从《月令》与诸典籍有关星象记载的对照可以看出，《月令》乃丑正实录，当是春秋前期或更早时期的星象记录。

二十八宿与回归年的节气时令有如此紧密的联系，所以古人用二十八宿的中天位置来表达节气时令。古籍中这方面的记载很多，都应看做是观象授时的文字材料。

《诗·定之方中》："定之方中，作于楚宫。"定，即室宿。室宿初昏见于南天正中，正值秋末冬初，农事已毕，可以大兴土木，营建宫室。

《周礼·夏官》："季春出火，民咸从之，季秋内火，民亦如之。"此处"火"星即心宿，从商代起就受到重视，古书中多有记载。这里的"出火"，指火星昏现，这里的"内火"，有人解作"火星始伏"，其实"内"与"伏"还不是一回事。辨见后《诗·七月》的用历"一节。

《尚书大传》云："主春者张，昏中可以种谷；主夏者火，昏中可以种黍；立秋者虚，昏中可以种麦；立冬者昴，昏中可以收敛。"这实际上是对《尧典》四仲中星的解说，只不过把"日中星鸟"之"鸟"理解为张宿。张、火、虚、昴成了春夏秋冬四仲中星，昏现南中天，与农事大有关系。亦见观象授时服务于农事。

《国语·周语》载："辰角见而雨毕，天根见而水涸，本见而草木节解，驷见而陨霜，火见而清风戒寒。"这是晨旦观星象的记录，对初秋到深秋的物象变化结合天象作了一番描述。角宿晨见，雨季已毕；天根（氐宿）晨见，河水干涸；本（亢宿）晨见，草木枯落；驷（房宿）晨见，开始降霜；火（心宿）晨见，寒风即至。从星象与时令关系说，"辰角见"即"晨角见"，辰通晨。有人是将"辰角"作为角宿看待的。

另外，《尚书·洪范》伪孔传："月经于箕则多风，离于毕则多雨。"就是源于《诗·渐渐之石》"月离于毕，俾滂沱矣"，指月亮经天，在箕宿或毕宿的位置。苏轼《前赤壁赋》"月出于东山之上，徘徊于斗牛之间"，也是以二十八宿（斗、牛）来表述月亮的位置。

附《月令总图》于下。

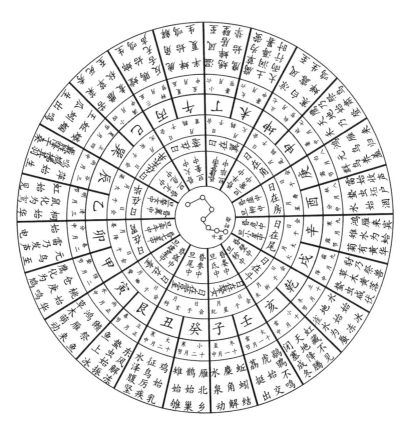

月令总图

五、 北极与北斗

地球自转有一定的倾斜度，其自转轴的北端总是正对着天球北极。地球自转，反映出恒星在天幕上的周日视动，地球公转反映出恒星在天幕上的周年视动。在恒星的视运动过程中，天球北极是不动的，其他恒星都在绕着它旋转。身处北半球的华夏族先民，对北极星的观测是高度重视的，所谓"北辰亦为大辰"，指的是夏代以前的传说时代以北极星为观测群星运动的标准星。《论语·为政》"为政以德，譬如北辰，居其所，而众星共之"，是以众星绕北极旋转的天象来说明事理。《周礼·冬官·考工记》云："昼参诸日中之景，夜考之极星，以正朝夕。"后人的记述确也反映了北极星在观象授时的早期所起的重要作用。

《吕氏春秋·有始览》云："极星与天俱游而天极不移。"古人已看出，当时的北极星（应是帝星即小熊座 β）不在北天极上，北极星也在绕天极旋转，只不过它的视运动轨迹所形成的圆圈很小罢了。这就引出了我国古代天文学中一个独特的概念——璇玑玉衡。

《尚书大传》称："璇者，还也；玑者，几也、微也。其变几微，而所动者大，谓之璇玑。是故璇玑谓之北极。"《星经》（即《续汉志十注补》）称："璇玑者，谓北极也。"刘向《说苑·辨物》也说："璇玑谓北辰，勾陈枢星也。"

不难明白，凡是旋转的东西都可以称为"璇玑"。北极星靠

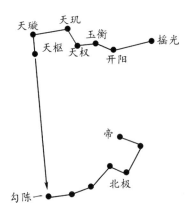

近北天极，也以很小的圆形轨迹绕天极旋转，所以称"北极璇玑"。

所谓玉衡，是指极星附近很明亮的北斗七星。我国黄河中下游约处于北纬 36 度，天球北极也高出当地地平线 36 度。以 36 度为半径画一个圆，叫恒显圈，其中的星星绕北极旋转而始终不隐入地平线下。北斗七星正处在恒显圈内，终年可见。北斗由七星构成大勺形（见上图）。天枢、天璇、天玑、天权组成斗身，古称魁；玉衡、开阳、摇光组成斗柄，古称杓。《史记索隐》引《春秋纬·运斗枢》："斗，第一天枢，第二璇，第三玑，第四权，第五衡，第六开阳，第七摇光。第一至第四为魁，第五至第七为杓，合而为斗。"如图所示，将天璇、天枢连成直线，延长五倍的距离，可以找到北极星（目前为勾陈一）。北极星就是北方的标志。古人观星，总是将北极与北斗联系起来，以此定方位，定季节时令。《淮南子·齐俗训》云："夫乘舟而惑者，不知东西，见斗极则寤矣。"《史记·天官书》说："北斗七星，所谓'璇玑玉衡以齐七政'。……斗为帝车，运于中央，临制四乡，分阴阳，建四时，均五行，移节度，定诸纪，皆系于斗。"

如果用地支指代方位，将北斗柄所指与二十八宿、二十四节气配合起来，按斗柄所指定出月份，即所谓"斗建"。

斗柄所指孟春，日月会于娵訾，斗建寅

仲春，　　　会于降娄，斗建卯

季春，　　　会于大梁，斗建辰

孟夏，　　　会于实沈，斗建巳

仲夏，　　　会于鹑首，斗建午

季夏，　　　会于鹑火，斗建未

孟秋，　　　会于鹑尾，斗建申

仲秋，　　　会于寿星，斗建酉

季秋，　　　会于大火，斗建戌

孟冬，　　　会于析木，斗建亥

仲冬，　　　会于星纪，斗建子

季冬，　　　会于玄枵，斗建丑

是随十二月运会，斗柄随月以建。《淮南子·时则训》与此同理："孟春之月，招摇指寅，昏参中，旦尾中。……仲春之月，招摇指卯，昏弧中，旦建星中。"《古诗十九首》"明月皎夜光，促织鸣东壁；玉衡指孟冬，众星何历历"，是以斗柄所指来描绘夜色。用招摇，用玉衡，皆同斗柄。在更古的年代，招摇、玄戈也在恒显圈内，所谓"斗九星"即是。

至于《鹖冠子·环流》所记："斗柄东指，天下皆春；斗柄南指，天下皆夏；斗柄西指，天下皆秋；斗柄北指，天下皆冬。"那是保留了比较古老的根据斗柄回转而定四时的俗谚。

斗柄方向与时令关系表

月建	子	丑	寅	卯	辰	巳	午	未	申	酉	戌	亥
节气	冬至	大寒	雨水	春分	谷雨	小满	夏至	大暑	处暑	秋分	霜降	小雪
斗柄	在下	下右	右下	右	右上	上右	上	上左	左上	左	左下	下左
钟表	6	5	4	3	2	1	12	11	10	9	8	7

肉眼观察到的北极星，位置是固定的，北斗七星在星空中也十分显眼，那就不难测出它们方位的变化。所以，先民观察北斗的回转以定四时。古籍中众多的关于北斗的记载就反映了上古的遗迹。

毕竟北斗只在一个不大的恒显圈内回转，比不上赤道附近恒星群视运动的视角大，更便于观测。所以，在夏商时代，先民就有观察某些特定恒星以定时令的习惯，夏代以参宿昏现西方，殷代以大火昏现东方，作为春季到来的标志。更进一步，就以二十八宿为背景，测定昏旦中星以定四时。《尚书·尧典》就体现了用四颗恒星的昏中来测定四时的观测方法。

《史记·天官书》记"杓携龙角（斗柄指向角宿），衡殷南斗（衡对向南斗宿），魁枕参首（1~4星枕于参宿之首）"，是将北斗与二十八宿联系起来，摆到更大的空间来加以描述。这就可以通过对北斗星的观测，估计出处于地平线以下各宿的大约位置。

所谓"璇玑玉衡"在远古时代就是指北极、北斗。随着观测星象由斗极转移至恒星群，加以观测仪器的创制，"璇玑玉衡"似又有了新的含义。东汉时代起，更有人认为，"璇玑玉衡"是一种天文仪器，如马融、郑玄、蔡邕是。《尚书·舜典》："（帝）在璇玑玉衡，以齐七政。"孔安国注云："在，察也。璇，美玉也。玑、衡，王者正天文之器，可运转者。七政，日、月、五星各异政。舜察天文，齐七政，以审己之当天心与否。"宋代沈括在《梦溪笔谈》卷七中说："天文家有浑仪，测天之器，设于崇台以候垂象者，即古玑衡是也。"这显然是把璇玑玉衡看做类似浑仪的仪器。

《隋书·天文志》有一段话比较客观："璇玑者，谓浑天仪也。……而先儒或因星官书，北斗第二星名璇，第三星名玑，第五星名玉衡，仍七政之言，即以为北斗七星。载笔之官，莫之或辨。"可见持北斗说，来源甚早；持天文仪器说，大有人在。

郑文光氏以为："星象观测和仪器的发明之间存在一定的关系，天文仪器的设计思想，往往是从星辰的运动得到启示的。"由北极璇玑四游的实际天象，到利用北斗七星回转的斗柄所指定方位，定四时，再进而创造天文仪器——"璇玑玉衡"——浑仪的前身，这就是一条发展的线索。所以郑氏说："璇玑玉衡既可以是仪器，又可以是星象。或者说，是两者的辩证的统一。"

六、 分野

古代的占星术充分利用了各种天文现象，占星对古代天文学的影响是很大的。比如星宿的分野就是明显的反映。《史记·天官书》说："天则有列宿，地则有州域。"把天上的星宿与地上的州国联系起来，并以星宿的运动及其变异现象来预卜州国的吉凶祸福。列宿配州国，就是所谓的"分野"。

由于占星术随着时代有所发展，加之占星家各自所采用的系统不同，对于州国的分配方法，各种史料的记载是不一致的。

有按五星分配的，如《史记·天官书》太史公曰："二十八舍主十二州。斗秉兼之，所从来久矣。秦之疆也，候在太白，占于狼、弧；吴、楚之疆，候在荧惑，占于鸟衡；燕、齐之疆，候在辰星，占于虚、危；宋、郑之疆，候在岁星，占于房、心；晋之疆，亦候在辰星，占于参罚。"

有按北斗七星分配的，如《春秋纬》称："雍州属魁星，冀州属枢星，兖州、青州属机星，徐州、扬州属权星，荆州属衡星，梁州属开星，豫州属摇星。"其中魁星指天璇，枢星指天枢，机星指天玑，权星指天权，衡星指玉衡，开星指开阳，摇星指摇光。《月令辑要》卷一所载，按斗九星分野叙说。

有按十二次分配的，如《周礼·春官·保章氏》郑注称："九州州中诸国中之封域，于星亦有分焉……今其存可言者，十二次之分也。星纪，吴越也；玄枵，齐也；娵訾，卫也；降娄，鲁也；大梁，赵也；实沈，晋也；鹑首，秦也；鹑火，周也；鹑尾，楚也；寿星，郑也；大火，宋也；析木，燕也。"

有按二十八宿分配的，如《史记·天官书》称："角、亢、氐，兖州；房、心，豫州；尾、箕，幽州；斗，江、湖；牵牛、婺女，扬州；虚、危，青州；营室至东壁，并州；奎、娄、胃，徐州；昴、毕，冀州；觜觿、参，益州；东井、舆鬼，雍州；柳、七星、张，三河；翼、轸，荆州。"

《吕氏春秋·有始览》分配方法又不同："天有九野，地有九州。……何谓九野？中央曰钧天，其星角、亢、氐；东方曰苍天，其星房、心、尾；东北曰变天，其星箕、斗、牵牛；北方曰玄天，其星婺女、虚、危、营室；西北曰幽天，其星东壁、奎、娄；西方曰颢天，其星胃、昴、毕；西南曰朱天，其星觜觿、参、东井；南方曰炎天，其星舆鬼、柳、七星；东南曰阳天，其星张、翼、轸。何谓九州？河汉之间为豫州，周也；两河之间为冀州，晋也；河济之间为兖州，卫也；东方为青州，齐也；泗上为徐州，鲁也；东南为扬州，越也；南方为荆州，楚也；西方为雍州，秦也；北方为幽州，燕也。"这是按照中央及八方位把天分为九野，以中、东、北、西、南顺次配以二十八宿（北方独配四宿）。其东方曰苍天，北方曰玄天，西方曰颢天（颢即白义），西南曰朱天，南方曰炎天，是从五行说而来的。其东北曰变天，西北曰幽天，东南曰阳天，是从阴阳说而来的。高诱注说："东北，水之季，阴气所尽，阳气所始，万物向生，故曰变天。西北，金之季也，将及太阴，故曰幽天。"又说："钧，平也。为四方主，故曰钧天。"

《淮南子·天文训》载"天有九野"和《吕氏春秋》同，只是颢天改为昊天，婺女改为须女而已。九野与地上诸国的关系，就明显不同。《天文训》称："星部地名：角、亢，郑；氐、房、心，宋；尾、箕，燕；斗、牵牛，越；须女，吴；虚、危，齐；营室、东壁，卫；奎、娄，鲁；胃、昴、毕，魏；觜嶲、参，赵；东井、舆鬼，秦；柳、七星、张，周；翼、轸，楚。"许慎注说："角、亢、氐，韩、郑之分野；尾、箕一名析木，燕之分野；斗，吴之分野；牵牛一名星纪，越之分野；虚、危一名玄枵，齐之分野；营室、东壁一名承委，卫之分野；奎、娄一名降娄，鲁之分野；昴、毕一名大梁，赵之分野，觜嶲、参一名实沈，晋之分野；柳、七星、张一名鹑火，周之分野；翼、轸一名鹑尾，楚之分野。"

　　《汉书·地理志》的分野是："秦地，于天官东井、舆鬼之分野也。……自井十度至柳三度，谓之鹑首之次，秦之分也。魏地，觜嶲、参之分野也。……周地，柳、七星、张之分野也。……自柳三度至张十二度，谓之鹑火之次，周之分也。韩地，角、亢、氐之分野也。……及《诗·风》陈、郑之国，与韩同星分焉。郑国，今河南之新郑，本高辛氏火正祝融之虚也。……自东井六度至亢六度，谓之寿星之次，郑之分野，与韩同分。赵地，昴、毕之分野也。……燕地，尾、箕之分野也。……自危四度至斗六度，谓之析木之次，燕之分也。齐地，虚、危之分野也。……鲁地，奎、娄之分野也。……宋地，房、心之分野也。……卫地，营室、东壁之分野也。……楚地，翼、轸之分野也……吴地，斗分野也。……粤地，牵牛、婺女之分野也。"如果按二十八宿次度排列，就是：

韩地——角、亢、氐　　　　宋地——房、心

燕地——尾、箕　　　　　　吴地——斗

粤地——牵牛、婺女　　　　齐地——虚、危

卫地——营室、东壁　　　　鲁地——奎、娄

赵地——昴、毕　　　　　　魏地——觜觿、参

秦地——东井、舆鬼　　　　周地——柳、七星、张

楚地——翼、轸

这和上面所列许慎、高诱的分野说完全一样，应看做是东汉
时代的分野思想。

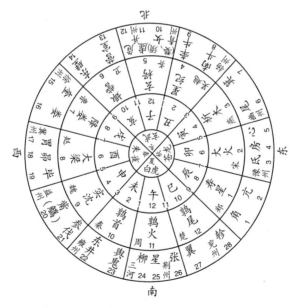

星宿分野方位图

至于分野的来历，《名义考》说："古者封国，皆有分星，以观妖祥，或系之北斗，如魁主雍；或系之二十八宿，如星纪主吴越；或系之五星，如岁星主齐吴之类。有土南而星北，土东而星西，反相属者，何耶？先儒以为受封之日，岁星所在之辰，其国属焉。吴越同次者，以同日受封也。"这是说，分野主要依据该国受封之日岁星具体时辰具体位置。郑文光氏以为，至少有三国不是这样分的。一个是宋，"大火，宋也"。周克商，封殷商后裔于宋，殷人的族星为大火，仍以大火为宋的分野。一个是周，"鹑火，周也"。周人沿袭殷人后期观察鹑火以定农时的习俗，鹑火于是成了周的分野。一个是晋，"实沈，晋也"。实沈是夏族的始祖，夏为商灭，其地称唐，周成王封其弟于此，称唐叔虞，就是晋国。这三个分野实际上反映了古代不同民族观测的不同的星辰。可见，分野说不能笼统地视为宗教迷信。相反，可以说，我们的研究似乎还未够深入。

分野与社会人事相配合，成了天人相应，这是占星术的内容。古籍中有关的记载很多。《左传·昭公三十一年》记："吴其入郢乎。……火胜金。"是就五星分野预卜吉凶的。《史记·天官书》记："毕曰罕车，为边兵，主弋猎，其大星旁小星为附耳，附耳摇动，有谗乱臣在侧。"《后汉书·天文志》载："王莽地皇三年十一月，有星孛于张，东南行五日不见。孛星者，恶气所生，为乱兵。……张为周地，星孛于张，东南行即翼、轸之分。翼、轸为楚，是周、楚之地，将有兵乱。后一年正月，光武起兵舂陵。……（孝安永初四年六月）癸酉，太白入舆鬼。指上阶，为三公。后太尉张禹、司空张敏皆免官。太白入舆鬼，为将凶。

后中郎将任尚坐赃千万，槛车徵，弃市。"历代天文志，言及星象，多是这方面的内容。

古代文学作品关于分野的写法，多是指地域说的，可看成文人以分野用典。如庾信《哀江南赋》说："以鹑首而赐秦，天何为而此醉？"这是用十二次分野的成规发问。王勃《滕王阁序》开头四句是："豫章故郡，洪都新府。星分翼轸，地接衡庐。"翼宿、轸宿的分野是楚，是荆州，包括了洪州郡，滕王阁即在郡治南昌的长洲上。李白《蜀道难》有"扪参历井仰胁息"句，依《史记·天官书》，参宿分野是益州，井宿分野是雍州，"扪参历井"极写从雍州到益州整个路途的艰难。

七、 五星运行

除了满天的恒星，天穹中还有肉眼可见的五大行星，古人将它们与日、月合称七政或七曜。《尚书·舜典》有"在璇玑玉衡，以齐七政"，后人理解为"日、月、五星，谓之七政"。五星又称五纬。

五星都很明亮，比一等星还亮，金星、木星、火星的亮度超过了最亮的恒星——天狼星。加之行星在夜空中的位置常常发生变化，五星早就是先民观测的目标了。民间文学作品更将其当作歌咏的对象。《诗·大东》："东有启明，西有长庚。"《诗·女曰鸡鸣》："子兴视夜，明星有烂。"《诗·东门之杨》："昏以为期，明星煌煌。"证明了先民对行星的认识已相当成熟。

古人称金星为明星、太白，黎明前见于东方叫启明，黄昏见于西方叫长庚。古人称木星为岁星，火星又名荧惑，土星又叫镇星、填星，称水星为辰星。这些命名，当在春秋时代已经完成。战国时代五行说得以发展，金木水火土之名才冠于行星之上。

古人观测五星运动是以二十八宿坐标为背景的。《论衡·变虚》"荧惑守心"，是指火星在心宿的位置。邹阳《狱中上梁王书》有"太白食昴"，指金星占了昴宿的位置。

到了汉代，阴阳五行说得其完备，占星术更有发展，五星的运动也同样被附上吉凶含义。《汉书·天文志》载："岁星所在，国不可伐，可以伐人。超舍而前为赢，退舍为缩。赢，其国有兵不复；缩，其国有忧，其将死，国倾败。所去失地，所之得地。""荧惑，曰南方夏火，礼也，视也。礼亏视失，逆夏令，伤火气，罚见荧惑。逆行一舍二舍为不祥，居之三月国有殃，五月受兵，七月国半亡地，九月地大半亡。因与俱出入，国绝祀。……荧惑，天子理也，故曰虽有明天子，必视荧惑所在。""太白出而留桑榆间，病其下国。上而疾，未尽期日过参天，病其对国。太白经天，天下革，民更王，是为乱纪，人民流亡。昼见与日争明，强国弱，小国强，女主昌。""辰星，杀伐之气，战斗之象也。与太白俱出东方，皆赤而角，夷狄败，中国胜；与太白俱出西方，皆赤而角，中国败，夷狄胜。""填星所居，国吉。未当居而居之，若已去而复还居之，国得土，不乃得女子。"等等。显然没有什么科学根据。

现代天文学告诉我们：

1. 各行星绕日公转的方向（由西向东）是一样的，且跟地球自转方向一致。

2. 行星自转方向几乎相同，也就是自西向东，只有金星和天王星逆向自转。

3. 各行星的轨道接近圆形，且接近于一个平面，即地球轨道平面。

4. 各行星距离太阳有一定的规律。

在长期的实践过程中，我国古历天文工作者逐渐认识了五星运行的许多特性，逐步掌握了五星运动的规律。《汉书·天文志》说："古代五星之推，无逆行者，至甘氏、石氏经，以荧惑、太白为有逆行。"《隋书·天文志》也说："古历五星并顺行，秦历始有金、火之逆。又甘、石并时，自有差异。汉初测候，乃知五星皆有逆行。"

行星在天空星座的背景上自西往东走，叫顺行，反之，叫逆行。顺行时间多，逆行时间少，顺行由快而慢而"留"（不动）而逆行，逆行亦由快而慢而留而顺行。

本来，行星都是由西向东运行的，各自在自己的轨道上绕太阳公转，公转一圈的时间叫做"恒星周期"。水星 88 日，金星 225 日，地球 1 年，火星 1.88 年，木星 11.86 年，土星 29.46 年。恒星周期代表日心运动，而我们是从运动中的地球观察行星的，这就有一个太阳、地球和行星三者之间的关系问题。

如下页图示，我们把行星（P）、地球（E）和太阳（S）之间的夹角 PES 叫距角，即从地球上看，行星和太阳之间的角距离。这个距离可以由太阳和行星的黄经差来表示。黄经即从春分点起，沿黄道大圆所量度的角度。显然，对于外行星（火、木、

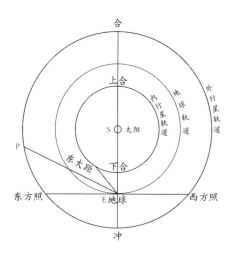

行星的真实运动情况

土等）来说，距角可以从 0° 到 180°，但对于内行星（金、水）则不能超过某一最大值。这一最大值随行星轨道的直径而异，金星为 48°，水星为 28°，水星离太阳的视距离不过一辰，古人因此称水星为辰星。内行星处在这个最远位置时，在太阳之东叫东大距，在西叫西大距，此时最便于观测。

当距角∠PES = 0°，即行星、太阳和地球处在一条直线上，并且行星和太阳又在同一方向时叫"合"。行星从合到合所需的时间，叫做"会合周期"。水星 115.88 日，金星 583.92 日，火星 779.94 日，木星 398.88 日，土星 378.09 日。对内行星来说，尚有上合和下合之分，会合周期从上合或下合算起都行。上合时行星离地球最远，显得小一点，光亮的半面朝着地球，下合时情况相反。合的前后，行星与太阳同时出现，无法看到。合，只能由推算求得。从文字记载看，到东汉四分历（公元85年）才出现了合的概念。

就内行星来说，上合以后出现在太阳东边，表现为夕始见。此时在天空中顺行，由快到慢，离太阳越来越远。过了东大距以后不久，经过留转变为逆行，过下合以后表现为晨始见，再逆行一段，经过留又表现为顺行，由慢到快，过西大距以至上合，周而复始。在星空背景上所走的轨迹如图示，呈柳叶状。宋代沈括在《梦溪笔谈》卷八里曾说："予尝考古今历法五星行度，唯留、逆之际最多差。自内而进者，其退必向外，自外而进者，其退必自内。其迹如循柳叶，两末锐，中间往还之道，相去甚远。"

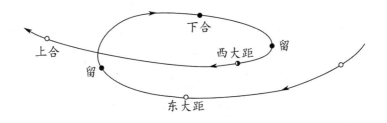

一个会合周期里内行星在星座间的移动情况（柳叶形）

和内行星不同，外行星在合以后，不是出现在太阳的东边，而是在西边，表现为晨始见。因为外行星的线速度比太阳的小，虽然仍是顺行，离太阳却越来越远，结果它在星空所走的轨迹如图示，呈"之"字形。其先后次序是：合→西方照→留→冲→留→东方照→合。方照即距角 PES<90°。西方照时，行星于日出前出现在正南方天空；东方照时，行星于日落后见于南中天。外行星的逆行发生在冲的前后，两次留之间，这时行星也最亮。正如

《史记·天官书》所说："反逆行，尝盛大而变色。"

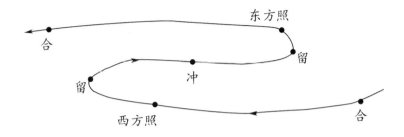

一个会合周期里外行星在星座间的移动情况（"之"字形）

　　内行星与外行星明显的不同是，内行星有"晨始见"和"夕始见"，而外行星只有"晨始见"。因为外行星在一个会合期内，只有一次（上）合日。《汉书·律历志》所记三统历，把外行星的会合周期叫做"见"（一次始见），内行星的叫做"复"（两次始见）。这说明汉代已注意到了内行星与外行星的区别。

　　古人对行星亮度的变化也加以记载。《开元占经》卷六十四所引文字，是战国初期天文学家甘德、石申等人的遗笔，他们将五星亮度强弱分为四类：喜、怒、芒和角。历代多沿用这四个专有名词来描述五星亮度的变化："润泽和顺为喜"，"光芒隆谓之怒"，"光五寸以内为芒"，"光一尺以内为角，岁星七寸以上为角"。

　　关于五星会合周期，唐代大衍历以前，古人的定义是：从晨始见到下次晨始见的时间间隔。大衍历之后，五星会合周期的定义与现代同，指行星连续两次与太阳相合的时间。古人很重视五星会合周期，《汉书·律历志》云"日月如合璧，五星如连珠"，并以此作为理想的历元，历法中的积年法就利用行星会合周期推算出这个"五星连珠"的理想历元。1982年3月出现的天文奇观——九星连珠，是千载难逢的景象。要是发生在古代，又是大吉之兆了。

古人对五星运行的观测有很高的水平。1974年长沙马王堆三号汉墓（葬于公元前168年）出土的《五星占》（帛书），有六千字的专文记述五星的运行。其中还排列了秦王政元年（前246）到汉文帝三年（前177）共七十年间土星、木星和金星的位置及五大行星的会合周期。《五星占》是秦汉之际人们对五星认识的宝贵资料。《五星占》中关于金星动态的叙述最为详细：

秦始皇帝元年正月，太白出东方，[日]行百廿分，[百日；行益疾，日行一度，百六十日；]行有[益]疾，日行一度百八十七分以从日，六十四日而复遝日，晨入东方，凡二百廿四日。浸行百廿日，夕出西方。太白出西方[始日行一度百八十七分，百日]，行益徐，日行一度以待之，六十日，[行]有益徐，日行画卅分，六十四日而入西方，凡二百廿四日。伏十六日九十六分。[太白一复]为日五[百八十四日九十六分日，凡出入东、西各五，复]与营室晨出东方，为八岁。

这段文字井然有序地把金星在一个会合周期内的动态分为：晨出东方—顺行—伏—夕出西方—顺行—伏—晨出东方几个大的阶段，对第一次顺行给出了先缓后急两个不同的速率，对第二次顺行更给出先疾、"益徐"和"有益徐"三个各异的速率。这些描述都是合乎金星运行的事实的。从《五星占》可见当时人们对五星会合周期认识的明显进步，记载金星会合周期的误差已小于0.5日。

下面将西汉以前古人关于行星周期的认识列为一表（见下表），可看出其观测精确度的不断提高。

西汉时期行星周期知识

星名	会合周期				恒星周期			
	甘、石	帛书	五步	今测值	甘、石	帛书	五步	今测值
水星	126 日		115.91	115.88			1 年	88 日
金星	620 日 732 日	584.4	584.13	583.92			1 年	225 日
火星			780.53	779.94	1.90 年		1.88	1.88 年
木星	400 日	395.44	398.71	398.88	12 年	12 年	11.92	11.86 年
土星		377 日	377.94	378.09		30 年	29.79	29.46 年

注：甘、石数据转引自《开元占经》，帛书指《五星占》，五步载《汉书·律历志》。

八、《诗·七月》的用历

《诗·豳风·七月》是一首上古著名的农事诗，历来为人们所珍视，但是，要想准确、完整地解释这首诗并非一件易事，记事的用历就一直解说不清。《七月》按月份记农事，月份和农事关系极为密切，从而产生了一个令人费解的问题，即《七月》诗的月份是怎样安排的？

对这个问题，历代学者有不同的解释：《毛诗》主张周正建子，《郑笺》主张夏正建寅，王力《古代汉语》主张周历、夏历并用，高亨《诗经选注》更提出用的是特殊的豳历。然而用周正建子或夏正建寅都无法通释全诗；周历、夏历并用之说好似圆通，其实违反常理，古今中外从无一首兼用两历让人糊涂的怪诗；至于特殊而古拙的豳历说，并无史料依据，只是臆度假想。因此，《七月》诗的用历依然是个谜。

《毛诗》产生于"三正论"流行的战国末年。毛亨相传为鲁人，齐鲁尊周，建子为正，毛亨用周正解释《七月》诗是很自然的。《毛诗》云："一之日，十之余也。一之日，周正月也；二之日，殷正月也；三之日，夏正月也；四之日，周四月也。"既然用"十之余"通释"一之日""二之日""三之日""四之日"，那么这四个月就应该是周十一月（戌）、周十二月（亥）、周正月（子）、周二月（丑），即相当于夏正（寅）的九月、十月、十一月、十二月。然而，以夏正计，"九月霹发""十月栗烈""十一月于耜""十二月举趾"，是无论如何也讲不通的。毛亨也感觉难以自圆其说，于是暗中将"四之日"释为"周四月"（按周正十四月应为周二月）。这样一来，周正四月（卯）实际相当于夏正二月（卯），虽然可以疏通下文，但是自己破坏了"一之日，十之余"的前例，令丑、寅两月无着落，所谓周历也就失去了统一性。可见，用周正建子解释《七月》诗是说不通的。

到了东汉，郑玄释《七月》。因太初改历夏正为岁首深入人心，郑玄也就用夏正建寅笺注《七月》，但同样不能令人信服。

比如，"七月鸣䴔"一句，郑笺云："伯劳（即䴔）鸣，将寒之候也。五月则鸣。豳地晚寒，鸟物之候从其气焉。"就是说，伯劳就该五月鸣，因为豳地（今陕西一带）晚寒，到七月才叫起来。古代陕西一带竟比中原地区晚寒两个月，这是不合情理的。再说，夏正五月芒种、夏至，六月小暑、大暑，何来"将寒之候"？再如"七月食瓜"，夏正七月立秋、处暑，一开始吃瓜就是秋瓜，就不合物候农时，至于"九月筑场圃，十月纳禾稼"，也嫌太晚了。可见，用夏正解释也不妥当。

更遗憾的是，无论周正也好，夏正也好，都无法准确地解释"七月流火"这一天象。《毛传》释："火，大火也；流，下也。"后世大多依此阐述。余冠英《诗经选译》说："秋季黄昏后大火星向西而下，就叫做'流火'。"北京大学《先秦文学史参考资料》认为："每年夏历五月的黄昏，这星出现于正南方，方向最正而位置最高。六月以后，就偏西而下行，所以说是'流'。"《七月》诗如用夏正，何以不说"六月流火"呢？至于周正七月正当夏正五月，大火星正当南天正中，是不会"流"的。

我们认为，《七月》除了月份与农事的联系之外，诗中"七月流火"一句反复咏叹，是解决该诗用历的关键，也是该诗用历的标志。如前所述，上古经历了漫长的观象授时时期，古人把星象与时令联系起来，用以安排农事，《七月》诗就是典型的例证。古人心中的"火"，指二十八宿中的心宿，星大而呈红色，人人可见，称为"火""大火"，因为它与农事关系极为密切，商周时代对它的出没是相当重视的。《尚书·尧典》已有"日永星火"

的记载。古人将一周天分为 $365\frac{1}{4}$ 度（以二十八宿为坐标），由于地球公转，二十八宿每天西移一度，每月向西移约三十度。如果定点定时观测，某星宿正月初一在南天正中，二月初一就偏西约三十度，三月初一就偏西约六十度，四月初一就偏西约九十度入西方地平线下。这就是古人观星的"中、流、伏、内"四位。《夏小正》载："正月初昏参中""三月参则伏""八月辰则伏"（传：房星也。房近火，即火伏）、"九月内火"；《月令》亦云"季夏之月（六月）昏火中"，《七月》又云"七月流火"。张汝舟先生考证，《夏小正》《月令》与《七月》星象吻合，建正一致，中流伏内顺次不紊。上述记载不仅明确告诉我们星位变化，而且具体说明了火星（心宿）的运行规律，即"六月火中""七月流火""八月火伏""九月内火"。可见，"流火"之"流"不能只作为"西流""流下"泛泛解释，应该理解为火星偏西约三十度的态势。火星的中、流、伏、内（纳，或入）表明了不同月份火星在天幕上的不同位置。明白中流伏内的概念，对于古人制历，对于季节的认识，都很有帮助。

每一星宿都是十二个月一周天，每月某星移动的位置正好与钟表的十二个刻表相合。时钟从十二点到九点的距离正合火星中流伏内的方位。季夏之月（六月）初昏火中，指火星正当顶，在时钟刻度的十二点；七月火西流，指火星向西流下约三十度，在时钟的十一点上；八月再向西流下约三十度，火星在时钟的十点，这时西方日光还强，火星未落已不能再见，所以叫"火伏"；九月，火星再向西流约三十度，相当于时钟九点的位置，与地面平行，火星已潜下，所以叫"内（纳）火"。由此可知，"中"指星宿的位置居上，正南天；"流"指西移约三十度；"伏"指隐而不见，西移约六十度；"内"指落（纳入地平线）而不见。

如前所述，《尧典》记"日永星火"，即夏至之月火星初昏位于南天正中，《尧典》用夏正，二至（夏至、冬至）二分（春分、秋分）必在仲月，夏至正当夏正五月，正与《夏小正》《七月》《月令》所记星象有一月之差。可见，《尧典》用夏正建寅，则《月令》《七月》《夏小正》必用殷正建丑。春秋前期及至西周一代，用丑正不用子正，不用夏正。《七月》用丑正，正与此合。

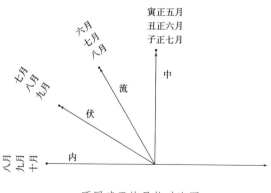

不同建正的星位对比图

为了说明问题，下面将不同建正的星位加以对比。

由上图可知，若依《尧典》建寅为正用夏历，当为：五月火中，六月流火，七月火伏，八月内火；若依《夏小正》《月令》《七月》建丑为正用殷历，当为：六月火中，七月流火，八月火伏，九月内火；若依周历建子为正，当为：七月火中，八月流火，九月火伏，十月内火。星象如此，非人所能妄测妄断。

如果我们不计较冬夏黄昏的时差，将《月令》《夏小正》等古籍的初昏中星记载，按中流伏内的规律列出一个表，当时的天象就十分清楚。这个表帮助我们了解星宿运动的一般规律，有助于掌握观察天象的方法。

酉时宿位表

丑正	正	二	三	四	五	六	七	八	九	十	十一	十二
中	参	鬼	星	翼	角	火	箕	牛	危	室	娄	昴
流	昴	参	鬼	星	翼	角	火	箕	牛	危	室	娄
伏	娄	昴	参	鬼	星	翼	角	火	箕	牛	危	室
内	室	娄	昴	参	鬼	星	翼	角	火	箕	牛	危

再说《七月》。《毛传》认为"一之日，十之余也"，无疑是正确的。《七月》诗不说"十一月""十二月""十三月""十四月"，而说一之日、二之日、三之日、四之日，是为了修辞，不死板，只要理解了"七月流火"一句建丑为正的实质，就不难列出《七月》诗的月序。

《诗经·七月》月序表

月建	丑	寅	卯	辰	巳	午	未	申	酉	戌	亥	子
丑正	正	二	三	四	五	六	七	八	九	十	十一	十二
《七月》月序	三之日	四之日	蚕月	四月	五月	六月	七月	八月	九月	十月	一之日	二之日

《七月》诗用殷正建丑，《诗经》中并非仅有。《小雅·四月》云："四月维夏，六月徂暑。"徂者，往也。若按周正建子，其六月相当于夏正四月（巳），正当立夏、小满，五月芒种、夏至，六月才小暑、大暑。周正"六月徂暑"岂不太早？若按夏正建寅，其六月已是小暑、大暑。正当暑天，何"徂"之有？只有用殷正建丑来解释，其六月正当夏正五月，正值芒种、夏至，才正合"六月徂暑"（六月走向暑天）之意。《毛传》云："六月火星中，暑盛而往矣。"显然不妥。

所以，张汝舟先生说：《七月》诗开头一句"七月流火"，就把它用的历告诉人们了，何况还有另外一大堆资料可凭呢！

九、 观象授时要籍对照表

在有规律地调配年、月、日的历法产生以前，中国古代漫长的岁月都是观象授时的时代。

对上古先民观象授时，不少典籍都有详略不同的记载，先民将全年每月的天象、气象、物象加以记录，并以此为依据提示人们各月的农事活动。这在当时自有重要意义，文字给以郑重记载，后人视为经典，也就十分自然。

历代学人对观象授时的有关记载认识不同，在中国古代文化史的研究中便生出许多疑窦，有关典籍的真实面目反而蒙混不清了。迷误世代相传，实有澄清之必要。

为了对观象授时进行科学的研究，为了阅读有关典籍的方便，我们收录重要典籍的有关文字，依据相同的天象条件排列为一张表（见书后 421 页附表一），每月分天象（天）、气象（气）、物象（物）、农事活动（事）四项，比照内容，先民观象授时的概况就可了如指掌。

这样一经对照，我们可以发现：

1.《尧典》全年仲月星象正与《夏小正》《诗·七月》《月令》《淮南子·时则训》季月星象相应，可见《尧典》为寅正，其余四书为丑正。足见春秋以前，没有子正。《淮南子》虽汉代之书，但《时则训》全抄《月令》，《月令》实前朝之旧典。

2. 除《尧典》外，余四书建正一致，但气象、物象小有差异，这是观察时地不同造成的。《月令》记载详于《夏小正》，足证《月令》的问世必在《夏小正》之后。

3. 典籍标明各月星宿"中、流、伏、内"四位，为揭示上古建正提供了天象证据。在这个基础上考证《诗·七月》及其他诗篇的用历，就可排除三正论的干扰，得到可信的结论。张汝舟先生有《谈〈豳风·七月〉的用历》一文，可供参阅。

关于《夏小正》有关时令的解说，张汝舟先生有《〈夏小正〉校释》一文，刊于《贵州文史丛刊》1983 年第 1 期，又收入《二毋室古代天文历法论丛》，浙江古籍出版社 1987 年版。

二十四节气

古代劳动人民在认识自然、改造自然的过程中，创造了先进的耕作制度，形成了精耕细作的优良传统，推动了农业生产不断发展。在漫长的岁月中，对与农业生产紧密相关的农业气象条件，进行过精细的观察、深入的研究，逐步形成了二十四节气，概括了黄河中下游地区农业气候特征。它利用简要的两个字，把这一地区的日地关系、气候特点以及相应的农事活动恰当地表达出来。可以说，二十四节气是古代天文、气候和农业生产实践最成功的结合，从古到今都起着一种简明而又切合农业生产需要的农事历的作用。

二十四节气一旦形成，劳动人民就因时、因地加以发展，它的应用就不仅仅局限于黄河中下游地区了，而是逐步推广到全国各地，几乎渗透到我们这个农业大国的各个领域，甚至涉及人们的衣食住行。所以，对依据古代天文而形成的这样一部农事历——二十四节气进行一番研究，就是很有必要的了。

一、 先民定时令

有了年、月、日的时间概念，并不等于就能得心应手地安排好时令。汉枚乘诗："野人无历日，鸟啼知四时。"讲的是当时的"野人"，亦可想见先民的时令观念。《后汉书·乌桓鲜卑传》云"见鸟兽孳乳，以别四节"，道理亦同。《魏书》卷一百一讲到宕昌羌族"俗无文字，但候草木荣枯，记其岁时"。宋代洪皓《松漠纪闻》亦云："女真……其民皆不知记年，问之则曰我见草青几度矣。盖以草青为一岁也。"据此推知，先民的时令，最早主要是靠物象——动植物的表象来确定的。

《山海经》记载了先民观察太阳升落位置以定季节的材料。《大荒东经》上记有六座日出之山：

> 东海之外，大荒之中，有山名曰大言，日月所出。
> 大荒之中，有山名曰合虚，日月所出。
> 大荒之中，有山名曰明星，日月所出。
> 大荒之中，有山名曰鞠陵，于天东极离瞀，日月所出。
> 大荒之中，有山名曰猗天苏门，日月所出。
> 大荒之中，有山名曰壑明俊疾，日月所出。

《大荒西经》上记有六座日入之山：

> 西海之外，大荒之中，有方山者，上有青树，名曰柜格之松，日月所出入也。
> 大荒之中，有山名曰丰沮玉门，日月所入。
> 大荒之中，有龙山，日月所入。
> 大荒之中，有山名曰日月山，天枢也。吴姖天门，日月

所入。

　　大荒之中，有山名曰鏖鏊钜，日月所入者。

　　大荒之中，有山名曰常阳之山，日月所入。

　　大荒之中，有山名曰大荒之山，日月所入。

　　这是在不同季节、不同月份，观察到的太阳出山入山的不同位置。这种观察方法同观察鸟啼、鸟兽孳乳、草木荣枯的方法一样，是凭着经验，凭着目睹耳闻的感受，其粗疏是自不待言的。因为观察者的地域毕竟狭小，局限性很大，以此定季节势必误差很大。

　　观察太阳运行的另一种方法是观察日影长度的变化。最早当是利用自然的影长，进一步发展就是人为的立竿测影。

　　太阳视运动的轨迹无法在天空中标示，反映到地面上就是事物的投影。高山、土阜、树木、房舍，晴日白昼都会留下或长或短的影子。《吕氏春秋》"审堂下之阴，而知日月之行，阴阳之变"，就是这个意思。根据这些影子的长短可以判明时间的早晚，有经验的老人往往判断得十分精确，这无疑是依靠长期的经验积累。

　　如果要有意测影以确定时令，这得人为地在平地上立一根规定长度的竿子，把它的影子在地面上标示出来。这根竿子就是"表"，《周髀算经》中称之为"髀"。"表"的影子，古字写作"景"。这就是"土圭测景"。

　　从出土的甲骨文中考察殷商文化，可以明白地看到，殷商时代测定方向、时刻都已比较准确。卜辞中将一天的时刻分为：明

（旦）、大采、大食、中日、昃、小食、小采、暮等时间段落。甲骨文中的"昃"字，就是人侧影的象形。作为时段，日侧之时为昃。发掘出的殷代宫殿基址是南北方向的，其方向所指与今天的指南针方向无异。这种方向的确定及中日、昃等时刻的测定，显然和观测日影紧密相关。

这都说明，殷商时代已有了早期的圭表。实践证明，通过长期测日影的实践就会认识到冬至、夏至、春分、秋分。甲骨卜辞中，有一些文字很可能就是至日的记录。

有了圭表，就能够比较准确地确定分、至，就可以对闰月的设置（闰在岁末）加以规律化的安排。所以，推知殷商之历应该比较规整，岁首应该比较固定，误差不会大于一个月。有人统计了记有月名的"今何月雨""呈田"，其他农事季节及其他天文气象卜辞，证明了殷代月名和季节基本上已有了固定关系。《尧典》"期三百有六旬有六日，以闰月定四时成岁"的记载，大体符合这个时代的情况。

二、 土圭测影

日影的长短与寒暑变化有关，这是先民积累的生活常识。要准确地测量寒来暑往的季节变化，很自然地就产生了立竿测影的方法。这是用最简易的天文仪器来研究历法、确定时令，是天文学发展的一次飞跃。

立竿测影又称土圭测影、圭表测影。表是直立的竿子，圭是平放在地上的玉版。《说文》云："圭，瑞玉也。上圆下方。"日影长短就从平放的圭上显示出来。土，度也，测量的意思。土圭，就是度圭，测量圭上日影的长短以定时令。远在周代，"表"就规定为八尺，已有了长度标准。《周礼·考工记·玉人》云："土圭尺有五寸，以致日，以土地。"致是推算义，土是量度义。土圭长一尺五，来推算节气日期，量度土地远近。《周礼·夏官·土方氏》云："土方氏，掌土圭之法以致日景。以土地相宅而建邦国都鄙。"注曰：土方氏，主四方邦国之土地。可见，周代已有人家来掌管土圭测影了。

《周礼·地官·大司徒》云："日至之景，尺有五寸。"这是说，夏至时，圭上影子有一尺五寸长。这样看来，圭长一尺五寸就远远不够了。《周礼·春官·冯相氏》郑玄注云："冬至，日在牵牛，景丈三尺；夏至，日在东井，景尺五寸。此长短之极，极则气至。冬无潜阳，夏无伏阴。春分，日在娄；秋分，日在角；而月弦于牵牛、东井，亦以其景知气至不。春秋冬夏气皆至，则是四时之叙正矣。"圭有多长？当在一丈三尺以上。

根据《史记》记载，圭表测影当更早在传说中的黄帝时代。《史记·历书》"索隐"说："黄帝使羲和占日，常仪占月，臾区占星气，伶伦造律吕，大桡造甲子，隶首作算数，容成综此六术而著调历也。"不仅有专门测定日影的专家，并在测量日、月、星有关数据的基础上，利用甲子推算，创制时历。《尚书·尧典》"期三百有六旬有六日，以闰月定四时成岁"，可看作远古时代测量日、月、星而后制历的发展。这就是以岁实 366 日为基本数据的我国有文字记载的最早的阴阳历。

制历调历是一件神圣的工作，《尧典》说"允厘百工，庶绩咸熙"，起到一个信治百官、兴起众功的作用。正因为这样，圭表测影就不可能是民间百姓的事，只能在天子或君王旨意下由专职官员负责进行。周代的测影遗址——周公测景台还保留在今天河南登封告成镇（古称阳城）这个地方。

阳城地处中原，物产丰富，文化发达。周公想迁都中原，视阳城为"地中"，居天下九州中心的意思。《周礼·地官·大司徒》云："以土圭之法测土深，正日景，以求地中。日南则景短，多暑。日北则景长，多寒。日东则景夕，多风。日西则景朝，多阴。日至之景，尺有五寸，谓之地中。天地之所合也，四时之所交也，风雨之所会也，阴阳之所和也。然则百物阜安，乃建王国焉。"如此详细地叙述求地中的方法，"地中"地理位置如此重要，占尽地理之便。这就是周公为迁都造下的舆论。实际上，所谓地中，是指当时国土南北的中心线而已。

告成镇的周公测景台，有一个高耸的测量台，相当于一个坚固的"表"，平铺于地面的是"量天尺"，也就是一个放大了的石"圭"。现今遗留的测景台，元代初建，明代重修。重修的测景台是正南正北走向，高出圭面 8.5 米，下面的圭长 30.3 米。

从周公在这里主持测影后，历代都在这里进行过测量，至今还有公元 724 年唐代所立的石"表"，上面刻有"周公测景台"五字。

三、 冬至点的测定

　　我国古代以冬至作为一个天文年度的起算点，冬至的时刻确定得准不准，关系着全年节气的预报。古代天文学家的一项重要任务就是测定准确的冬至时刻。测出两次冬至时刻，就能得到一年的时间长度。这样定出的年，就是回归年，古代称为"岁实"。《后汉书·律历志》说："日发其端，周而为岁，然其景不复。四周，千四百六十一日而景复初，是则日行之终。以周除日，得三百六十五四分度之一，为岁之日数。"四分历的岁实 $365\frac{1}{4}$ 日就是这样测出来的，这是利用冬至日正午日影长度四年之后变化一周这一实测得出的数据。这样的数据，四年之后误差积累才有 0.0312 日，即不到 45 分钟。这已是测得很精确的了。可以认为，过四年后，冬至日正午影长大体复回到最初的长度。

　　下面介绍祖冲之测刘宋武帝（刘骏）大明五年（461）十一月冬至时刻的方法。文载《宋书·历志》。

　　十月十日影一丈七寸七分半

　　十月十日影长 10.7750 尺

　　十一月二十五日一丈八寸一分太

　　十一月二十五日影长 10.8175 尺

　　二十六日一丈七寸五分强

二十六日影长 10.7508 尺

折取其中，则中天冬至

冬至应在十月十日与十一月二十五日之间

应在十一月三日

正中那一天，即十一月三日

求其早晚

求冬至时刻在早晚什么时候

令后二日影相减，则一日差率也

一日差率 = 10.8175 − 10.7508 = 0.0667

倍之为法

法 = 0.0667×2 = 0.1334

前二日减，以百刻乘之为实

实 = （10.8175 − 10.7750）×100 刻 = 4.25 刻

以法除实，得冬至加时，在夜半后三十一刻

冬至时刻 = 实÷法 = 4.25÷0.1334 = 31.86

因为十月十日和十一月二十五日正午之间的中点是在十一月三日的子夜，冬至时刻从子夜起算。又，古历计算中通常不进位，故 31.86 刻记为 31 刻。又，"太"即 $\frac{3}{4}$；"强"即 $\frac{1}{12}$。

不难看出，在只有圭表测影的时代，祖冲之测定冬至时刻的方法确实是大大进步了。

前已提到，冬至点是指冬至时太阳在恒星间的位置，现代天文学是以赤经、赤纬来表示，我国古代是以距离二十八宿距星的赤经差（称入宿度）来表示。四分历明确记载，冬至点在牵牛初度。冬至点这个数据如何测定，没有留下任何文字记录。《左传》上有两次"日南至"的记载：一是僖公五年"春王正月辛亥朔，日南至"；一是昭公二十年"春王二月己丑，日南至"。说明鲁僖公时代有过日南至的观测，可是没有留下如何观测的记录。唐代僧一行（张遂）在《大衍历议·日度议》提到，古代测定太阳位置的方法是测定昏旦时刻的中星，由此可以推算出夜半时刻中星的位置，在它相对的地方就是夜半时刻太阳的位置。这是间接推求冬至点的方法。《大衍历议》也提到，后来采用直接测量夜半时刻中星的办法。这就要求漏刻（计时工具）有比较稳定的精确度。利用太阳日行一度的规律，求出某日夜半时刻太阳在星空间的位置，就不难求得冬至时刻太阳所在位置，即冬至点的位置。

冬至点在牵牛初度，这是四分历（殷历）的计算起点。战国时代所谓"颛顼历"取立春时太阳在营室五度为起算点，按中国古度推算，太阳冬至点的位置仍是牵牛初度。这也说明，颛顼历乃是殷历的改头换面，其天象依据全抄殷历。

四、 岁差

地球是一个椭圆体，又由于自转轴对黄道平面是倾斜的，地球的赤道部分受到日月等吸引而引起地轴绕黄极作缓慢的移动，大约26000年移动一周，这就是岁周。即是说，经过一年之后，冬至点并不回到原来的位置，而是在黄道上大约每年西移50.2

秒，就是 71 年 8 个月差一度，依中国古度就是 70.64 年差一度，所以叫岁差。

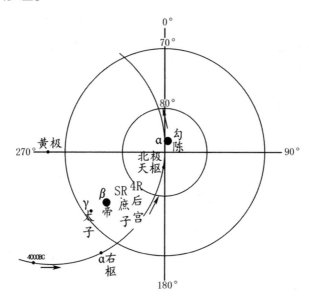

北极移动曲线图

北极按箭头方向移动。众星位置是按公元 1900 年初的北极来表示的。

现在北极星即勾陈一（小熊座 α 星）离北极一度多，公元 2102 年最接近北极，那时北极距约 27 分 37 秒。《晋志》所谓天枢（鹿豹座 Σ1694 星）是一颗五等星，在中唐时代是理想的北极星。右枢（天龙座 α 星）是一颗四等星，在公元前 2800 年最近北极，几乎和北极一致，传说中的尧舜时代，它的北极距约 3～4 度，仍可称为北极星。

据推算，在公元前 2800 年右枢最近北极，几乎一致。传说的尧舜时代，右枢距天极约 3～4 度，仍可称为北极星。

公元前 1100 年前后，周初时代，帝星距极六度半。天极附近又只有帝星明亮，便视为北极星。《周髀算经》所谓"北极中大星"，就是指此。如果画出这颗"北极中大星"绕天球北极的圆周运动，就叫做北极璇玑四游。因为距极六度半，可看出明显的旋转位移。这就是《吕氏春秋》所谓"极星与天俱游而天极不移"。到西汉末年，帝星距极八度三，汉人仍依旧说，帝星为北极中大星。

中唐时代（766—835），天枢是理想的北极星。

现今，视勾陈一为北极星，它距北极一度多。到公元2102年，勾陈一最接近北天极，距极只有27分37秒。公元7500年，天钩五（仙王座α星）将成为北极星。公元13600年时，明亮的织女星将作为北极星出现在天穹。

冬至点在黄道上的移动是缓慢的，短时期内不易测出。晋代以前，古人不知有岁差，天周与岁周不分。《吕氏春秋·有始览》"极星与天俱游而天极不移"，也只认为北天极是固定点，注意到了极星不在极点上，北极星与北天极是两码事。冬至点位移，汉代人从实测中是注意到的。汉武帝元封七年（前104）改历，测得元封七年十一月甲子朔旦冬至"日月在建星"。《汉书·律历志》所载《三统历》也提到，经过一元之后，日月五星"进退于牵牛之前四度五分"。这是刘歆的认识。这无异于承认了冬至点已不在牵牛初度了。

东汉贾逵明白地肯定了冬至点的位置变动。他说："《石氏星经》曰：黄道规牵牛初值斗二十一度，去极百一十五度。于赤道，斗二十一度也。"这就是汉代石申学派通过实测改进冬至点的数据，明确了冬至赤道位置在斗二十一度。这相当于公元70年左右的天象。东汉四分历所定冬至点在斗二十一度四分之一，就是采用石申学派实测的数据。

东晋成帝时代，虞喜根据《尧典》"日短星昴"的记载，对照当时冬至日昏中星在壁宿的天象，意识到一个回归年后，太阳没有在天上行一周天，而是"每岁渐差"。他第一次明确提出冬至点有缓慢移动，应该"天自为天，岁自为岁"。太阳从上一个冬至到下个冬至，并没有回到原来恒星间的位置，还不到一周天。于是他称这个现象为岁差，取每岁渐差之义。虞喜把"日短星昴"认定为他之前 2700 余年的尧的时代的记录，由此求得岁差积五十年差一度。

虞喜之后，祖冲之首先在历法计算中引进了岁差，他实测得冬至点在斗十五度，得出 45 年 11 个月差一度。

隋代刘焯在他的"皇极历"中，改岁差为 75 年差一度，比虞喜和祖冲之的推算更接近于实测值。唐宋时代，大都沿用刘焯的岁差数值。

南宋杨忠辅"统天历"和元代郭守敬"授时历"，采用 66 年 8 个月差一度，就更为精密了。

五、 节气的产生

冬至点准确测定是产生二十四节气的基础。似乎把两冬至之间的时日二十四等分之，就可以得出二十四节气。事实上，先民认识节气，经历了一个漫长的过程。

我国是农耕发达最早的国家之一，先民在长期的农业生产中，十分重视天时的作用。《韩非子》说："非天时，虽十尧不能冬生一穗。"北魏贾思勰著《齐民要术》，提出"顺天时，量地利，则用力少而成功多，任情返道，劳而无获"。天，天时，对农业生产起着重要的作用。

"天"是什么？天并非自然界和人类社会的最高主宰。荀子认为，"天"是自然界，而自然界的变化是有它的客观规律的，"不为尧存，不为桀亡"，它的变化是客观存在的。

按现代的说法，"天"指的是宇宙和地球表面的大气层。大气层中出现的种种气象现象，阴晴冷暖，雨雪风霜，直接影响着农业生产。今年五谷丰收，我们说"老天爷帮了忙"；要是减产歉收，我们就说"老天不开眼"。从农业生产角度看，天指的是气象条件，说得确切些，指的是农业气象条件。天时的"时"，农业活动的"时"，不是简单地指时间历程，它要求能反映出农业气象条件，反映四季冷暖及阴晴雨雪的变化。

二十四节气的节气，是表示一年四季天气变化与农业生产关系的。我国古代，节气简称气，这个"气"，实际是天气、气候的意思。

从根本上说，二十四节气是由地球绕太阳公转的运动决定的。现代天文学把地球公转一周即一年分为四段，划周天为360度。自春分开始，夏至为90度，秋分为180度，冬至为270度，再至春分合成360度。每一段即每相距90度又分为六个小段。这样，一年便分为二十四个小段，每段的交接点就是二十四节气。西方至今还只有两分、两至，仅具有天文意义。可以说，二十四节气是中华民族几千年来特有的表达农业气象条件的一套完整的时令系统。

二十四节气始于何时？一般认为，《尚书·尧典》中的仲春、仲夏、仲秋、仲冬就是指春分、夏至、秋分、冬至四气。果真这样，应该看成二十四节气形成的初始阶段。《左传·昭公十七年》提到传说中的少昊氏设置历官："凤鸟氏，历正也；玄鸟氏，司分者也；伯赵氏，司至者也；青鸟氏，司启者也；丹鸟氏，司闭者也。"一般都认为，分指春分、秋分，至指夏至、冬至，启指立春、立夏，闭指立秋、立冬。少昊氏时代，以鸟为图腾，物象与时令已密切相关。玄鸟即燕子，春分来秋分去，标志着春分、秋分的到来。伯赵，鸟名，一名鵙，夏至鸣冬至止，标志着夏至、冬至的到来。青鸟、丹鸟均鸟名，分别标志着立春、立夏和立秋、立冬的到来。二分二至和四立，是二十四节气中最重要的八气，也是最先产生的八气。当然不必追溯到传说的少昊时代。

两分两至虽然能定岁时，但分一年为四个时段，各长九十余天，各段的天气、气候有显著的差异，就远不能满足农业生产上每一环节所要求掌握的天时。所以，必须加以细分。《左传》中多次提到分、至、启、闭，可见四立也产生得很早。分、至加四立，恰好把一年分为八个基本相等的时段，从而把春、夏、秋、冬四季的时间范围确定了下来。这就基本上能够适应农业生产的需要。《吕氏春秋》十二纪中就只记载了这八个节气——立春、春分（日夜分）、立夏、夏至（日长至）、立秋、秋分（日夜分）、立冬、冬至（日短至）。看起来，分、至加四立，有一个较长的稳定时期。在此基础上发展，才形成二十四节气。

西汉《淮南子》记载了完整的二十四节气，这可能是目前见到的完整二十四节气的最早文字记载。二十四节气的顺序也和现代的完全一致，并确定十五日为一节，以北斗星定节气。《淮南子》说："日行一度，十五日为一节，以生二十四时之变。斗指子，则冬至……加十五日指癸，则小寒……"

有人认为二十四节气最早见于《周髀算经》，而《周髀》成书于何时，历来的看法也不一样。李长年认为《周髀算经》是战国前期的书籍，钱宝琮认为《周髀》是公元前100年前后（汉武帝时代）的作品。李俨在《中算史论丛》第一集中认为二十四节气大约是战国前的成果。《逸周书》是从战国魏安釐王墓中发现的，其《时训解》中已有完整的二十四节气记载。不仅如此，每气还分三候，五日为一候，而且物象的描写又十分细致。怎么解释《逸周书·时训解》中细致的物象描写？《左传·僖公五年》载："凡分、至、启、闭，必书云物，为备故也。"就是说，每逢两分、两至、四立时，必须把当时的天气和物象记录下来，作为准备各项农事活动的依据。详细地记录物象、气象，是先民长期形成的传统，是重视农业生产的必要手段。《吕氏春秋》除了记载二十四气中最重要的八气外，还记载了许多关于温度、降水变化以及由此影响的自然、物候现象。这也是先民记录物象、气象的优良习俗的文字遗迹，与《左传·僖公五年》所载是吻合的。但这并不能说明《吕氏春秋》这部书产生的时代二十四气尚未形成。

《逸周书》虽有人疑为后人伪托，但战国时代二十四节气已全部形成还是可信的。我们以为，《汉书·次度》所记二十四节气，其顺次与《淮南子》所记汉代节气顺次小有差异，并定"冬至点在牵牛初度"，应看作战国初期的记载。明确些说，二十四节气在战国之前已经形成。

六、二十四节气的意义

在我国古代，二十四节气的日期是由圭表测影来决定的。《周髀算经》和《后汉书·律历志》等许多古书都记载着二十四节气的日影长短数值。这说明二十四节气实际上是太阳视运动的一种反映，与月亮运动没有丝毫的关系。二十四节气的每一节气都是表示地球在绕太阳运行的轨道上的一定的位置的。地球通过这些位置的时刻，就称交节气。它表明这个节气刚好在这个时刻通过，是在某月、某日、某时、某分交这个节气的。因此，从天文角度来理解节气的时间概念，它指的是瞬间时刻，而不是一个时段。从农业生产的实际出发，农事活动不限于一日，瞬时的气象条件也不能决定农作物的生长发育，它需要一段时间的气象条件作保证。因此，节气必须具有时间幅度，应理解为一段时间，而不是交节气那一天，更不是那一瞬间。

二十四节气的每一节气都有它特定的意义。仅是节气的名称便点出了这段时间气象条件的变化以及它与农业生产的密切关系。现将每个节气的含义简述如下。

夏至、冬至，表示炎热的夏天和寒冷的冬天快要到来。我国广大地区，最热的月份是 7 月，夏至是 6 月 22 日，表示最热的夏天快要到了，我国各地最冷的月份是 1 月，冬至是 12 月 23 日，表示最冷的冬天快要到来，所以称作夏至、冬至。夏至日白昼最长，冬至日白昼最短，古代又分别称之为日长至（日北至）和日短至（日南至）。

春分、秋分，表示昼夜平分。这两天正是昼夜相等，平分了一天，古时统称为日夜分。这两个节气又正处在立春与立夏、立秋与立冬的中间，把春季与秋季各分为两半。

立春、立夏、立秋、立冬，我国古代天文学上把四立作为四季的开始：自立春到立夏为春季，自立夏到立秋为夏季，自立秋到立冬为秋季，自立冬到立春为冬季。立是开始的意思，因此，这四个节气是指春、夏、秋、冬四季的开始。

二分、二至、四立，来自天文，但它们中的春、夏、秋、冬四字都具有农业意义，即春种、夏长、秋收、冬藏。春、夏、秋、冬四个字概括了农业生产与气象关系的全过程，反映了一年里的农业气候规律。

雨水，表示少雨雪的冬季已过，降雨开始，雨量开始逐渐增加了。

惊蛰，蛰是藏，生物钻到土里冬眠过冬叫入蛰。回春后出土活动，古时认为是被雷震醒的，所以称惊蛰。惊蛰时节，地温渐高，土壤解冻，正是春耕开始时。

清明，天气晴和，草木现青，处处清洁明净。

谷雨，降雨明显增加。越冬作物返青拔节，春播作物生根出苗，都需雨水润溉。取雨生百谷意。

小满，麦类等夏熟作物籽粒开始饱满，但未成熟。

芒种，小麦、大麦等有芒作物种子已成熟，可以收割。又正是夏播作物播种季节。芒种又称"忙种"，指节气的农事繁忙。

小暑、大暑，开始炎热称小暑，最热时候称大暑。

处暑，处是终止、躲藏之意。表示炎夏将去。

白露，处暑后气温降低快，夜间温度已达成露条件，露水凝结得较多、较重，呈现白露。

寒露，气温更低，露水更多，有时成冻露，故称寒露。

霜降，气候已渐寒冷，开始出现白霜。

小雪、大雪，入冬后开始下雪，称小雪。大雪时，地面可积雪。

小寒、大寒，一年中最冷的季节。开始寒冷称小寒，最冷时节称大寒。相对小暑、大暑，间隔正半年。

为便于记忆，民间流行着一首歌诀：

春	雨	惊	春	清	谷	天，
（立春）	（雨水）	（惊蛰）	（春分）	（清明）	（谷雨）	
夏	满	芒	夏	两暑	连。	
（立夏）	（小满）	（芒种）	（夏至）	（小暑、大暑）		
秋	处	露	秋	寒	霜降，	
（立秋）	（处暑）	（白露）	（秋分）	（寒露）	（霜降）	
冬	雪	雪	冬	寒	又寒。	
（立冬）	（小雪）	（大雪）	（冬至）	（小寒）	（大寒）	

上半年是六、廿一，下半年是八、廿三。

每月两节日期定，最多不差一两天。

七、 节气的分类

从上节二十四节气的含义可以看出，节气可概括分为三类：

第一类是反映季节的。二分、二至和四立是用来表明季节，划分一年为四季的。二至二分是太阳高度变化的转折点，是从天文角度上来划分的，适用我国全部地区。四立划分四季，有很强的地区性。

第二类是反映气候特征的。直接反映热量状况的有小暑、大暑、处暑、小寒、大寒五个节气，它们用来表示不同时期寒暑程度以及暑热将去等都很确切。直接反映降水现象的有雨水、谷雨、小雪、大雪四个节气，表明降雨、降雪的时间和其强度。还有三个节气白露、寒露、霜降，讲水汽凝结成露成霜，有水分意义；也反映温度下降过程和气温下降的程度，有热量意义。

第三类是反映动植物表象的。小满、芒种反映作物成熟和收种情况；惊蛰、清明反映自然现象，都有它们的农业气象意义。

二十四节气中，直接谈到温度变化的有五个节气。小暑、大暑在7月上旬到8月上旬，说明天气最热。小寒、大寒在1月初到2月初，说明天气最冷。从黄河中下游各地的气候来看是完全符合的。洛阳、郑州、开封、济南等地最冷时段在1月中旬，最热时段在7月下旬。

从天文角度看，夏至日视太阳最高，冬至日视太阳最低，我国的最热时期不在夏至前后，最冷时期不在冬至前后，这是为什么呢？夏至前后，虽然视太阳最高，辐射最强，地面吸热最多，但地面没有达到积累和保持热量最多之时。夏至以后，地面吸热减少，温度继续升高，直到地面吸收的热量等于它所放出的热量之时，地面温度才不再升高。这便是最热的季节，相当于小暑、大暑节气。过后，地面放出的热量多于地面吸收的热量时，气温开始降低。用类似的道理可以解释小寒、大寒最冷，而不是冬至前后最冷。

处暑表示炎夏即将过去。从黄河中下游地区立秋以后气温下降趋势可以看出，处暑以前气温下降并不明显，处暑以后气温却急剧下降，是天气转凉的象征，正合处暑的含义。

前面说过，白露、寒露、霜降既表示水汽凝结现象，也表明温度的下降幅度。黄河中下游地区的初霜期，平均在10月下旬到11月初，与霜降节气的时段完全符合。白露、寒露、霜降如实地反映了黄河中下游地区出露、初霜期的时段。

二十四节气中有关降水的有四个节气。雨水包含开始下雨和雨量开始增多两个含义。从黄河中下游地区降雨日期和降雨量统计看，雨水节气反映了雨量开始增多的含义。

谷雨表示降雨有明显增加。黄河中下游地区降水量的变化情况可以证实，谷雨时段的降水量，不仅明显地多于谷雨前的清明时段，也多于其后的立夏节气。所谓"春雨贵如油"反映出谷雨节气雨水对农作物的播种和出苗的重要作用。

小雪表示已开始降雪。西安等地平均初雪日期在11月下旬。小雪在11月22日，两者相符。

大雪表示从此雪将大起来。雪大，可以积雪日期和降雪天数较多为尺度来衡量。统计资料告诉我们，西安等地平均积雪初日多在12月上旬至中旬初，12月份以后积雪日数明显增多，各地12月份积雪日数均比11月份高出一倍以上，济南且高出四倍多。这说明大雪节气也反映了黄河中下游地区这段时期的"大雪"气候特征。从统计资料知道，大雪期间降水量并不增加而是逐渐减少。这又看出，大雪并不包含降雪量最大的意思。

二十四节气中，属于物象的节气有四个。惊蛰在3月6日，取雷鸣开始和地下冬眠的生物开始出土活动，两者有因果关系。黄河中下游地区各地雷暴初日很不规律，或早于惊蛰，或迟于惊蛰，变动范围很大。洛阳的雷暴初日，1951—1970年统计，有早在2月10日的，有晚在5月27日的。这说明惊蛰的意义并非雷始鸣而引起地下冬眠的生物出土活动。冬眠生物复苏的原因不是雷鸣，而主要取决于适宜的温度条件。如果把惊蛰理解为因地温升高蛰伏地下的生物开始出土活动是比较符合实际的。

清明是4月5日。西安、洛阳等地区这段时期的平均温度为13℃~14℃，年际变化在11℃~18℃之间。这正是初春的气温，气候宜人，草木繁茂，处处明朗清新，春光明媚。

小满指麦类作物籽粒开始饱满，约相当于乳熟后期。芒种指麦类等有芒作物收获和谷子、黍、稷等作物播种之时。小满指作物行将成熟，芒种指一收一种。据近年物象资料显示，西安一带小麦乳熟后期约为5月中下旬，河南、山东沿黄河一带也大致如此。与小满节气所处时段非常接近。黄河中下游各地小麦都在6月上旬先后成熟，芒种反映了小麦的收获季节。

总起来看，二十四节气是反映了黄河流域中下游地区的气候特征和农业生产特点的，并将各个时期的农业气象特征概括为简要的名称。仅仅两个字，内容却十分丰富，不仅对古代农业的发展起了很大的作用，就是在今天，仍有现实意义，全国各地都在灵活地运用二十四节来安排农业生产。

八、 节气的应用

二十四节气直接反映黄河中下游地区的农业气象特征，对于指导农事活动具有重要的作用。这些地区的劳动人民将节气与几种主要作物的种、收时间联系起来编成谚语，代代相传，节气就直接应用于农业生产了。

就播种期说，种麦的谚语有：

寒露到霜降，种麦日夜忙。
秋分早、霜降迟，只有寒露正当时。
立冬不交股（分蘖），不如土里捂。

种高粱、谷子的谚语有：

清明高粱谷雨谷，立夏芝麻小满黍。
清明后，谷雨前，高粱苗儿要露尖。

种棉花的谚语有：

清明早，小满迟，谷雨种花正当时。

清明玉米谷雨花，谷子播种到立夏。

谷雨前，好种棉。

比较四川、华中地区的谚语"清明前，好种棉"，江浙一带的谚语"要穿棉，棉花种在立夏前"，显出时令的不同。

就黄河中下游地区收获季节的谚语，也可看出节气与农事的联系。

麦到谷雨谷到秋（立秋），过了霜降刨甘薯。

麦到谷雨谷到秋，过了天社（秋社）用镰钩（割豆子）。

谷雨麦怀胎，立夏麦胚黄，芒种见麦茬。

白露不秀，寒露不收（谷子）。

处暑见三新（指高粱、小米、棉花开始成熟）。

处暑见新花。

芒种不出头（棉花），不如拔了饲老牛。

二十四节气是古代黄河中下游劳动人民长期进行农业活动的经验总结，随着中华民族经济、文化的发展，二十四节气也在全国各地得到广泛的运用。各地区的劳动人民都是因地、因时灵活地应用二十四节气以指导农业生产，节气在各地又有新的内容。如，各地冬小麦播种的适宜节气，用谚语反映出来就是：

北疆："立秋早，寒露迟，白露麦子正当时。"

南疆："秋分麦子正当时。"

甘肃陇南山区："白露早，寒露迟，秋分种麦正当时。"

北京地区："秋分种麦，前十天不早，后十天不晚。"

河南、山东一带："骑寒露种麦，十种九得。"

华中地区："寒露、霜降种麦正当时。"

长江中下游地区："霜降种麦正当时。"

浙江："立冬种麦正当时。""大麦不过年，小麦立冬前。"

同一个节气，反映在不同地区的动植物表象又是千差万别的。比如清明：

华北、华中："清明断雪，谷雨断霜。"

东北、西北、内蒙古："清明断雪不断雪，谷雨断霜不断霜。"指当断雪而此地不断，当断霜而此地不断。

黄河中下游地区："柳近清明翠缕长，多情右衮不相忘。"

江南："清明时节雨纷纷，路上行人欲断魂。"

岭南："梅熟迎时雨，苍茫值小春。"

河西走廊："绝域阳关道，胡沙与塞尘。三春时有雁，万里少行人。"

青藏高原、东北北部："天山雪后渔风寒，横笛偏吹行路难。"

正因为同一节气各地的气象与物象的差别如此鲜明，各地劳动人民在应用节气指导农业生产时，自然得灵活地因地制宜，才能发挥节气的真正作用。

这里介绍一首节气歌，也是反映节气与物象、气象关系的。

立春阳气转，雨水沿河边。

惊蛰乌鸦叫，春分地皮干。

清明忙种麦，谷雨种大田。

立夏鹅毛住，小满雀来全。

芒种开了铲，夏至不纳棉。

小暑不算热，大暑三伏天。

立秋忙打靛，处暑动刀镰。

白露烟上架，秋分无生田。

寒露不算冷，霜降变了天。

立冬交十月，小雪地封严。

大雪江封冻，冬至冰雪寒。

小寒过去了，大寒要过年。

还有人将二十四节气编入诗中，并在每句嵌入一出戏文名，组成二十四节气名诗。这是清末苏州弹词艺人马如飞的创造。

西园梅放立春先，云镇霄光雨水连。

惊蛰初交河跃鲤，春分蝴蝶梦花间。

清明时放风筝误，谷雨西厢好养蚕。

牡丹亭立夏花零落，玉簪小满布庭前。

隔溪芒种渔家乐，义侠同耘夏至田。

小暑白罗衫着体，望河亭大暑对风眠。

立秋向日葵花放，处暑西楼听晚蝉。

翡翠园中零白露，秋分折桂月华天。

烂枯山寒露惊鸿雁，霜降芦花红蓼滩。

立冬畅饮麒麟阁，绣襦小雪咏诗篇。

幽闺大雪红炉暖，冬至琵琶懒去弹。

小寒高卧邯郸梦，一捧雪飘空交大寒。

九、 杂节气

古代劳动人民在生活与生产活动中，常用一些简要的词语表示冷、暖、干、湿等气象现象，如三伏、九九之类。它们在一定程度上补充了节气的不足，有人称之为杂节气。"热在中伏"，"冷在三九"，杂节气在人们的生产与生活中有着一定的意义。

三伏 伏的本义是指隐伏，躲避盛暑之义。以后就指一年里最热的日子。一年中最热的日子分为三个时段，即头伏、二伏、三伏。从夏至后第三个庚日算起，第一个顺序十天，叫做头伏或初伏；第二个顺序十天，叫中伏或二伏；立秋后第一个庚日算起，往后顺序十天叫末伏或三伏。

所谓庚日，指干支纪日逢庚的日子而言。六十甲子，每隔十天就有一个庚日，一个甲子周期有六个庚日，夏至后第三个庚日是公历哪一天呢？阳历一年365天，闰年还要多一天，都不是十的整倍数。因此，今年某一天是庚日，下一年同一天就不可能还是庚日。

九九 指一年中较冷到最冷又回暖的那些日子。把这些日子按九天分为一段，共分九段，顺次称为一九、二九、三九……到

八九、九九，共计八十一天，即所谓数九寒天。它是从冬至这天作为一九开始，即从 12 月 22 日或 23 日开始，依日序九天一段，直到惊蛰前两三天而为九九。

怎样衡量每个九日的寒冷程度呢？黄河中下游地区民间流传着一首九九歌："一九二九不出手（天气冷了），三九四九河上走（河水结冰），五九六九沿河看柳（柳树发芽），七九河开（江河解冻），八九雁来，九九耕牛遍地走。"歌谣中把整个寒冬的全过程的变化顺次写出来，其中"不出手""河上走""沿河看柳""河开""雁来"等，实际上是候应。到九九，"耕牛遍地走"，春耕繁忙起来，说明九九歌的目的是为了掌握农时。

由于各地气候条件的差异，江南地区的九九歌的内容又有不同："一九二九相见弗出手；三九二十七，篱头吹筚篥（寒风吹得篱笆啪啪响）；四九三十六，夜晚如鹭宿（寒夜，人像白鹭蜷曲身体入睡）；五九四十五，太阳开门户；六九五十四，贫儿争意气；七九六十三，布衲担头担；八九七十二，猫儿寻阳地；九九八十一，犁耙一齐出。"

冬有九九，夏亦有九九。宋代周遵道《豹隐纪谈》载有夏至后九九歌："一九二九，扇子不离手；三九二十七，吃茶如蜜汁；四九三十六，争向路头宿；五九四十五，树头秋叶舞；六九五十四，乘凉不出寺；七九六十三，夜眠寻被单；八九七十二，被单添夹被；九九八十一，家家打炭墼。"这首歌确切地反映了夏至后天气逐渐变热，再转凉变寒的气温变化过程，反映了从夏至后起经小暑、大暑、立秋、处暑到白露这一过程的气候特征对人们生活的影响。

霉　江淮流域一带，一般每年 6 月上旬以后出现一段阴沉多雨、温高、湿大的天气。这段时期，器物容易发霉，人们称这种天气为霉雨，简称霉。这段时期又是江南梅子成熟的时候，所以又称为梅雨或黄梅雨。两者含义相同，气象学上称为梅雨，但历书上多称霉雨。把霉雨开始之日叫入霉（梅），结束之日叫出霉（梅）。历书上入霉、出霉日期是这样得出来的：《月令广义》（冯应京纂辑）提出"芒种后逢丙入梅，小暑后逢未出梅"，即芒种后第一个丙日称入霉，小暑后第一个未日称出霉。所以入霉总在 6 月 6 日到 6 月 15 日之间（天干十数），出霉总是在 7 月 8 日到 19 日之间（地支十二数）。

社日　立春后五戊为社。最初系指立春后第五个戊日叫社日，以后立秋后第五个戊日也叫社日，分别称为春社与秋社。春社敬祀土神以祈祷农业丰收，秋社敬祀土神以酬谢农业获得丰收。

寒食　冬至后一百零五日称寒食，刚好是清明日的前一天，所以寒食与清明往往并用，作为节气名称之一。有诗云："一百五日寒食雨，二十四番花信风。"

广为流传的《幼学琼林》在叙述杂节气时写道："二月朔为中和节，三月三为上巳辰。冬至百六是清明，立春五戊为春社。寒食节是清明前一日，初伏日是夏至第三庚。四月乃是麦秋，端午却为蒲节。六月六日节名天贶，五月五日节号天中。"

十、 七十二候

上一讲讲到观象授时，观象授时的"观象"，主要是观天象；除此之外，还要观气象、物象。天象，即日月星辰的运行；物象，即动植物顺应节气而有一定的表象，如"鸿雁来""桃始华"之类；气象，指风雨雷电、"凉风至""雷发声"之类。应该说，最早的观察还是从气象、物象开始的，因为气象、物象与先民的生产、生活有切身的利害关系，比起天象来得更直接，显得更具体实在。古代记载观象授时的文字，比如《尧典》《夏小正》《月令》，虽有天象记载，而大量的文字还是关于气象、物象的记录。流传至今的很多农谚，就是观察气象与物象的经验总结。汉代崔寔《四民月令》就是汉代以前关于气象、物象资料的总结。元代末年娄元礼编撰《田家五行》记载了农谚140多条，不少是天象结合气象、物象的内容。如：月晕主风，日晕主雨。一个星，保夜晴。星光闪烁不定，主有风。夏夜见星密，主热。东风急备蓑笠，风急云起，愈急必雨。鸦浴风，鹊浴雨，八哥儿洗浴断风雨。獭窟近水，主旱；登岸，主水。

上古时代，先民将全年每月的天象、物象、气象，择要记录下来，以此指导农事活动，这在当时无疑具有重要意义，所以古代典籍都非常郑重地加以记载。

宋代王应麟《玉海》中记载了用鸟兽草木的变动来验证月令的变易，并说："五日一候，三候一气，故一岁有二十四节气。"

这样，一月六候，一岁七十二候，将气象、物象与月、岁的配合规律化，整齐划一。这是把古来的零散、杂乱记载加以集成、整理的结果。

在研究二十四节气时，有必要讨论一下七十二候。候是气候义。每候有一个相应的物候现象，叫做候应。物候自然包括气象、物象两个内容。七十二候可说是我国古代的物候历。

最早的物候记载，见于《诗经·七月》，其中"四月秀葽，五月鸣蜩""五月斯螽动股，六月莎鸡振羽""八月其获，十月陨箨"等都确切地反映了物候现象与季节、农事活动的密切关系，为后世编制农事历创造了良好的范例。较多的候应记载，见于《大戴礼记》中之《夏小正》及《礼记》中之《月令》。

《夏小正》很少提到节气，只有启蛰、日冬至可以认为是惊蛰、冬至两节气，候应虽较完整，但不十分系统，各月多少也不一致。如正月所列候应有雁北乡、雉震雊、启蛰、鱼陟负冰、囿有见韭、时有俊风、寒日涤冻涂、田鼠出、獭献鱼、鹰则为鸠、农及雪泽、采芸、柳稊、梅杏杝桃则华等十五项；而十月则仅有豺祭兽、黑鸟浴、玄雉入于淮为蜃三项。这该怎么解释？

现代学者有《夏小正》与彝族十月历吻合的见解。他们认为，从《夏小正》中的物候记录来看，基本上符合十月历而与十二月历不合。《夏小正》正月的物候与农历大致相同，但以后便逐渐增大差距。他们认为，《夏小正》的物候记录原本是按十个月排列的，其最后两个月是整理者主观加上去的，无星象文字，物候记录则是从十月中分出的。

完整的七十二候，最早见于《吕氏春秋》十二纪中，除七十二候外，还记有十余候。可以认为，《吕氏春秋》十二纪取材于《月令》，上溯至《夏小正》，是物候历系统，而并不理会二十四节气。我们以为，《逸周书》反映出，还有一个二十四节气的节气历系统，两者并行不悖。汉代《淮南子》宗法《逸周书》，将七十二候与二十四节气两个系统配合起来，合二为一，成为一个完整的农事历体系。

《吕氏春秋》十二纪中以每月至少六候编入各月。有的物候现象与节气大体一致。孟春纪中有蛰虫始振；仲春纪中有始雨水；仲夏纪中有小暑至；孟秋纪中有白露降；季秋纪中有霜始降。相应的节气是惊蛰、雨水、小暑、白露、霜降。有的成为七十二候中的候应，如东风解冻、蛰虫始振、鱼上冰、獭祭鱼等。还有的物候文字如天气下降、地气上腾、天地和同与木槿荣、芸始生等就没有编入七十二候中。

汉代以后，很多农书以二十四节气、七十二候为中心内容作些修改补充，制定出各种农事历、农家历、田家历、田家月令、每月栽种书、每月纪事、逐月事宜等一类的农家历书。各代通行的历书，也将二十四节气和七十二候以及相应的农事活动编了进去。

七十二候的候应中有生物物候和非生物物候。生物物候中有植物的与动物的。有栽培或饲养的，也有野生的，野生植物八项，栽培植物五项；野生动物最多，有三十八项，饲养的最少，只有一项。非生物物候二十项，其中反映自然现象的七项，反映气象现象的十三项。除野生动物外，以气象为最多。这些候应多确切地反映了天气、气候的变化，包含的面很广泛，且是人们日常生活中最易感知的。比如燕子（玄鸟）春去秋来，鸿雁冬来夏往，反映时令十分准确，历来把它们称为候鸟；而蝉（即蜩）、蚯蚓、蛙（即蝼蝈）等顺季节而隐现也很明显，历来把它们称为候虫。它们的来去、隐现所反映出的时令实际包括了温度、光照气象条件的综合。有些植物如桃、桐、菊、苦菜等开花以及草木的荣枯还反映了过去一定时期内的积温，反映了对水分、光照等条件的要求，反映了当时气象条件的综合。应当说，这些物候现象是气象要素综合影响的结果。所以，七十二候候应所反映的农业气象条件，有它明显的特点：具体简单，用于指导农事活动也来得准确、直接。物候所以起源很早，而且一直沿用至今，原因就在这里。

如果从物候学观点来看待七十二候，很显然，有些物候现象是不科学的，如：腐草化为萤、雀入大水为蛤、雉入大水为蜃等都是没有的事；虎始交、鹿角解、麋角解等很难甚至不可能见到。有些候应的意义较为晦涩，如天地始肃、地气上腾、天气下降、闭塞成冬等是无法观测的。有些候应名称不通用，难以准确理解，如仓庚（指莺的一种）、戴胜（一种鸟，状似鹊）、荔（一种草，似蒲而小），等等。此外，七十二候受了二十四节气的约束，每一个节气非三候不可，五天有一个变化，反而无法充分发挥物候应有的作用。现代的一般历书删去了七十二候，道理就在这里。

《月令总图》（见本书128页）外圈所列即七十二候顺次配合十二个月。

十一、 四季的划分

一年四季，春夏秋冬，按照传统的观念，阴历正、二、三月为春季，四、五、六月为夏季，七、八、九月为秋季，十、冬、腊月为冬季。"一年之计在于春"，春节当然是阴历正月初一了。然而，阴历以月亮盈亏来计算月份，就不能准确地反映季节的变迁。今年正月初一到下年正月初一，可能是 354 天（平年），也可能是 384 天（闰年），日数差到 30 日，所以按朔望月划分季节是不可取的。

我国古代典籍中多以四立作为四季的开端，每一个节气还有相应的候应作为季节的标志，这种划分标准反映了黄河流域四季分明的气候特点。

立春 立春第一候候应是东风解冻，作为春季开始的标志。从黄河中下游各地土壤开始解冻的日期来看，这一带 10 厘米深土层开始解冻的平均日期约从 1 月底到 2 月上旬，如西安平均为 2 月 2 日，开封为 1 月 24 日，济南为 2 月 9 日，与古代立春节气第一候候应基本一致。再从日最高气温等于或小于 0℃的终止日期看，也能说明立春的气候意义。黄河中下游地区各地日最高气温小于或等于 0℃终日约为 2 月 11 日到 2 月 21 日之间。可见，这一地区立春节气白天温度开始上升到 0℃以上，土壤解冻，春天即将到来。白居易诗："野火烧不尽，春风吹又生。"春风或东风，指较暖湿的偏南和偏东风。它们吹来时，野草开始萌动，象征春天将到，土壤开始解冻。从西安地区看，2 月份"东风"显著增加。结合土壤解冻日期，"东风解冻"反映了黄河中下游地区 2 月上旬（立春）的气候特点。

立冬 立冬第一候候应"水始冰"，作为冬季开始的标志。据《中国气候图简编》看，黄河中下游地区平均开始结冰日期大致为 11 月 1 日、11 日、21 日三条等日期线所通过。此外，黄河中下游地区最低气温等于或小于 0℃ 的开始日期大致在 11 月 1 日到 11 日之间，济南为 11 月 11 日，可见立冬开始是与"水始冰"基本一致的。

立秋 立秋第一候候应为"凉风至"。夏秋之季，北风刮来，给人带来凉意。"凉风至"如可解释为最多风向是偏北或偏北风频率迅速增多，偏南风频率迅速减少，那么黄河中下游地区 8 月份风向转变情况是与立秋的"凉风至"相一致的。

立夏 立夏第一候候应为蝼蝈鸣，而目前黄河中下游一带青蛙始鸣日期与立夏第一候蝼蝈鸣是有较大差别的。西安 3 月上旬，洛阳 3 月下旬初，德州 4 月初，安阳 4 月下旬初，而立夏在 5 月初。

如果以四立划分四季，立春就是春季的开始，此时正是阳光从最南的位置（冬至）到适中的位置（春分）的过渡阶段，即是冬季到春季的过渡阶段。真是这样划分四季，那还是不符合天气变化的实际。立春日正是"五九"将尽而"六九"开始之际，天气还相当寒冷。我国北方的立春日，可冷到 -20℃ 左右，因为冬至日太阳在最南的位置，大地丧失热量入不敷出的状况尚未达到顶点，要等一两月后北半球热量丧失过多而气温降到最低，那正是立春日前后。因此，冬季往往到立春前后才最冷，把最冷的立春作为春季的开始，显然是不恰当的。

天文学上是以春分、夏至、秋分、冬至作为春、夏、秋、冬四季的开始。两分两至是根据视太阳在黄道上运行的位置而制定出来的，因此它不但适用于黄河流域，而且对全国来说都是适用的。这样的四季划分确实反映了自然界的变化，如树木发芽，雷雨出现，草木枯黄，首次见霜等现象，这与以气温变化来决定季节也是大体吻合的。从春分以后，太阳的位置愈来愈高，大地接受到愈来愈多的热量，确实开始了一个温暖的季节。

现在通用的是从气候学上划分四季，标准是以候平均气温低于 10°C 为冬季，高于 22°C 为夏季，界于 10°C 和 22°C 之间分别为春季、秋季。按这样的标准，各地四季的长短就大不相同。昆明可以是"四季如春"，青藏高原和东北北部的冬季就十分漫长。

如果按节气来划分四季，不管是我国古代以四立为标准分出春夏秋冬，还是通行于世的二分、二至划分四季，春夏秋冬四季的时间间隔都完全相等。按气温来划分，我国广大地区是春秋短而冬夏长，这是我国季风气候的一个显著特征。

十二、 平气与定气

二十四节气的计算方法，最初是把一个回归年长度均匀地分为二十四等分。四分历的回归年长度为 $365\frac{1}{4}$ 日，每一节气的时

间长度是 $365\frac{1}{4} \div 24 = 15\frac{7}{32}$ 日。从立春时刻开始，每过 $15\frac{7}{32}$ 日就交一个新的节气，这就是平气。清代以前，历法都用平气划分二十四节气。

太阳周年视运动实际是不等速的。《隋书·天文志》载，北齐天文学家张子信已经发现"日行在春分后则迟，秋分后则速"。

隋代刘焯在《皇极历》中提出以太阳黄道位置来分节气。他把黄道一周天从冬至开始，均匀地分成二十四份，太阳每走到一个分点就是交一个节气，这叫定气，取每个节气太阳所在位置固定的意思。两个节气之间太阳所走的距离是一定的，而所用的时间长度都不相等。冬至前后太阳移动快，只要十四日多就从一个分点走到下一个分点。夏至太阳移动慢，将近十六日才走到下一个分点。刘焯的定气在民用历本上一直没有采用。

唐代僧一行《大衍历议·日缠盈缩略例》中批评了刘焯对于太阳运动规律的错误认识。他指出："焯术于春分前一日最急，后一日最舒；秋分前一日最舒，后一日最急。舒急同于二至，而中间一日平行，其说非是。"他指出的规律是接近实际的："日南至，其行最急，急而渐损，至春分及中而后迟。迨日北至，其行最舒，而渐益之，以至秋分又及中而后益急。"（见《新唐书·历志》）

为计算任意时刻的太阳位置，一行发明了不等间距的二次差内插公式，在实际计算中，元代"授时历"已经考虑到三次差。

不过，到清代"时宪历"才用定气注历本。

第五讲

———

四分历的编制

在有规律地调配年、月、日的历法产生以前，都还是观象授时的阶段。观象，主要是观测星象，是以二十八宿为基准，记述时令的昏旦中星，这是采用二十八宿体系的授时系统。

由于二十八宿之间跨度广狭相当悬殊，势必影响所确定的时令的准确度。随着农业的精耕细作，对时令的准确性要求越来越高，观星定时令也就发展为以二十四气定时令，这是采用二十四气体系的授时系统。

二十八宿体系是依据具体的星象以朔望月为基础加置闰月的办法调整年月日的阴阳历系统，二十四气体系是依据太阳周年视运动划分周天为二十四等分，形成纯粹的太阳历系统。到二十四气的产生，记述时令的办法就由观测具体的星象进入了一个可运算的抽象化的时代。二十四气的诞生，是观象授时走向更普遍、更概括，经过抽象化而上升为理论的阶段。到了这时，观象授时才算完成了自己的任务为二十四气所取代了。从此，在我国古代天文学史上，就同时并存有两套不同的授时系统。

伴随着二十四气而来的，就是古代四分历的出现。

一、 产生四分历的条件

所谓"四分历"，是以 $365\frac{1}{4}$ 日为回归年长度调整年、月、日周期的历法。冬至起于牵牛初度，则 $\frac{1}{4}$ 日记在斗宿末，为斗分，是回归年长度的小数，正好把一日四分，所以古称"四分历"。

四分历是我国第一部有规律地调配年、月、日的科学历法，它要求有实测的回归年长度 $365\frac{1}{4}$ 日，要求有比较准确的朔望月周期。由于是阴阳合历的性质，就必须掌握十九年七闰的规律。只有满足了这些条件，以 $365\frac{1}{4}$ 日为回归年长度的四分历的年、月、日推演才有可能进行，四分历才有可能产生。

关于回归年长度的测量。圭表测影之法在商周时代就已经有了。《尧典》所载"期三百有六旬有六日"的文字，应看作商末或更早的实测。回归年长度定为 366 日，是不可能产生历法的。古代典籍中，关于冬至日的最早记载，在《左传》中有两次。一次在僖公五年（前 655）："春王正月辛亥朔，日南至。"一次在昭公二十年（前 522）："春王二月己丑，日南至。"只要不能证实这是古人的凭空编造，就应该承认，在鲁僖公时代，是有过日南至（冬至）的观测的。冬至日期的确定，古代是利用土圭对每天中午表影长度变化的观测得来的。只要长期使用圭表测影来定冬至（或夏至）日期，就可以得到较为准确的回归年长度——$365\frac{1}{4}$日。据《后汉书·律历志》载："日发其端，周而为岁，然其景不复。四周，千四百六十一日而景复初，是则日行之终。以周除日，得三百六十五四分度之一，为岁之日数。"四分历的回归年长度就是这样观测出来的。从《后汉书》的记载看出，利用圭表测影，不难得到四分历所要求的回归年长度：$365\frac{1}{4}$日。

关于朔望月周期。月相在天，容易观测。从一个满月到下一个满月，就得到一个朔望月的长度。如果经常观测，就会知道一个朔望月的长度比 29 天半稍长。按照朔望月来安排历日，必然是小月和大月相间，而到一定时间之后，还得安插一个连大月。只有掌握了比较准确的朔望月周期，连大月的设置才会显现出它的规律。从文献上考查，《春秋》所记月朔干支告诉我们，春秋中期以前，连大月的安插并无明显的规律性。在鲁襄公二十一年（前 552）的九、十两个连大月以后，除襄公二十四年八、九两个月连大外，其余所有连大月的安插都显示了 15~17 个月有一个连大月的间隔规律。这表明，春秋中期以后，四分历所要求的朔望月长度已为司历者所掌握。

又，据统计，《春秋》37 次日食记载中，宣公以前有 15 次，记明是朔日的只有 6 次。鲁成公（前 590—前 573）以后有 22 次，记明朔日的竟达 21 次。由此可见，春秋中期以后，朔日的推算已相当准确。这说明，不仅掌握了比较准确的朔望月长度，日月合朔的时刻也定得比较准确。

关于十九年七闰的规律。《春秋》所记近三百年（前722—前479）史料中，有700多个月名，394个干支日名，37个日食记录。后人据此研究，排定春秋时代的全部历谱。晋杜预有《经传长历》，清王韬有《春秋历学三种》，邹伯奇有《春秋经传日月考》，张冕有《春秋至朔通考》，日人新城新藏有《春秋长历》，张汝舟先生编有《春秋经朔谱》，都是研究春秋史的很好工具。从这些历谱可以看出，鲁文公（前626—前609）、宣公（前608—前591）以前，冬至大都出现在十二月，置闰无明显规律，大、小月安排是随意的。这以后，置闰已大致符合四分历的要求——十九年七闰，大月小月的安排也比较有规律。在没有掌握较准确的回归年长度以前，只能依据观测天象来安插闰月，随时发现季节与月令发生差异就可随时置闰，无规律可言。如果观测出回归年长度为 $365\frac{1}{4}$ 日，根据长期的经验积累，人们自会摸索出一些安置闰月的规律。《说文》释："闰，余分之月，五岁再闰也。"所谓"三年一闰，五年再闰"，是比较古老的置闰法。十九年七闰是四分历法所要求的调整回归年与朔望月长度的必要条件。从前人的研究成果可看出，春秋中期已掌握了十九年七闰的规律。据王韬、新城氏等人的工作统计，自公元前722年到公元前476年间的置闰情况可以列为一表：

722—704	闰7	627—609	7	532—514	7
703—685	6	608—590	8	513—495	7

684—666	7	589—571	7	494—476	7
665—647	7	570—552	7		
646—628	6	551—533	7		

从表上可看出，从公元前589年（鲁成公二年）以来，十九年七闰已成规律了。结论是：春秋中期以后，产生四分历的条件已经具备。

二、《次度》及其意义

在《汉书·律历志》中，保存了一份珍贵的史料——《次度》。这是一份古代天象实测记录，包含着丰富的内容，涉及古代天文历法研究中一系列基本问题。现介绍如次。原文：

星纪。初斗十二度，大雪。中牵牛初，冬至（于夏为十一月，商为十二月，周为正月）。终于婺女七度。

玄枵。初婺女八度，小寒。中危初，大寒（于夏为十二月，商为正月，周为二月）。终于危十五度。

娵訾。初危十六度，立春。中营室十四度，惊蛰（今日雨水。于夏为正月，商为二月，周为三月）。终于奎四度。

降娄。初奎五度，雨水（今日惊蛰）。中娄四度，春分（于夏为二月，商为三月，周为四月）。终于胃六度。

大梁。初胃七度，谷雨（今日清明）。中昴八度，清明（今日谷雨。于夏为三月，商为四月，周为五月）。终于毕十一度。

实沈。初毕十二度，立夏。中井初，小满（于夏为四月，商为五月，周为六月）。终于井十五度。

鹑首。初井十六度，芒种。中井三十一度，夏至（于夏为五月，商为六月，周为七月）。终于柳八度。

鹑火。初柳九度，小暑。中张三度，大暑（于夏为六月，商为七月，周为八月）。终于张十七度。

鹑尾。初张十八度，立秋。中翼十五度，处暑（于夏为七月，商为八月，周为九月）。终于轸十一度。

寿星。初轸十二度，白露。中角十度，秋分（于夏为八月，商为九月，周为十月）。终于氐四度。

大火。初氐五度，寒露。中房五度，霜降（于夏为九月，商为十月，周为十一月）。终于尾九度。

析木。初尾十度，立冬。中箕七度，小雪（于夏为十月，商为十一月，周为十二月）。终于斗十一度。

首先，《次度》依据二十八宿距度，把日期的变更与星象的变化紧密联系起来，形成了二十八宿与二十四节气、十二月的对应关系。一岁二十四节气与二十八宿一周天正好相应。二十八宿的距度明确，《次度》便以精确的宿度来标志节气，比起《月令》以昏旦中星定节气，无疑更加准确而科学。

其次，春秋中期以后，十九年七闰已经形成规律，平常年十二个朔望月，逢闰年有十三个朔望月，《次度》以平常年份排列，把十二月与二十四节气相配，实际上构成了阴阳合历的格局。同时，也把置闰与节气联系起来，为"无中气置闰法"创造了条件。若按《次度》的二十四节气继续排列下去，闰月就自有恰当的位置。

第三，《次度》逐月将当时流行的三正月序附记于后，说明《次度》是三正论盛行时期的产物，它不仅适用于建寅为正之历，也适用于建丑为正、建子为正之历，是当时创制历法的天象依据，不受各国建正、岁首异制的影响。又，惊蛰后注明"今曰雨水"，雨水后注明"今曰惊蛰"，谷雨后注明"今曰清明"，清明后注明"今曰谷雨"，说明《次度》是古代遗留的典籍，节气顺次与汉代的不同，一一注明，可见非汉代人的编造。

第四，《次度》中"星纪，玄枵……"等十二名，本是岁星纪年十二次用以纪年的专用名称，而《次度》却用来纪月。这一变革有很重要的意义。岁星纪年是春秋中期昙花一现的纪年法，它以木星十二岁绕天一周为周期。实际木星周期 11.86 年，过八十余年必有明显的岁星超次。所以，岁星纪年法不可能长期使用。《次度》用以纪月，说明《次度》产生于岁星纪年法破产之后，它伴随着一种新型的纪年法出现，标志着纪年方法的根本变革。

最后，《次度》标明冬至点在牵牛初度，这就等于把它产生的年代告诉了我们。今人研究，冬至起于牛初，与公元前 450 年左右的天象相符。冬至点在牛初，一岁之末必在斗宿 26 度之后。斗宿计 $26\frac{1}{4}$ 度，正是"斗分"。所以《次度》所记，正是四分历的天象。

总之，《次度》中二十八宿、二十四节气和十二月的完美结合，概括了观象授时的全部成果，形成了阴阳合历的体制，显示了天文观测的高度水准，提供了创制四分历法的天象依据。可以说，《次度》的产生就预示着历法时代的开始。

三、 四分历产生的年代

有了《次度》所记天象和时令作为依据，有了观象实测得来的回归年、朔望月长度和十九年七闰的置闰规律，就可以进而制定历法。从《春秋》所记史料研究得知，四分历法的创制当在春秋后期至战国初期的某个时候。

四分历究竟是什么时候创制、使用的呢？这个问题始终是古代天文历法史上的一大疑难，争论颇多。根据张汝舟先生的考证，四分历创制于战国初期，于周考王十四年（前427）行用。他有什么主要依据呢？

1.《次度》所载，"星纪"所记冬至点在牵牛初度，这正是创制四分历的实际天象。星纪者，星之序也。星纪起于牛初，最后当然是斗宿，分数 $\frac{1}{4}$ 必在斗宿度数之内，这就是星历家所称之"斗分"。没有斗分便没有四分历，而斗分的概念也专属于四分历，它是编制四分历的基本数据。

汉初的实际天象是冬至点在建星（见《汉书·律历志》）。建星在南斗尾附近。《后汉书·律历志》记冬至点在斗 $21\frac{1}{4}$ 度。

据岁差密律，每71年8个月，冬至点西移1度。

$$5 \times 71\frac{2}{3} = 358.3 \text{ 年}$$

古人凭肉眼观察，差1度就差70多年。可以推知《次度》保留的是战国初期的实际天象。前已说过，以科学的数据推知，《次度》所显示的是公元前450年左右的实际天象。

2. 《次度》所载春天三个月的节气，顺次是立春、惊蛰、雨水、春分、谷雨、清明，与汉朝以后迄今未变的节气顺次不同。足证《次度》所记之四分历到汉初已行用了相当长一段时间，才有足够的经验加以改进。

3. 有了"斗分"，定岁实为365$\frac{1}{4}$日，以它作基础调配年月日，就能得出一个朔望月（朔策）为29$\frac{499}{940}$日。《历术甲子篇》通篇的大余、小余，就反映了四分历的岁实与朔策的调配关系。那通篇的大余、小余使我们明白，《历术甲子篇》就是司马迁为我们保存下来的中国最早的完整的历法。《历术甲子篇》中"焉逢摄提格"之类的称谓就是干支的别名，全篇取甲寅年为太初元年，以甲子月甲子日夜半冬至合朔为历元，其历元近距是周考王十四年（甲寅）己酉日夜半冬至合朔。据此推演下来，千百年之干支纪年，朔日与余分，一一吻合。这不是偶合，是法则，是规律，足证四分历以公元前427年为历元近距之考证不误。

4. 再以《史记》《汉书》所记汉初实际天象说，汉初"日食在晦"频频出现。四分历的岁实是365$\frac{1}{4}$日，与实际天象每年实浮 3.06 分，由此可以推知四分历的行用至汉代已近三百年左右，才会有"后天一日"的记录。"日食在晦"的反常现象正是四分历的固有误差（三百年而盈一日）造成的。确证公元前 427 年为四分历行用之年是可信的。通过后面的演算，对汝舟先生的结论更会确信不疑。

5.《汉书·律历志·世经》说："元帝初元二年十一月癸亥朔旦冬至，殷历以为甲子，以为纪首。"据此，可以进行如下推算。

汉元帝初元二年为公元前 47 年（甲戌），殷历以该年十一月的癸亥朔旦冬至为甲子日朔旦冬至（癸亥先于甲子一日，这是刘歆《三统历》造成的），并以为纪首。按四分历章蔀编制，一纪 20 蔀共 1520 年，上一纪首当为 1520+47 = 1567 年（甲寅），正与《历术甲子篇》首年干支相合，说明公元前 1567 年（甲寅）既为纪首年，又为甲子蔀首年，这就是所谓历元，即殷历甲寅元。但是，殷历甲寅元并非产生于公元前 1567 年。《次度》和汉初日食在晦的天象已经告诉我们，它产生于汉初之前 300 年左右。这就要求创制殷历的这一年作为制历的首年，应该既是甲寅年（作为历元的标志），又是蔀首年（便于起算），可以用推求一蔀 76 年与 60 位干支最小公倍数的方法，推算此年：

$$\frac{4\times19\times15=1140\ （年）}{1567-1140=427\ （年）} \qquad 4\ \overline{\begin{array}{c|c} 76 & 60 \\ \hline 19 & 15 \end{array}}$$

由此可知，殷历甲寅元创制之年是公元前 427 年，此年为甲寅年，位于殷历第十六蔀首年，在太初改历（前104）之前323年，完全满足上述条件和天象、史实记载的要求，因此可以断定，公元前427年为殷历甲寅元创制行用之年。

由于纪首公元前1567年年前十一月朔旦冬至从甲子日起算，到公元前427年朔旦冬至并不逢甲子：$1140 \times 365 \frac{1}{4} \div 60 = 6939 \cdots \cdots$ 余45（己酉），而是在甲子之后的45位干支己酉（即第十六蔀蔀余），说明己酉为第十六蔀首日，按照"甲寅岁甲子月甲子日夜半甲子时合朔冬至"的要求，公元前427年显然不配称为历元，故称之为"历元近距"。由此我们可以推知，殷历制造者正是以公元前427年（甲寅）首日己酉为基点，逆推历元公元前1567年（甲寅）首日甲子，进而编排《二十蔀首表》的，而《历术甲子篇》就是殷历甲寅元的推算法规。

生活于公元前4世纪的孟子曾充满自信地说："天之高也，星辰之远也，苟求其故，千岁之日至，可坐而致也。"（《孟子·离娄下》）这正是当时人们长期运用四分历法，推算时令节气的真实写照。反之，如果当时还处于观象授时阶段，没有行用历法，那么"千岁之日至"何以"坐而致"呢？

考证出殷历甲寅元（即《历术甲子篇》）创制于公元前427年，就可以用来推算上古历点，并在推算中验证殷历甲寅元的正确性。

四、 四分历的数据

四分历的基本数据是定岁实为 $365\frac{1}{4}$ 日，推知朔策为 $29\frac{499}{940}$ 日。因为太阳与月亮运行周期都不是日的整倍数，要调配年、月、日以相谐和，就必须有更大的数据，才能反映这种谐和的周期，这就形成了大于年的计算单位：章、蔀、纪、元。

一章：19 年　　235 月

一蔀：4 章　　76 年　　940 月　　27759 日

一纪：20 蔀　　1520 年

一元：3 纪　　4560 年

岁实是从冬至到下一个冬至的时日，比较好理解。由于月亮圆缺周期是 29 日多，12 个月 6 大 6 小（大月 30 日，小月 29 日）才 354 日，还与岁实差 $11\frac{1}{4}$ 日，三年置一闰月还有余，所以远古时候我们祖先就懂得"三年一闰，五年再闰"。四分历明确"十九年七闰"，成为规律，所以 19 年为一章，共 235 月。19 年中设置 7 个闰月就能调配一年四季与月亮运行周期大体相合。

要使月亮运行周期（朔望月）与岁实完全调配无余分，19 年还做不到，必须 76 年才有可能，所以又规定一蔀 4 章 76 年计 940 个月，得 $365\frac{1}{4}\times76 = 27759$ 日。若以月数（940）除日数，便得朔策$\frac{499}{940}$日。

历法必须与干支纪日联系在一起。一蔀之日 27759 日，干支以 60 为周期：27759÷60 = 462……余 39（日），这就是蔀余。即一蔀之日不是 60 干支的整倍数，尚余 39 日（即 39 位干支），也就是说，若一蔀首日为甲子日，最后一天即为壬寅日。为了构成日数与干支的完整周期，必须以二十蔀为一个单元：

27759×20÷60 = 9253（无余数）

这就是一纪二十蔀的来由，即一纪起自甲子日，终于癸亥日，是 9253 个完整的干支周期。据此，可制成二十蔀表：

殷历二十蔀表

一	甲子蔀 0	六	己卯蔀 15	十一	甲午蔀 30	十六	己酉蔀 45
二	癸卯蔀 39	七	戊午蔀 54	十二	癸酉蔀 9	十七	戊子蔀 24
三	壬午蔀 18	八	丁酉蔀 33	十三	壬子蔀 48	十八	丁卯蔀 3
四	辛酉蔀 57	九	丙子蔀 12	十四	辛卯蔀 27	十九	丙午蔀 42
五	庚子蔀 36	十	乙卯蔀 51	十五	庚午蔀 6	二十	乙酉蔀 21

汝舟先生在表中立了"蔀余"，很重要："蔀余"指的是每蔀后列之数字。《历术甲子篇》只代表四分历一元之第一蔀（甲子蔀）七十六年。所余前大余为 39（即太初第七十七年前大余三十九），进入第二蔀即为癸卯蔀蔀余。以后每蔀递加 39，就得该蔀之蔀余。如果递加结果超过了一甲数 60，则减去一甲数。

一纪二十蔀，共 1520 年，甲子日夜半冬至合朔又回复一次。

但 1520 年还不是干支 60 的整倍数，所以一元辖三纪，4560 年，才能回复到甲寅年甲子月甲子日甲子时（夜半）冬至合朔。这就是一元三纪的来由。

　　如果我们将二十蔀首年与公元年份配合起来，就是下面的关系（见下表）。十六蔀己酉，蔀首年是公元前 427 年，又是公元 1094 年（北宋哲宗绍兴元年）。公元 1930 年乃第七戊午蔀首年，公元 2006 年乃第八丁酉蔀首年。推知 2004 年当为戊午蔀第七十五年。

二十蔀表

一甲子蔀 前 1567 前 47、1474	六己卯蔀 前 1187 334、1854	十一甲午蔀 前 807 714	十六己酉蔀 前 427 1094
二癸卯蔀 前 1491 30、1550	七戊午蔀 前 1111 410、1930	十二癸酉蔀 前 731 790	十七戊子蔀 前 351 1170
三壬午蔀 前 1415 106、1626	八丁酉部 前 1035 486、2006	十三壬子蔀 前 655 866	十八丁卯蔀 前 275 1246
四辛酉蔀 前 1339 182、1702	九丙子蔀 前 959 562、2082	十四辛卯蔀 前 579 942	十九丙午蔀 前 199 1322
五庚子蔀 前 1263 258、1778	十乙卯蔀 前 883 638	十五庚午蔀 前 503 1018	二十乙酉蔀 前 123 1398

　　《历术甲子篇》之所以是四分历之"法"，就在于它将甲子蔀

（四分历的第一蔀）七十六年的朔闰一一确定下来，使之规律化；由此一蔀可以推知二十蔀，推知整个一元 4560 年的朔闰规律。我们读懂了《历术甲子篇》的大余、小余，四分历就算通透明白，就可以应用于对证历点考察史料。

《历术甲子篇》所载之"太初"，乃四分历历元之太初，非汉武帝之年号太初。"太初"前之一"汉"字，是后人妄加。历代星历家对此早有怀疑，但一直未能找到症结所在，致使这部极为重要的历法著述被视为一张普通的历表，淹没了千百年。

《历术甲子篇》列出每年前大余、前小余、后大余、后小余。"大余者，日也；小余者，日之分数也。"这个解释是对的。

前大余是记年前十一月朔在哪一天；

前小余是记当日合朔时的分数（每日以 940 分计）；

后大余是记年前冬至在哪一天；

后小余是记冬至日冬至时的分数（每日四分之，化 $\frac{1}{4}$ 为 $\frac{8}{32}$）。

如：太初二年　　前大余　　五十四

前小余　　三百四十八

后大余　　五

后小余　　八

前大余指合朔干支，查《一甲数次表》，五十四为戊午；前小余即合朔时刻，在 $\frac{348}{940}$ 分。即，太初二年子月戊午 348 分合朔。

后大余指冬至干支，查表，五是己巳；后小余即冬至时刻，在 $\frac{8}{32}$ 分即 $\frac{1}{4}$ 日（卯时）。即，太初二年子月己巳日卯时冬至。

一甲数次表

0 甲子	10 甲戌	20 甲申	30 甲午	40 甲辰	50 甲寅
1 乙丑	11 乙亥	21 乙酉	31 乙未	41 乙巳	51 乙卯
2 丙寅	12 丙子	22 丙戌	32 丙申	42 丙午	52 丙辰
3 丁卯	13 丁丑	23 丁亥	33 丁酉	43 丁未	53 丁巳
4 戊辰	14 戊寅	24 戊子	34 戊戌	44 戊申	54 戊午
5 己巳	15 己卯	25 己丑	35 己亥	45 己酉	55 己未
6 庚午	16 庚辰	26 庚寅	36 庚子	46 庚戌	56 庚申
7 辛未	17 辛巳	27 辛卯	37 辛丑	47 辛亥	57 辛酉
8 壬申	18 壬午	28 壬辰	38 壬寅	48 壬子	58 壬戌
9 癸酉	19 癸未	29 癸巳	39 癸卯	49 癸丑	59 癸亥

五、《历术甲子篇》 的编制

明白了四分历章蔀编制的内在联系，就可以探讨《历术甲子篇》的编制原理。

要理解《历术甲子篇》，必须首先澄清两个问题：

1.《历术甲子篇》是一部历法书，不是一份起自汉太初元年（前104）的编年表。在《史记·历书·历术甲子篇》中，在焉逢摄提格太初元年之后，逐一列举了天汉元年、太始元年等年号、年数，直至汉成帝建始四年（前29），因此有人将《历术甲子篇》认定为汉太初改历后行用的太初历或编年表，这是不正确的。细读《史记》，不难发现其中的谬误。

清张文虎《校刊史记集解索引正义札记》说："历术甲子篇：《志疑》云此乃当时历家之书，后人谬附增入'太初'等号、年数，其所说仍古四分之法，非邓平、落下闳更定之《太初历》也。"

日本学者泷川资言《史记会注考证》也说："太初元年至建始元年年号年数，后人妄增。"

可见前人对此早有觉察。

现在可进一步确证，太史公司马迁生于汉景帝中元五年（前145），武帝太初元年（前104）参与改历，是年42岁，之后开始撰写《史记》。天汉三年（前98）因李陵事受宫刑，到太始四年（前93，写《报任安书》时）《史记》一书已成，是年53岁。史家认为自此以后，司马迁事迹已不可考，约卒于武帝末年。倘若司马迁活到汉成帝建始四年（前29），当享年117岁，这是不可能的事。由此可知，混入《历术甲子篇》中的年号、年数，断非出自司马迁的手笔，纯系后人妄加。现在应该删去这些年号、年数，恢复《历术甲子篇》作为历法宝书的本来面目。

2.《历术甲子篇》虽行用日久，但系皇家宝典，外人难以知道其中的奥秘，所以后世曲解误断者自不可免，如其中"大余者，日也；小余者，月也"一句，便不可解。正因为如此，这样一部历法宝书才被埋没了两千年之久。现经张汝舟教授多年研究考订，终于拭去了历史的尘垢，使它焕发出夺目的光彩。以下随文一一说明。

《历术甲子篇》浅释：

[原文] 元年，岁名焉逢摄提格，月名毕聚，日得甲子，夜半朔旦冬至。

正北　　十二
无大余　无小余
无大余　无小余

[浅释] 所谓"甲子篇"，即20蔀中的第1蔀甲子蔀，蔀首日甲子，干支序号为0。1蔀76年，以下顺次排列朔闰谱。这里虽只列1蔀朔闰法，然其他19蔀与之同法同理，所不同者唯蔀余（即蔀首日干支序号）而已。

"元年，岁名焉逢摄提格。""元年"即四分历甲子蔀第一年；"岁名焉逢摄提格"即该年名为"甲寅"。此处言"岁名"而不说"岁在"，可知此"岁"字不是岁星之"岁"，而只是指此年，与岁星纪年划清了界线。

"月名毕聚。"《尔雅·释天》"月在甲曰毕"，"正月为陬"。作为历法，是以冬至为起算点，冬至正在夏正十一月（子月），即此历以甲子月（子月）起算。聚与陬、娵相通，从《次度》可知，娵訾为寅月，此处"正月为陬"即以寅月为正月。

"日得甲子，夜半朔旦冬至。""日得甲子"即甲子蔀首日为甲子；"夜半朔旦冬至"即这天的夜半子时 0 点合朔冬至。"旦"字后人妄加，应删。将子、丑等十二辰配二十四小时，子时分初、正，包括 23 到 1 点两个小时，那是中古以后的事。

上文告诉我们，这部历法的第一蔀开始于甲寅岁、甲子月、甲子日夜半子时 0 点合朔冬至，显然这是一个非常理想的时刻，即所谓"历始冬至，月先建子，时平夜半"（《后汉书·律历志》）。

"正北。"古人以十二地支配四方，子属正北，卯属正东，午属正南，酉属正西。此年前十一月子时 0 点合朔冬至，故曰"正北"。

"十二。"记这一年为十二个月，无闰月，平年；有闰月的年份为"闰十三"。

"无大余，无小余；无大余，无小余。""前大余"为年前十一月（子月）朔日干支号，"前小余"为合朔余分（朔余），"后大余"为年前十一月冬至干支号，"后小余"为冬至余分（气余）。此处前、后、大、小余均无，即说明在甲子日夜半子时 0 点合朔冬至，正与前文相应。

[原文] 端蒙单阏二年　　　　十二

　　　　大余五十四　　　　小余三百四十八

　　　　大余五　　　　　　小余八

[浅释] 此年乙卯年。端蒙，乙；单阏，卯。

由前文可知，前大余、前小余与年前十一月合朔有关，属于太阴历系统；后大余、后小余与年前十一月冬至有关，属于太阳历系统，这两者的结合，就是阴阳合历，这就是中国历法的特点。

前"大余五十四"：如前所述，太阴历一年十二个月，六大六小，30×6+29×6=354（日），354÷60=5……余54（日）。查干支表，54为戊午，即知此年前十一月戊午朔。

前"小余三百四十八"：按四分历章蔀，一个朔望月为$29\frac{499}{940}$日（朔策），一年十二个月，$29×12+\frac{499}{940}×12=348+6\frac{348}{940}=354\frac{348}{940}$（日），此处只记分子348，不记分母940。

换句话说，大月30日$-29\frac{499}{940}$日$=\frac{441}{940}$（日）多用了441分；小月29日，尚余499分，一大一小，499-441=58（分）。一年六大月六小月，58×6=348（分），这就是该年前十一月朔余。

348分意味着什么？化成今天的小时：

348/940×24=8.885（小时）

60×0.885=53.1（分）

60×0.1=6（秒）

就是说，该年前十一月戊午日八时五十三分六秒合朔。

后"大余五"：一个回归年$365\frac{1}{4}$日，以60干支除之。$365\frac{1}{4}÷60=6……$余$5\frac{1}{4}$（日），后大余只记冬至日干支号五。查干支表五为己巳，即该年前十一月己巳冬至为十一月十二日（朔为戊午）。

后"小余八"：后大余已记整数五，尚余$\frac{1}{4}$，为运算方便，将分子分母同时扩大八倍，即化 $\frac{1}{4}$ 为 $\frac{8}{32}$，此处只记分子八，不记分母，即为后小余。$\frac{8}{32}×24=6$（时），即说明该年前十一月己巳（十二日）六时冬至。

为什么要化 $\frac{1}{4}$ 为 $\frac{8}{32}$？为了便于推算一年二十四节气。因为当时用平气，冬至已定，其他节气均可推出：

$$365\frac{1}{4}÷24=15\cdots\cdots余5\frac{1}{4}（日）$$

$$5\frac{1}{4}=5\frac{8}{32}=\frac{168}{32}（日）$$

$$168÷24（节气）=7（分）$$

即每个节气均有 15 日 7/32 分之差，从冬至起算，逐一叠加，可以算出每个节气的干支和气余。可见四分历创制者是何等聪明智慧、精研巧思！

明白了《历术甲子篇》元年、二年的编制，就可逐月排出朔、气干支如下：

元年（甲寅）朔气干支表

月份	朔		余分	气		气余（气与气之间 30 日余 $\frac{14}{32}$）
子月小　甲子	0		0	冬至甲子	0	0
丑月大　癸巳	29		499	大寒甲午	30	14

月份	朔		余分	气		气余（气与气之间 30 日余 $\frac{14}{32}$）
寅月小	癸亥	59	58（-441）	惊蛰甲子 （今雨水）	0	28
卯月大	壬辰	28		春分乙未	31	10（42-32）
辰月小	壬戌	58	116	清明乙丑 （今谷雨）	1	24
巳月大	辛卯	27		小满丙申	32	6（38-32）
午月小	辛酉	57	174	夏至丙寅	2	20
未月大	庚寅	26		大暑丁酉	33	2（34-32）
申月小	庚申	56	232	处暑丁卯	3	16
酉月大	己丑	25		秋分丁酉	33	30
戌月小	己未	55	290	霜降戊辰	4	12（44-32）
亥月大	戊子	24		小雪戊戌	34	26

二年（乙卯）朔气干支表

月份	朔		余分	气		气余（气与气之间 30 日余 $\frac{14}{32}$）
子小	戊午	54	348	冬至己巳	5	8（40-32）
丑大	丁亥	23		大寒己亥	35	22
寅小	丁巳	53	406	惊蛰庚午 （今雨水）	6	4（36-32）

月份		朔	余分	气		气余（气与气之间30日余$\frac{14}{32}$）
卯大	丙戌	22		春分庚子	36	18
辰大	丙辰	52	464（-441）	清明辛未	7	0（32-32）
巳小	丙戌	22	23	小满辛丑	37	14
午大	乙卯	51		夏至辛未	7	28
未小	乙酉	21	81	大暑壬寅	38	10（42-32）
申大	甲寅	50		处暑壬申	8	24
酉小	甲申	20	139	秋分癸卯	39	6（38-32）
戌大	癸丑	49		霜降癸酉	9	20
亥小	癸未	19	197	小雪甲辰	40	2（34-32）

由以上推算可知：

在推算朔日时，由于大月亏441分，小月盈499分，所以凡朔余大于441分者为大月，小于441分者为小月。因为每两月（一大一小）要盈58分，所以逐月积累，小月朔余大于441分变大月，这就出现所谓"连大月"，如二年之辰月。但二年十二个月仍为六大六小，所以该年总日数并未变。有的年份出现连大月，会使全年十二个月变成七大五小（355日），后面将会遇到。

在节气推算中，后小余（气余）满32进1位干支。每月中气间相隔30日14分，可逐一叠加推出。如前所述，一个回归年（365$\frac{1}{4}$日）大于十二个朔望月（354日）11$\frac{1}{4}$日，两年即多出

22.5 日，所以二年亥月（十月）小雪甲辰，已是该月 22 日了。

到了第三年即多出 $33\frac{3}{4}$ 日，必置闰月加以调整。

[**原文**] 游兆执徐三年　　　闰十三

　　　　　大余四十八　　　小余六百九十六

　　　　　大余十　　　　　小余十六

[**浅释**] 此年丙辰年。

"前大余"：54（二年前大余）+54（二年日干支余数）

　　　　　= 108。

　　　　　108÷60 = 1……余 48（壬子）

"前小余"：348（二年前小余）+348（二年朔余）

　　　　　= 696（分）。

"后大余"：5（二年后大余）+5（二年气干支余数）= 10

（甲戌）

"后小余"：8（二年后小余）+8（二年气余）= 16（分）

即该年前十一月壬子朔甲戌冬至。此为闰年，可排出下列朔闰表：

三年（丙辰）朔闰表

月份		朔	余分	气		气余（气与气之间 30 日余 $\frac{14}{32}$）
子大	壬子	48	696	冬至甲戌	10	16
丑小	壬午	18	255	大寒甲辰	40	30

月份	朔		余分	气		气余（气与气之间 30 日余 $\frac{14}{32}$）
寅大	辛亥	47		惊蛰乙亥	11	12（44-32）
卯小	辛巳	17	313	春分乙巳	41	26
辰大	庚戌	46		清明丙子	12	8（40-32）
巳小	庚辰	16	371	小满丙午	42	22
午大	己酉	45		夏至丁丑	13	4（36-32）
未小	己卯	15	429	大暑丁未	43	18
闰大	戊申	44	（无中气）	立秋壬戌	58	25
申大	戊寅	14	487（-441）	处暑戊寅	14	0（32-32）
酉小	戊申	44	46	秋分戊申	44	14
戌大	丁丑	13		霜降戊寅	14	28
亥小	丁未	43	104	小雪己酉	45	10（42-32）

由上表可知，未月之后应为大月戊申朔，该月晦日应为丁
丑；而未月中气大暑丁未，下一个中气处暑戊寅，后于丁丑一
天，不在该月之内，该月只有节气立秋壬戌而无中气处暑，故设
闰月，此为"无中气置闰"。古人最初采用过岁末置闰，即闰月
设置在岁末，但卜辞中就有闰在岁中的记载，可见闰在岁中和闰
在岁末有一个相当漫长的并用时期。一般认为，汉太初（前104）
改历后才使用闰在岁中（即无中气置闰法），这是值得进一步研
究的。下面在推算历点时再进行讨论。

其实，后大余减前大余，也能大致判断出该年闰年、闰月的

情况：

后大余 10-前大余 48＝70-48＝22

说明该年冬至已到年前十一月二十三日，该年又有回归年与

十二朔望月相差的 $11\frac{1}{4}$ 日，说明该年必闰。

$11\frac{1}{4}\div12=0.9375$

二年 22.5+0.9375×8＝30

所以三年从冬至起算的第八月后置闰。

[原文] 强梧大荒落四年　　　　　十二

　　　　大余十二　　　　　　　小余六百三

　　　　大余十五　　　　　　　小余二十四

[浅释] 此年丁巳年。

三年为闰年，七大六小 30×7+29×6＝384（日）

[48（三年前大余）+384]÷60=7……余 12

故四年前大余为十二。

696（三年前小余）+348（三年朔余）+499-940=603（前小余）

后大余逐年递加五，满六十周而复始；后小余逐年递加八，满三十二进一位。以下同理。

依此，可排出四年朔、气干支：

四年（丁巳）朔气干支表

月份		朔	余分	气		气余（气与气之间 30 日余 $\frac{14}{32}$）
子大	丙子	12	603	冬至己卯	15	24
丑小	丙午	42	162	大寒庚戌	46	6
寅大	乙亥	11		惊蛰庚辰	16	20
卯小	乙巳	41	220	春分辛亥	47	2
辰大	甲戌	10		清明辛巳	17	16
巳小	甲辰	40	278	小满辛亥	47	30
午大	癸酉	9		夏至壬午	18	12
未小	癸卯	39	336	大暑壬子	48	26
申大	壬申	8		处暑癸未	19	8
酉小	壬寅	38	394	秋分癸丑	49	22
戌大	辛未	7		霜降甲申	20	4
亥大	辛丑	37	452	小雪甲寅	50	18

因为四年子月大，而戌、亥两月又连大，全年十二月七大五小，共 355 天，这是推算五年前大余要注意的。

[原文] 徒维敦牂五年　　　　　　十二

　　　　大余七　　　　　　　　小余十一

　　　　大余二十一　　　　　　无小余

[浅释] 此年戊午年。

[12（四年前大余）+355（五年日数）]÷60＝6……余 7

　　603（四年前小余）+348−940＝11 此为前小余。

24（四年后小余）+8＝32（进一位）

15（四年后大余）+5+1＝21

此为后大余、后小余。

[**原文**] 祝犁协洽六年　　　闰十三

大余一　　　　　　小余三百五十九

大余二十六　　　　小余八

[**浅释**] 此年己未年。

[7（五年前大余）+354]÷60＝6……余1

11（五年前小余）+348＝359

此为前大余、前小余。后大余、后小余按常规递加。

26（后大余）−1（前大余）＝25　25+11$\frac{1}{4}$>30

说明该年冬至已到十一月二十六日，必须置闰。依此，排出该朔闰表：

六年（己未）朔闰表

月份		朔	余分	气		气余（气与气之间30日余$\frac{14}{32}$）
子小	乙丑	1	359	冬至庚寅	26	8
丑大	甲午	30		大寒庚申	56	22
寅小	甲子	0	417	惊蛰辛卯	27	4
卯大	癸巳	29		春分辛酉	57	18
辰大	癸亥	59	475	清明壬辰	28	0

月份	朔		余分	气		气余 (气与气之间 30 日余 $\frac{14}{32}$)
闰小	癸巳	29	（无中气）	立夏丁未	43	7
巳大	壬戌	58		小满壬戌	58	14
午小	壬辰	28	92	夏至壬辰	28	28
未大	辛酉	57		大暑癸亥	59	10
申小	辛卯	27	150	处暑癸巳	29	24
酉大	庚申	56		秋分甲子	0	6
戌小	庚寅	26	208	霜降甲午	30	20

[**原文**] 商横淹滩七年　　　　　十二

　　　　大余二十五　　　　　小余二百六十六

　　　　大余三十一　　　　　小余十六

[**浅释**] 此年庚申年。

[1（六年前大余）+384（六年总日数）]÷60＝6……余25

359（六年前小余）+348+499-940＝266

此为前大余、前小余。后大余、后小余如常递加。

[**原文**] 昭阳作噩八年　　　　　十二

　　　　大余十九　　　　　　小余六百一十四

　　　　大余三十六　　　　　小余二十四

[**浅释**] 此年辛酉年。

　　　　推算如前，该年七大五小共355日。

[**原文**] 横艾淹茂九年　　　　　闰十三

大余十四　　　　　　　小余二十二

大余四十二　　　　　　无小余

[浅释] 此年壬戌年。

　　　　推算如前，该年闰十三，六大七小，共 383 日。

[原文] 尚章大渊献十年　　　　十二

大余三十七　　　　　　小余八百六十九

大余四十七　　　　　　小余八

[浅释] 此年癸亥年。

　　　　该年七大五小共 355 日。

[原文] 焉逢困敦十一年　　　　闰十三

大余三十二　　　　　　小余二百七十七

大余五十二　　　　　　小余一十六

[浅释] 此年甲子年。

　　　　该年闰十三，七大六小共 384 日。

[原文] 端蒙赤奋若十二年　　　　十二

大余五十六　　　　　　小余一百八十四

大余五十七　　　　　　小余二十四

[浅释] 此年乙丑年。

[原文] 游兆摄提格十三年　　　　十二

大余五十　　　　　　　小余五百三十二

大余三　　　　　　　　无小余

[浅释] 此年丙寅年。

[原文] 强梧单阏十四年　　　　闰十三

大余四十四　　　　　　小余八百八十

大余八　　　　　　　　小余八

[浅释] 此年丁卯年。

该年闰十三，七大六小共 384 日。

[原文] 徒维执徐十五年　　　十二

大余八　　　　　　　　小余七百八十七

大余十三　　　　　　　小余十六

[浅释] 此年戊辰年。

该年七大五小共 355 日。

[原文] 祝犁大荒落十六年　　十二

大余三　　　　　　　　小余一百九十五

大余十八　　　　　　　小余二十四

[浅释] 此年己巳年。

[原文] 商横敦牂十七年　　　闰十三

大余五十七　　　　　　小余五百四十三

大余二十四　　　　　　无小余

[浅释] 此年庚午年。

该年闰十三，七大六小共 384 日。

[原文] 昭阳协洽十八年　　　十二

大余二十一　　　　　　小余四百五十

大余二十九　　　　　　小余八

[浅释] 此年辛未年。

[原文] 横艾涒滩十九年　　　闰十三

大余十五　　　　　　　小余七百九十八

大余三十四　　　　　　小余十六

[**浅释**] 此年壬申年。

该年闰十三，七大六小共 384 日。

按四分历章蔀十九年七闰为一章，到此十九年七闰已毕，甲子蔀第一章完。在这一章里第 3、6、9、11、14、17、19 七年为闰年。

[**原文**] 尚章作噩二十年 正西 十二

大余三十九 小余七百五

大余三十九 小余二十四

[**浅释**] 此年癸酉年。

如前所述，古人以十二地支配四方，此年前十一月合朔冬至同日同时，正是酉时，故标"正西"。其余推算如常，全年七大五小共 355 日。

此年为第二章首年。

[**原文**] 焉逢淹茂二十一年 十二

大余三十四 小余一百一十三

大余四十五 无小余

[**浅释**] 此年甲戌年。

[**原文**] 端蒙大渊献二十二年 闰十三

大余二十八 小余四百六十一

大余五十 小余八

[**浅释**] 此年乙亥年。

该年闰十三，七大六小共 384 日。

[**原文**] 游兆困敦二十三年 十二

大余五十二 小余三百六十八

大余五十五　　　　　小余十六

[浅释] 此年丙子年。

[原文] 强梧赤奋若二十四年　十二

大余四十六　　　　　小余七百一十六

无大余　　　　　　　小余二十四

[浅释] 此年丁丑年。

该年七大五小共 355 日。

[原文] 徒维摄提格二十五年　闰十三

大余四十一　　　　　小余一百二十四

大余六　　　　　　　无小余

[浅释] 此年戊寅年。

该年闰十三，七大六小共 384 日。

[原文] 祝犁单阏二十六年　十二

大余五　　　　　　　小余三十一

大余十一　　　　　　小余八

[浅释] 此年己卯年。

[原文] 商横执徐二十七年　十二

大余五十九　　　　　小余三百七十九

大余十六　　　　　　小余十六

[浅释] 此年庚辰年。

[原文] 昭阳大荒落二十八年　闰十三

大余五十三　　　　　小余七百二十七

大余二十一　　　　　小余二十四

[浅释] 此年辛巳年。

该年闰十三，七大六小共 384 日。

[原文] 横艾敦牂二十九年　　十二

大余十七　　　　　　小余六百三十四

大余二十七　　　　　无小余

[浅释] 此年壬午年。

该年七大五小共 355 日。

[原文] 尚章协洽三十年　　闰十三

大余十二　　　　　　小余四十二

大余三十二　　　　　小余八

[浅释] 此年癸未年。

该年闰十三，六大七小共 383 日。

[原文] 焉逢涒滩三十一年　　十二

大余三十五　　　　　小余八百八十九

大余三十七　　　　　小余十六

[浅释] 此年甲申年。

该年七大五小共 355 日。

[原文] 端蒙作噩三十二年　　十二

大余三十　　　　　　小余二百九十七

大余四十二　　　　　小余二十四

[浅释] 此年乙酉年。

[原文] 游兆淹茂三十三年　　闰十三

大余二十四　　　　　小余六百四十五

大余四十八　　　　　无小余

[浅释] 此年丙戌年。

该年闰十三，七大六小共 384 日。

[原文] 强梧大渊献三十四年　　十二

大余四十八　　　　　小余五百五十二

大余五十三　　　　　小余八

[浅释] 此年丁亥年。

[原文] 徒维困敦三十五年　　十二

大余四十二　　　　　小余九百

大余五十八　　　　　小余十六

[浅释] 此年戊子年。

该年七大五小共 355 日。

[原文] 祝犁赤奋若三十六年　　闰十三

大余三十七　　　　　小余三百八

大余三　　　　　　　小余二十四

[浅释] 此年己丑年。

该年闰十三，七大六小共 384 日。

[原文] 商横摄提格三十七年　　十二

大余一　　　　　　　小余二百一十五

大余九　　　　　　　无小余

[浅释] 此年庚寅年。

[原文] 昭阳单阏三十八年　　闰十三

大余五十五　　　　　小余五百六十三

大余十四　　　　　　小余八

[浅释] 此年辛卯年。

该年闰十三，七大六小共 384 日。

到此第二章十九年七闰完，其中第 22、25、28、30、33、36、38 七年为闰年。

[**原文**] 横艾执徐三十九年　　　正南　　十二

大余十九　　　　　　　小余四百七十

大余十九　　　　　　　小余十六

[**浅释**] 此年壬辰年。

此年为第三章首年。年前十一月朔日与冬至同日同时正当午时，故标"正南"。

[**原文**] 尚章大荒落四十年　　　十二

大余十三　　　　　　　小余八百一十八

大余二十四　　　　　　小余二十四

[**浅释**] 此年癸巳年。

该年七大五小共 355 日。

[**原文**] 焉逢敦牂四十一年　　　闰十三

大余八　　　　　　　　小余二百二十六

大余三十　　　　　　　无小余

[**浅释**] 此年甲午年。

该年闰十三，七大六小共 384 日。

[**原文**] 端蒙协洽四十二年　　　十二

大余三十二　　　　　　小余一百三十三

大余三十五　　　　　　小余八

[**浅释**] 此年乙未年。

[**原文**] 游兆涒滩四十三年　　　十二

大余二十六　　　　　　小余四百八十一

大余四十　　　　　　小余十六

[浅释] 此年丙申年。

[原文] 强梧作噩四十四年　　闰十三

大余二十　　　　　　小余八百二十九

大余四十五　　　　　小余二十四

[浅释] 此年丁酉年。

该年闰十三，七大六小共 384 日。

[原文] 徒维淹茂四十五年　　十二

大余四十四　　　　　小余七百三十六

大余五十一　　　　　无小余

[浅释] 此年戊戌年。

该年七大五小共 355 日。

[原文] 祝犁大渊献四十六年　十二

大余三十九　　　　　小余一百四十四

大余五十六　　　　　小余八

[浅释] 此年己亥年。

[原文] 商横困敦四十七年　　闰十三

大余三十三　　　　　小余四百九十二

大余一　　　　　　　小余十六

[浅释] 此年庚子年。

该年闰十三，七大六小共 384 日。

[原文] 昭阳赤奋若四十八年　十二

大余五十七　　　　　小余三百九十九

大余六　　　　　　　小余二十四

[浅释] 此年辛丑年。

[原文] 横艾摄提格四十九年　　闰十三

　　　　大余五十一　　　　　　小余七百四十七

　　　　大余十二　　　　　　　无小余

[浅释] 此年壬寅年。

　　　　该年闰十三，七大六小共 384 日。

[原文] 尚章单阏五十年　　　　十二

　　　　大余十五　　　　　　　小余六百五十四

　　　　大余十七　　　　　　　小余八

[浅释] 此年癸卯年。

　　　　全年七大五小共 355 日。

[原文] 焉逢执徐五十一年　　　十二

　　　　大余十　　　　　　　　小余六十二

　　　　大余二十二　　　　　　小余十六

[浅释] 此年甲辰年。

[原文] 端蒙大荒落五十二年　　闰十三

　　　　大余四　　　　　　　　小余四百一十

　　　　大余二十七　　　　　　小余二十四

[浅释] 此年乙巳年。

　　　　该年闰十三，七大六小共 384 日。

[原文] 游兆敦牂五十三年　　　十二

　　　　大余二十八　　　　　　小余三百一十七

　　　　大余三十三　　　　　　无小余

[浅释] 此年丙午年。

[原文] 强梧协洽五十四年　　　十二

　　　大余二十二　　　　　小余六百六十五

　　　大余三十八　　　　　小余八

[浅释] 此年丁未年。

　　　该年七大五小共 355 日。

[原文] 徒维涒滩五十五年　　　闰十三

　　　大余十七　　　　　　小余七十三

　　　大余四十三　　　　　小余十六

[浅释] 此年戊申年。

　　　该年闰十三，六大七小共 383 日。

[原文] 祝犁作噩五十六年　　　十二

　　　大余四十　　　　　　小余九百二十

　　　大余四十八　　　　　小余二十四

[浅释] 此年己酉年。

[原文] 商横淹茂五十七年　　　闰十三

　　　大余三十五　　　　　小余三百二十八

　　　大余五十四　　　　　无小余

[浅释] 此年庚戌年。

　　　该年闰十三，七大六小共 384 日。

到此第三章十九年七闰完，其中第 41、44、47、49、52、55、57 七年为闰年。

[原文] 昭阳大渊献五十八年　　　正东　十二

　　　大余五十九　　　　　小余二百三十五

　　　大余五十九　　　　　小余八

[浅释] 此年辛亥年。

此为第四章首年。该年年前十一月合朔冬至同日同时，正当卯时，故标"正东"。

[原文] 横艾困敦五十九年　　十二
　　　　大余五十三　　　　小余五百八十三
　　　　大余四　　　　　　小余十六

[浅释] 此年壬子年。

[原文] 尚章赤奋若六十年　　闰十三
　　　　大余四十七　　　　小余九百三十一
　　　　大余九　　　　　　小余二十四

[浅释] 此年癸丑年。

此年闰十三，七大六小共 384 日。

[原文] 焉逢摄提格六十一年　十二
　　　　大余十一　　　　　小余八百三十八
　　　　大余十五　　　　　无小余

[浅释] 此年甲寅年。

该年七大五小共 355 日。

[原文] 端蒙单阏六十二年　　十二
　　　　大余六　　　　　　小余二百四十六
　　　　大余二十　　　　　小余八

[浅释] 此年乙卯年。

[原文] 游兆执徐六十三年　　闰十三
　　　　无大余　　　　　　小余五百九十四
　　　　大余二十五　　　　小余十六

[浅释] 此年丙辰年。

　　　　该年闰十三，七大六小共 384 日。

[原文] 强梧大荒落六十四年　　十二

　　　　大余二十四　　　　　小余五百一

　　　　大余三十　　　　　　小余二十四

[浅释] 此年丁巳年。

[原文] 徒维敦牂六十五年　　十二

　　　　大余十八　　　　　　小余八百四十九

　　　　大余三十六　　　　　无小余

[浅释] 此年戊午年。

　　　　该年七大五小共 355 日。

[原文] 祝犁协洽六十六年　　闰十三

　　　　大余十三　　　　　　小余二百五十七

　　　　大余四十一　　　　　小余八

[浅释] 此年己未年。

　　　　该年七大六小共 384 日。

[原文] 商横涒滩六十七年　　十二

　　　　大余三十七　　　　　小余一百六十四

　　　　大余四十六　　　　　小余十六

[浅释] 此年庚申年。

[原文] 昭阳作噩六十八年　　闰十三

　　　　大余三十一　　　　　小余五百一十二

　　　　大余五十一　　　　　小余二十四

[浅释] 此年辛酉年。

该年七大六小共 384 日。

[**原文**] 横艾淹茂六十九年　　　十二

大余五十五　　　　　　小余四百一十九

大余五十七　　　　　　无小余

[**浅释**] 此年壬戌年。

[**原文**] 尚章大渊献七十年　　　十二

大余四十九　　　　　　小余七百六十七

大余二　　　　　　　　小余八

[**浅释**] 此年癸亥年。

该年七大五小共 355 日。

[**原文**] 焉逢困敦七十一年　　　闰十三

大余四十四　　　　　　小余一百七十五

大余七　　　　　　　　小余十六

[**浅释**] 此年甲子年。

该年闰十三，七大六小共 384 日。

[**原文**] 端蒙赤奋若七十二年　　十二

大余八　　　　　　　　小余八十二

大余十二　　　　　　　小余二十四

[**浅释**] 此年乙丑年。

[**原文**] 游兆摄提格七十三年　　十二

大余二　　　　　　　　小余四百三十

大余十八　　　　　　　无小余

[**浅释**] 此年丙寅年。

[**原文**] 强梧单阏七十四年　　　闰十三

大余五十六　　　　　小余七百七十八

大余二十三　　　　　小余八

[浅释] 此年丁卯年。

该年闰十三，七大六小共 384 日。

[原文] 徒维执徐七十五年　　十二

大余二十　　　　　　小余六百八十五

大余二十八　　　　　小余十六

[浅释] 此年戊辰年。

该年七大五小共 355 日。

[原文] 祝犁大荒落七十六年　闰十三

大余十五　　　　　　小余九十三

大余三十三　　　　　小余二十四

[浅释] 此年己巳年。

该年闰十三，七大六小共 384 日。

到此第四章十九年七闰完，其中第 60、63、66、68、71、74、76 七年为闰年。此年亦是甲子蔀最后一年，到此四分历第一蔀（即甲子蔀）结束，但尚有蔀余三十九，且看下文。

[原文] 商横敦牂七十七年

右历书：大余者，日也；小余者，月也。端（旃）蒙者，年名也。支：丑名赤奋若，寅名摄提格。干：丙名游兆。正北（原注：冬至加子时），正西（原注：加酉时），正南（原注：加午时），正东（原注：加卯时）。

[浅释] 此年庚午年。

此年应为四分历第二蔀（癸卯蔀）首年。原文脱落有误，尤其"大余者，日也；小余者，月也"一句，造成历史误解，使《历术甲子篇》竟成读不懂的天书，现经张汝舟先生考订。原文应为：

商横敦牂七十七年　　　正北　十二

大余三十九　　　　　　无小余

大余三十九　　　　　　无小余

右历书：大余者，日也；小余者，日之余分也。前大余者，年前十一月朔也；后大余者，年前十一月冬至也。前小余者，合朔加时也；后小余者，冬至加时也。端蒙赤奋若者，年干支名也。支：丑名赤奋若，寅名摄提格；干：丙名游兆。正北：合朔冬至加子时；正西：加酉时；正南：加午时；正东：加卯时。

因为［15（七十六年前大余）+384（七十六年总日数）］÷60=6……余39（癸卯）

93（七十六年前小余）+348+499-940=0

33（七十六年后大余）+5+1=39（癸卯）

24（七十六年后小余）+8=32（进一位为0）

说明商横敦牂七十七年前十一月癸卯日夜半子时0点合朔冬至，这正是四分历第二蔀癸卯蔀的起算点。由此起算，癸卯蔀的朔闰推算完全同于甲子蔀。

《历术甲子篇》虽然只列了甲子蔀七十六年的大余、小余，并依此推算各年朔闰。其实，其他十九蔀均可照此办理（只需加算蔀余），这是一个有规律的固定周期，所以我们称之为"历法"。由《二十蔀表》和《历术甲子篇》的内部编制，我们深深感到，上古星历家、四分历的创制者的确运筹精密，独具匠心，实在令人惊叹！

为了运算查阅方便，下面特列出甲子蔀朔日表：

1	0　朔　0	20	三十九 705	39	十九 470	58	五十九 235
2	五十四 348	21	三十四 113	40	十三 818	59	五十三 583
3	四十八 696	22	二十八 461	41	八 226	60	四十七 931
4	十二 603	23	五十二 368	42	三十二 133	61	十一 838
5	七 11	24	四十六 716	43	二十六 481	62	六 246
6	一 359	25	四十一 124	44	二十 829	63	〇594
7	二十五 266	26	五 31	45	四十四 736	64	二十四 501
8	十九 614	27	五十九 379	46	三十九 144	65	十八 849
9	十四 22	28	五十三 727	47	三十三 492	66	十三 257
10	三十七 869	29	十七 634	48	五十七 399	67	三十七 164
11	三十二 277	30	十二 42	49	五十一 747	68	三十一 512
12	五十六 184	31	三十五 889	50	十五 654	69	五十五 419
13	五十 532	32	三十 297	51	十 62	70	四十九 767
14	四十四 880	33	二十四 645	52	四 410	71	四十四 175
15	八 787	34	四十八 552	53	二十八 317	72	八 82
16	三 195	35	四十二 900	54	二十二 665	73	二 430
17	五十七 543	36	三十七 308	55	十七 73	74	五十六 778
18	二十一 450	37	一 215	56	四十 920	75	二十 685
19	十五 798	38	五十五 563	57	三十五 328	76	十五 93
						77	三十九 0

六、 入蔀年的推算

《历术甲子篇》只列四分历第一蔀七十六年之大余小余，因为是"法"，是规律，自可以一蔀该二十蔀。

上节所述《历术甲子篇》内部的编制，可利用朔策及气余推算出甲子蔀太初以下七十六年之朔闰，这当然是基本的。在实际应用时，多涉及史料所记载的年代，只需要以历元近距（公元前427 年）为基点进行推算。

要知某年之朔闰，当先以历元近距前 427 年为依据，算出该年入二十蔀表中某蔀第几年。入蔀年可用 207 页表。"年"用《历术甲子篇》之年序，从太初元年至太初七十六年查得该年之前大余再加该蔀蔀余，则得该年子月之朔日干支，其余各月朔闰则按上节推算法即得。

如，睡虎地秦墓竹简载："秦王二十年四月丙戌朔丁亥。"

验证这个历点的办法是：

秦王政二十年为公元前 227 年。（须查《中国历史纪年表》，下同。）

推算：427−227＝200（年）（上距前 427 年 200 年）

200÷76＝2……余 48（算外 49）

前 427 年为己酉蔀第一年，顺推两蔀进丁卯蔀，知前 227 年为丁卯蔀第四十九年。丁卯蔀蔀余是 3。（见 206 页表）

查《历术甲子篇》太初四十九年，大余五十一，小余七百四

十七。（见 238 页朔日表）

蔀余加前大余 3+51＝54。

查 209 页《一甲数次表》，54 为戊午。

得知，前 227 年子月戊午 747 分合朔。

按月推知，得

丑月戊子，306

寅月丁巳，805

卯月丁亥，364

辰月丙辰，863

巳月丙戌，422

午月乙卯（下略）

巳月（夏历四月）朔丙戌，丁亥是初二。与出土文物所记吻合。

又，贾谊《鹏鸟赋》："单阏之岁兮，四月孟夏，庚子日斜兮，鹏集于舍。"

"单阏"是"卯"的别名。根据贾谊生活时代推知，卯年即丁卯年。单阏乃"强梧单阏"之省称。这是汉文帝六年公元前 174 年丁卯年。

推算：427－174＝253（年）

以蔀法除之 253÷76＝3……余 25

该年为丙午蔀第 26 年。（前 427 年在己酉蔀，己酉蔀之后三蔀即丙午蔀。算外，入第 26 年。）

查，《历术甲子篇》太初二十六年，大余五，小余三十一。

蔀余加前大余 42+5＝47（辛亥）

得知，前 174 年子月辛亥日 31 分合朔。

按月推之：

丑月庚辰，530

寅月庚戌，89

卯月己卯，588

辰月己酉，147

巳月戊寅，646

午月戊申（下略）

巳月（夏历四月）戊寅朔，则二十三日庚子。

贾谊所记乃汉文帝六年（丁卯年）四月二十三日事。

七、 实际天象的推算

四分历的岁实为 $365\frac{1}{4}$ 日，与一个回归年的实际长度比较密近而并不相等，由此产生的朔策 29 日 499 分也就必然与实测有一定误差。所以，四分历使用日久，势必与实际天象不合。南朝天文学家何承天、祖冲之就已经指出四分历的不精。何承天说："四分于天，出三百年而盈一日，积代不悟。"祖冲之说："四分之法，久则后天，以食检之，经三百年辄差一日。"因为

四分历朔策： $29\frac{499}{940}=29.53085106$ 日

实测朔策： 29.530588 日

每月超过实测：0.00026306 日

十九年七闰计 235 月，每年余 0.0032536 日

1÷0.0032536＝307（年）

即 307 年辄差一日，每日 940 分计

940÷307＝3.06（分）

即四分历每年约浮 3.06 分。

如果用《历术甲子篇》的"法"来推演，再加上每年所浮 3.06 分，上推千百年至殷商、西周，下推千百年至 21 世纪的今天，所得朔闰也能与实际天象密近（区别仅在平朔与定朔，平气与定气而已）。

因为四分历行用于公元前 427 年，所以推算前 427 年之前的实际天象，每年当加 3.06 分；推算前 427 年之后的实际天象，每年当减 3.06 分。简言之，即"前加后减"。一些考古学家不明这个道理，用刘歆之孟统推算西周实际天象，总是与铭器所记不合，总是要发生两三天的误差，根本原因就是没有把每年浮 3.06 分计算在内，最后不得不以"月相四分"来自圆其说。

这里举几个例子，用 3.06 分前加后减，求出实际天象。

例一　《诗·十月之交》："十月之交，朔月辛卯，日有食之。"这是一次日食的记载，发生在十月朔日辛卯这一天。前人已考定为周幽王六年事，试以四分历法则为基础求出实际天象验之：

查，周幽王六年为公元前 776 年。用前节推算方法，先入蔀入年。知前 776 年入甲午蔀第 32 年。

查《历术甲子篇》太初三十二年：前大余三十，小余二百九

十七。

甲午蔀蔀余是30，30＋30＝60（即0，即甲子）

按正常推算，前776年子月甲子日297分合朔。因为四分历先天每年浮3.06分，实际天象应从前427年起每年加3.06分。

即（776−427）×3.06≈1068（分）

逢940分进一，得1.128

1.128＋0.297（小余）＝1.425（日加日，分加分）

得知公元前776年实际天象：子月乙丑（1）日425分合朔（平朔）。

该年每月朔闰据此推算为

子月乙丑	425	丑月甲午	924
寅月甲子	483	卯月甲午	42
辰月癸亥	541	巳月癸巳	100
午月壬戌	599	未月壬辰	158
申月辛酉	657	酉月辛卯	216
戌月庚申	715	亥月庚寅	274

西周建丑为正，此年失闰建子，十月（酉）辛卯朔，吻合不误，足证《诗·十月之交》所记确为幽王六年事。

例二　《史记·晋世家》："五年春，晋文公欲伐曹，假道于卫，卫人弗许。……三月丙午，晋师入曹……四月戊辰，宋公、齐将、秦将与晋侯次城濮。己巳，与楚兵合战……甲午，晋师还至衡雍，作王宫于践土。"

晋文公五年为公元前 632 年，632−427＝205（距前 427 年年数）

$$205÷76＝2……余53（年）$$

$$76−53＝23（算外24）$$

该年入四分历第十三蔀（壬子蔀）第二十四年。

查《历术甲子篇》太初二十四年：大余四十六，小余七百一十六。

壬子蔀蔀余 48+46（前大余）＝94（逢 60 去之，34 戊戌）

四分历先天　205×3.06＝627（分）

34.716＋0.627＝35.403（日加日，分加分。分数 940 分进一日。）

得知，公元前 632 年实际天象：

子月己亥　　　（35）　　　403 分　　　合朔

丑月戊辰　　　（4）　　　902 分　　　合朔

寅月戊戌　　　（34）　　　461 分

卯月戊辰　　　（4）　　　20 分

辰月丁酉　　　（33）　　　519 分

巳月丁卯　　　（3）　　　78 分（下略）

晋、楚用寅正，三月（辰）丁酉朔，丙午为三月初十。四月丁卯朔，戊辰为四月初二，己巳为四月初三，甲午为四月二十八日。历历分明。

例三　《汉书·五行志》："高帝三年十月甲戌晦，日有食之。"

汉高帝三年为公元前 204 年（丁酉年）

$$427-204 = 223$$

$$223÷76 = 2……余 71（算外 72）$$

该年入第十八蔀（丁卯蔀）第七十二年。

查《历术甲子篇》七十二年：大余八，小余八十二。

$$蔀余 3+8（前大余）= 11（乙亥）$$

说明该年前十一月（子）乙亥朔。汉承秦制，在太初改历前的汉朝记事，都是起自十月，终于九月。十一月乙亥朔，则十月晦必为甲戌，正与《汉书》所记相同。

为什么日食会发生在晦日呢？这是年差分造成的。如果求出实际天象，日食在晦就很容易得到解释。

$$223×3.06≈682（分）$$

$$11.082-0.682 = 10.340$$

实际天象是，该年十一月（子）甲戌（10）日 340 分合朔。

可见，因四分历行用日久，年差分积累过大，才发生日食在晦的反常天象。这从历法推算上显示得清清楚楚。

例四 推算公元 1981 年实际天象。

先看陈垣《二十史朔闰表》所列 1981 年朔日：

十一月（子）	甲寅	十二月（丑）	甲申
正月（寅）	甲寅	二月（卯）	癸未
三月（辰）	癸丑	四月（巳）	壬午
五月（午）	辛亥	六月（未）	辛巳

七月（申）	庚戌	八月（酉）	己卯
九月（戌）	己酉	十月（亥）	己卯
十一月（子）	戊申	十二月（丑）	戊寅

用四分历推算，1981年入戊午蔀第52年。

查《历术甲子篇》太初五十二年：大余四，小余四百一十。

戊午蔀蔀余54+4（前大余）= 58

四分历先天(427+1981) ×3.06＝7369（分）

7369÷940＝7……余789

"前加后减"，58.410−7.789＝50.561（日减日，分减分）

得知：1981年年前十一月甲寅（50）日561分合朔

据此推演，1981年各月朔日如次。

十一月（子）	甲寅 561	十二月（丑）	甲申 120
正月（寅）	癸丑 619	二月（卯）	癸未 178
三月（辰）	壬子 677	四月（巳）	壬午 236
五月（午）	辛亥 735	六月（未）	辛巳 294
七月（申）	庚戌 793	八月（酉）	庚辰 352
九月（戌）	己酉 851	十月（亥）	己卯 410
十一月（子）	戊申 909	十二月（丑）	戊寅 468

两相对照，所不合者正月、三月、八月。如果考虑到它们的分数，则相差不会超过半天。按四分历算，太初五十二年当是闰年，十三个月，这是据"十九年七闰"的成规；今天的阴历（夏

历）置闰已不用旧法，闰在 1982 年。因为今天的阴历（夏历）早已不用平朔、平气，而使用定朔、定气，所以有上述的差别。

这样的推算在今天虽然没有什么实用价值，但由此可以证实，如果考虑到年差分，修正四分历的误差，仍可以得出密近的实际天象，以上举例都说明了这一点。

八、 古代历法的置闰

世界各国现今通用的阳历，或称公历，是以一个回归年长度为依据的历法。一回归年是 365 日 5 小时 48 分 46 秒，相当于 365.2422 日。阳历以 365 日为一年，每年所余 0.2422 日，累积四年，大约一天。所以阳历每四年增加一天，加在 2 月末，得 366 日，这就是阳历的闰年。四年加一天又比回归年实际长度多了 44 分 56 秒，积满 128 年左右，就又多算一天，相当于 400 年中约多算三天。因此，阳历置闰规定，除公元年数可以 4 整除的算闰年外，公元世纪的整数，须用 400 来整除的才算闰年，这就巧妙地在四百年中减去了三天。这就是阳历的置闰。我国的农历，又称"阴历"，主要依据朔望月（月亮绕地球周期），同时兼顾回归年，实质上是一种阴阳合历。朔望月（从朔到朔或从望到望）周期是 29.5306 日。农历一年十二个月，一般六大六小，只有 354 日，比一个回归年少 11.2422 日。不到三年必须加一月，才能使朔望月与回归年相适应。这是用置闰办法来调整回归年与朔望月，使月份与季节大体吻合。中国古代历法的频繁改革，主要内容之一就是调配回归年与朔望月的长度，使之相等。简单地说，就是调整闰周，确定多少年置一闰月。《左传·文公六年》："闰月不告朔，非礼也。闰以正时，时以作事，事以厚生，生民之道，于是乎在矣。不告闰朔，弃时政也，何以为民？"大意是说，置闰的目的是定季节，定季节的目的是干农活。君王的职责之一就是公告闰朔。如果违背这种制度，怎么治理百姓？

由于置闰是人为的操作，历代对闰月的安排也就很不相同。已发现的殷墟卜辞中，武丁卜辞多有"十三月"的记载，祖庚、祖甲时代又有"多八月""冬八月""冬六月""冬五月"和"冬十三月"的刻辞。"多"即"闰"，"冬"即"终"，也就是"后"的意思。所以"多八月""冬六月"即"后八月""后六月"，也是"闰八月""闰六月"的意思。"冬十三月"即"闰十三月"。卜辞里面，还有"十四月"的记载，古历称之为"再闰"，就是一年置两个闰月。殷周金文里面，"十四月"刻辞并不鲜见。周《金雝公緘鼎》"隹十又四月，既生霸壬午"，就是例子。到春秋时代，这种一年再置闰的情况就没有了。

闰十三月，就是年终置闰。闰六月、闰八月，算是年中置闰。这说明古历置闰并无规律，这与回归年和朔望月的调配没有找到规律有关。在年、月、日的调配无"法"可依，没有找到规律之前，都是观象授时的时代。观象，主要是观天象，观察日月星辰的运动变化规律。比如昏旦中星的变化和北斗斗柄所指的方向，以此作为置闰的依据。因为是肉眼观测，不可能精确，只能随时观测随时置闰，所以古历多有失闰的记载。多置一闰，子正就成了丑正，少置一闰，丑正就成了子正。据《春秋》经传考证，到春秋中期古人就大体掌握了十九年七闰的方法。

为什么十九年要置七闰呢？因为春秋中期之后，根据圭表测影的方法已初步掌握了一回归年的长度为 $365\frac{1}{4}$ 日。有了这个数据，年、月、日的调配就有了可能。

四分历由 $365\frac{1}{4}$ 日推出朔望月长度（朔策）为 $29\frac{499}{940}$ 日。

十九年中要有 235 个朔望月才能与十九个回归年日数大体相等。即

$$19 \times 365.25 \approx 235 \times 29\frac{499}{940}$$

而一年十二个月的话，$19 \times 12 = 228$（月），必须加七个闰月才能达到目的。这就是十九年七闰的来源。

东汉许慎《说文》云："闰，余分之月，五岁再闰。告朔之礼，天子居宗庙，闰月居门中，从王在门中。周礼曰：闰月王居门中终月也。"此处"五岁再闰"就是五个回归年中要置两个闰月。"三年一闰，五年再闰"，这是较古老的方法。

$$365.25 \times 5 < 354 \times 5 + 60$$

$$1826.25 < 1830$$

五年之中竟有近 4 天的差误，根本无法持久使用。十九年七闰的规律掌握以后，置闰就有"法"可依了。四分历规定十九年为一章，这个"章"法，就是反映置闰规律的。

古法有"归余于终"之说，是将闰月放在年终，方便易行。春秋战国时代大多如此。齐鲁建子，闰在亥月后。晋楚建寅，闰在丑月后。秦历以十月为岁首，闰在岁末，称"后九月"。汉初

一仍秦法，直至汉武帝太初改历，才改闰在岁末为无中气置闰。这个无中气置闰原则就一直行用到现在，只不过当今对中气的计算更细致更精确罢了。这就是《汉书·律历志》所谓"朔不得中，是为闰月"，闰月设置在没有中气的月份。

《礼记·月令》注疏者说："中数曰岁，朔数曰年。中数者，谓十二月中气一周，总三百六十五日四分之一，谓之一岁。朔数者，谓十二月之朔一周，总三百五十四日，谓之为年。"这里把岁与年区分得很清楚：岁是二十四节气（其中十二中气）组成的回归年，是太阳历；年是十二个朔望月组成的太阴年，是太阴历。中国农历是阴阳历系统，必须反映二十四节气和朔望月的配合关系。

根据张汝舟先生的研究，中国最早的历法就是战国初期创制，行用于周考王十四年（前427）的殷历（称"天正甲寅元"的四分历）。《史记·历术甲子篇》就是这一部历法的文字记录，《汉书·次度》是它的天象依据。《历术甲子篇》所列七十六年前大余，就是年前十一月（子月）朔日干支序数，前小余就是十一月合朔的分数；后大余是冬至日干支序数，后小余是冬至时分数。不难看出，前大余、小余是记录朔望月的朔日的，是太阴历系统；后大余、小余是记录冬至（中气）干支及余分的，反映回归年长度，属太阳历系统。两相调配，《历术甲子篇》就是中国最早的一部阴阳合历的历法宝典。

汉武帝太初改历，一改"归余于终"的古法，行无中气置闰。所谓中气，是指从冬至开始的二十四节气中逢单数的节气。依照《汉书·次度》记载，这十二节气正处于相应宫次的中点

（冬至为星纪次中点，大寒为玄枵次中点，惊蛰——汉以后称雨水，是娵訾次中点……），故称中气。其他十二节气，则在各次的初始（星纪之初为大雪，玄枵之初为小雪，娵訾之初为立春……），如竹之结节，故仍称节气。

因为一个朔望月（29.5306 日）比两个中气之间的时间（$\frac{365.25}{12}$日）距离要短约一天，如果从历法计算的起点算，过 32 个月之后这个差数积就会超过一个月，就会出现一个没有中气的月份，本应在这个月的中气便推移到下个月去了。若不置闰，后面的中气都要迟出一个月。长期下去，各个月份和天象、物象、气象的相对关系就要错乱。三次不置闰，春季就会出现冰天雪地的景象，深秋还是烈日炎炎，历法就失去指导农业生产的意义了。

中国最早的历法——殷历，即《历术甲子篇》的无中气置闰与今天农历的无中气置闰大不相同。殷历用平朔平气，春夏秋冬一年十二个月均可置闰。从清代"时宪历"起用定气注历，至今未变，闰月多在夏至前后几个月，冬至前后（秋分到次年春分之间）则无闰月。这是因为春分到秋分间太阳视运动要经 186 天，而从秋分到春分间却只需要 179 天。日子一短，则节气间相距的日子就短，所以不宜设置闰月。

我们知道，四分历的岁实是 365 $\frac{1}{4}$ 日，而平年六大六小，只用去了 354 日，每年尚余 11 $\frac{1}{4}$ 日。由于历元是取冬至日合朔，

$11\frac{1}{4}$ 必是冬至（气）之余，也称"气余"。按每年余 $11\frac{1}{4}$ 日计算，两年则余 $22\frac{2}{4}$ 日，经三年则余 $33\frac{3}{4}$ 日，就是说 $33\frac{3}{4}$ 日之内无中气，所以第三个年头上就必须置闰了。这就是四分历安排置闰的依据。

气余 $11\frac{1}{4}$ 日每年递加，并无困难。由于第三年置闰，又有连大月，全年达 384 日，比平年（354 日）多了 30 日。所以

$$354+33\frac{3}{4}-384=3\frac{3}{4}（日）$$

$3\frac{3}{4}$ 日为第三年实际气余。

第四年再加 $11\frac{1}{4}$，得 15 日。由于第四年七大五小，为 355 日，比平年多 1 日，所以

15－1 或 354+15－355＝14（日）

14 日便是第四年气余。

根据这个办法我们可以将一蔀七十六年各年气余推算出来，也就可以据此考虑闰在某月了。

前面说过，平年六大六小，每年气余 $11\frac{1}{4}$ 日。若将它用一年十二个月平分，则每月气余 0.9375 日。这样以上年气余为基数，从该年子月开始逐月递加 0.9375 日，到某月超过 30 日或 29 日（小月），便知某月之后是置闰之月。

如第三年当闰，以上年气余 $22\frac{2}{4}$ 日为基数，从子月起逐月递加 0.9375 日，到第八个月便超过 30 日了。所以四分历是在第八个月之后置一闰月，夏历用寅正，从子月算起到第八个月，则闰六月。又如第十九年当闰，便以上年气余 $19\frac{1}{2}$ 日为基数，从子月起逐月递加 0.9375，到第十二个月超过了 30 日，便在此月之后置闰。

《历术甲子篇》是通过后大余/后小余反映二十四节气的。后大余是冬至的干支代号，后小余是冬至时的分数。这个小余的分母是 32（分），与前小余分数的分母是 940（分）不同。为什么要化 $\frac{1}{4}$ 为 $\frac{8}{32}$？这是便于推算一年二十四节气。因为四分历是平气，冬至一定，其他节气便可逐一推出。

$$365\frac{1}{4} \div 24 = 15 \cdots 5\frac{1}{4}\ （日）$$

$$5\frac{1}{4} = 5\frac{8}{32} = \frac{168}{32}\ （日）$$

$$168 \div 24 = 7\ （分）$$

即两个节气相距 15 日 7 分。分母化为 32，才会除尽有余分 7。从冬至日算起，顺次累加，可以算出一年二十四个节气的干支和气余。

《历术甲子篇》只列出太初七十六年每年冬至干支及余分，我们可以据此排出七十六年各月的朔、气干支及余分。两个中气相距 30 日 14 分，置闰之"法"就反映在朔（前大余）与中气

（后大余）的关系上。

由于朔策数据是 $29\frac{499}{940}$，逢小月小余 499 分，逢大月小余减 441 分，中气的大小余推演从冬至起每月累加 30 日 14 分。

由于《历术甲子篇》已列出每年年前十一月（子月）朔日及冬至的大小余，便可以从每年的十一月（子月）做起算点推演每月朔日与中气，我们以太初三年作推演示范。

太初三年朔日中气表

月份	朔干支	合朔分数	中气	干支	分数
（三年）子月大	四十八	696	冬至	十	16（历术甲子载）
丑月小	十八	255	大寒	四十	30
寅月大	四十七	754	惊蛰	十一	12（44-32）
卯月小	十七	313	春分	四十一	26
辰月大	四十六	812	清明	十二	8（40-32）
巳月小	十六	371	小满	四十二	22
午月大	四十五	870	夏至	十四	4（36-32）
未月小	十五	429	大暑	四十三	18
闰月大	四十四	928	（无中气）		
申月大	十四	487	处暑	十四	0（32-32）
酉月小	四十四	46	秋分	四十四	14
戌月大	十三	545	霜降	十四	28
亥月小	四十三	104	小雪	四十五	10（42-32）
（四年）子月大	十二	603	冬至	十五	24（历术甲子载）

《历术甲子篇》的后大余是冬至日干支，二十四节气由此推演还好理解，太初三年置闰也很明确，只是从何知道必在六月（未月）之后置闰呢？

这个闰六月是由前大余四十四（戊申朔）与处暑十四（戊寅处暑）的关系确定下来的：戊申朔，处暑戊寅必在下月，则此月无中气，依无中气之月置闰的原则，闰在六月后就可以肯定了。

所以说，《历术甲子篇》通篇的大余、小余有极其丰富的内容，二十四节气可由此推演，无中气置闰规则也包含其中。

无中气置闰还有另一种推算方法。一岁 $365\frac{1}{4}$ 日，以 12 除，得 $30\frac{21}{48}$ 日。即两中气间隔 $30\frac{21}{48}$ 日，上月中气加 30 日 21 分，得本月中气。到中气日期超过 29 或 30，小月亦应置闰，中气就在下月初了。《殷历朔闰中气表》就是这样编制的，它的特点是，中气日期不用干支序数而用一月内日的序数，这就与蔀余不发生关系而自成系统了。

这就是魏晋以前中国古代历法置闰的全部内容。

九、 殷历朔闰中气表

中国最早的历法，前人有所谓"古六历"之说——黄帝历、颛顼历、夏历、殷历、周历、鲁历，近人以为都是四分历数据。其实，"古六历"是东汉人的附会。汉代盛传所谓"天正甲寅元"

与"人正乙卯元"，其间也有承继关系：人正乙卯元的颛顼历实是天正甲寅元的殷历的变种。所以，中国最早的历法就是天正甲寅元的殷历，就是以寅为正的真夏历假殷历，也就是四分历。历法产生之前，包括"岁星纪年"在内，都还是观象授时阶段。进入"法"的时代，就意味着年、月、日的调配有了可能，也有了规律，由此可以求得密近的实际天象——这是一切历法生命力之所在。

根据张汝舟先生的苦心研究，《史记·历书·历术甲子篇》就是司马迁为我们保存下来的殷历历法，《汉书·次度》就是殷历历法的天象依据。利用这两篇宝贵资料，可以诠释上古若干天文历法问题，并推算出文献记载的以及出土文物中的若干历点。

《历术甲子篇》记载了历元太初第一蔀七十六年的子月朔日及合朔分数（前大余、前小余）和冬至日及冬至时分数（后大余、后小余），即公元前 1567 年至公元前 1492 年的子月朔日、冬至日及余分。由于是"法"，自可以一蔀该二十蔀，贯通四分历法的古今。

要推算任何一年的朔与气，必须将该年纳入殷历的某蔀第几年。"蔀"用"殷历二十蔀表"，"年"用《历术甲子篇》之年序。查得该年之前大余，加上该蔀蔀余，就得出该年子月之朔日干支。使用《殷历朔闰中气表》（见书后 427 页附表二）求各月朔日干支，就更为便捷，只要某月大余加上该年入蔀之蔀余就得该月之朔日干支。《殷历朔闰中气表》已将各年十二中气算出，中气依《次度》立名。表中"惊蛰"即汉以后之"雨水"，表中"清明"即汉以后之"谷雨"。

由于四分历粗疏，"三百年辄差一日"，每年比实际天象约浮3.06分（940分进位）。要求出实际天象，必须考虑3.06这个年差分。张汝舟先生考订，殷历创制行用于周考王十四年（前427），所以必须以公元前427年（入己酉蔀元年）为准，前加后减。即前427年之前每年加3.06分，前427年之后每年减3.06分，方能得出密近的实际天象。

殷历甲寅元一经创制行用，就成为中华民族的共同财富通行于当时各国，所不同者唯岁首和建正而已。四分历法则在当时是不可改变的，认为"战国时代各国历法不同"，没有充分根据。

公元前427年以前的年份，虽未行用有规则的历法，但朔望在天，有目共睹，加以干支纪日延续不断，历代不紊，构成了历法推算的基础，只要年代确凿，考虑到建正、岁首、置闰等方面情况的不同，仍然可以用四分历推算。

第六讲

———

四分历的应用

四分历法是观象授时高度发展的产物，古人制定四分历法就是为了取代观象授时，服务于人类社会的生产和生活，这是毫无疑义的。因此，年代学的基础课题就是掌握四分历法，用它来推算上古历点，为解决有关的学术问题服务。特别是近代，出土文物越来越多，古史古事的考订，都需要我们确定其年代及月日。我们依据四分历法仍可以求得密近的实际天象，解决其中的疑难。这正是文史工作者学习古天文历法的目的之一。

一、 应用四分历的原则

明确了殷历甲寅元（即《历术甲子篇》）创制于公元前 427 年，就可以将四分历在实际考证中普遍应用，推算古代典籍及出土的地下器物所载的历点，并在推算中验证殷历甲寅元的正确性。

四分历于战国初期创制并行用，大体到三国时期的蜀汉废止。如果将四分历广泛应用，必须明确几个问题。

第一 殷历甲寅元一经创制行用，就成为中华民族的共同财富，通行于当时各国。战国纷争，诸侯力征，不统于王，各国用历也标新立异，所以后人总认为"战国时代各国历法不同"。这只看到了问题的表象。四分历于战国初期行用，这一法则在当时就是不可改变的了。各国用历虽花样繁多，名号各殊，或岁首不同，或建正有异，都只能在四分历法则内改头换面，实质不变也变不了。我们用四分历推算有关历点，是掌握了一个普遍的原则，所得结果自然不会有误。

战国时代，各国是否一致行用四分历法呢？

不难明白，历法不是产生于某国某君某人之手，而是历代星历家血汗的结晶。可能经过某些君王（比如魏文侯）的提倡归功于某些星历家（比如楚人甘德、魏人石申）的勤劬。但历法一旦创制就不可能为某国某君所垄断，必然普施于华夏人民足迹之所至。谁会舍先进的历法不用而去吃观象授时的苦头？且战国初期，朝秦暮楚的士大夫比比皆是，历法一经行用自然不受国界的约束。因此四分历必能普施于战国时期各诸侯国。

再说，经商周至战国初年，干支纪年已千百年不紊，各国都使用一个共同的干支日历，月球的朔望又人人可见，日与月的一致自不待言。有这样一个共同的月历、日历作为基础，历法普施于战国才有可能。

从现有文献资料看，《孟子》所记时令与《楚辞》所记，仅只是岁首不同而已。据《孟子》载："七八月之间雨集，沟浍皆盈"（《孟子·离娄下》）；又"七八月之间旱则苗槁矣，天油然作云沛然下雨，则苗浡然兴之矣"（《孟子·梁惠王上》）。讲的是下暴雨。我国山东一带下暴雨的时间，当是夏历五、六月。因《孟子》一书的用历是取建子为正，所以与建寅为正的夏历有两月之差，究其实则是指同一天象，《孟子》用的也是四分历。

据《楚辞·怀沙》载："滔滔孟夏兮，草木莽莽。"孟夏即四月，草木繁茂，与建寅为正的夏历合。又《楚辞·抽思》："望孟夏之短夜兮，何晦明之若岁。"讲初夏昼长夜短明显起来，正合夏历。

秦用四分历，从《史记·秦本纪》中也有反映："（昭襄王）四十八年十月，韩献垣雍。……正月，兵罢，复守上党。其十月，五大夫陵攻赵邯郸。四十九年正月，益发卒佐陵。陵战不善，免，王龁代将。其十月，将军张唐攻魏。"此两处，先记秦十月、正月，再记"其十月"（它的十月）。因为兵入赵、魏之地，故用赵、魏之月序记。足证秦与赵、魏同用四分历，只不过秦以十月为岁首，三晋用夏正罢了。

燕国僻远，用历无考，以理推之，密近三晋。一句话，《历术甲子篇》通用于七国，战国时代实际全用四分历。

由于齐、鲁建子为正，秦历又建亥为首，与楚、晋各异，似乎战国有多种历法了，这便给"三正论"者以生事的机会，造成后世的惑乱。

战国用历原本四分术，然而为什么名目如此繁多呢？

首先，列强出于政治斗争的需要，在用历上往往变换一些手法，以示与周王朝分庭抗礼，尽管都用四分历却有意标新立异，独树一帜。

其次，自封为王，欲兼天下，必然要利用"君权神授"的观念，这就是历志上"改正朔，易服色"的记载，用以表明"受命于天"，从而威天下而揽民心。

再次，托古作伪以自重，也是列强君王惯用的手法。四分历创制之初，就曾伪称"成汤用事十三年"，把创立之功归于前代圣王。秦历托名"颛顼"，也同样出于托古自重。战国时代所谓"周历""夏历"，莫不如此。汉代有"古六历"之说（黄帝历、颛顼历、夏历、殷历、周历、鲁历），那虽是后人的附会，实际也可见托古作伪的痕迹。

战国用历从表现形式看，或建正不同（齐、鲁建子为正，秦、楚、三晋建寅为正），或岁首不同（齐以子月为岁首，楚、三晋以寅月为岁首，秦以十月为岁首），或历名不同（秦称颛顼历，以别于殷历），如此而已。而其所宗之"法"，也都为四分术。在当时的条件下四分历的周密与完整是无法取代的。

这种种名目，却给"三正论"制造者以可乘之机。按照"三正论"者对"周正建子、殷正建丑、夏正建寅"的解释，夏、商、周三代使用了不同的历法，即夏代之历以寅月为正，殷代之历以丑月为正，周朝之历以子月为正。夏商周三朝迭相替代，故"改正朔"以示"受命于天"。秦王迷于"三正论"，继周之后以十月为岁首，也有绍续前朝，秉天所命之意。实际上，四分历产生之前，还只是观象授时，根本不存在完整的行用于夏时之夏历，行用于殷商时代之殷历，行用于西周之周历，所谓夏历、殷历、周历，纯然是后人的概念。

懂得了战国用历的实质，排除"三正论"的干扰，就可以运用四分历进行具体历点的推算。

第二　四分历取岁实 $365\frac{1}{4}$ 日，与实际回归年长度必有误差，307 年盈一日。如果将一日化为 940 分，940÷307＝3.06（分/年），即每年有 3.06 分的误差。这样，以公元前 427 年四分历行用之时为基点，在它以后的年份每年有+3.06 分的误差；在它以前的年份，每年有−3.06 分的误差。因此，在推算实际天象时，公元前 427 年之前的年份，每年要加 3.06 分；公元前 427 年之后的年份，每年要减 3.06 分。这就是前加后减的原则。只有这样，才能得出密近的实际天象。3.06 分就是推求实际天象的改正值。

在四分历行用的年代，由于时人不了解这个误差，自然不可能将误差计算进去。所以，典籍中总有历法与天象不符的记载，汉初"日食在晦"的文字就属此类。我们在考究战国至汉末这段时期的历点时，除了顾及朝代交接和改历等重大问题外，应用四分历进行推算时，不必使用"前加后减"的原则。因为追求实际天象除了验证朔望，反而与实际用历相违——实际用历还不知道这个 3.06 分。

第三　公元前 427 年之前的年份，仍可用四分历推算月日。公元前 427 年之前，未行用四分历法，还是观象授时阶段。但月相在天，有目共睹，干支纪日从殷商时代已延续不断，人皆遵用。这就构成了历法推算的基础。前代学者依据《春秋》所载月日干支，编制出春秋时代的历谱。张汝舟先生《西周经朔谱》《春秋经朔谱》就立足于殷历的朔闰，取密近的实际天象，将古代文献所记这两个时期的年、月、日一一归队入谱，贯穿解说，对前人之误见逐次加以澄清。因此，"两谱"既是对两周文献纪日的研究成果，也是广大文史工作者研究两周文史的极好工具。

要之，编定历谱或考释历点，都得以《历术甲子篇》为依据，将四分历普遍地应用于文史研究工作中。

二、 失闰与失朔

年、月、日能够有规律地进行调配的真正历法（四分历）产生于战国初期，有历法之前都还是观象授时。观象授时就是制历。制历的主要内容就是告朔和置闰两件大事。告朔是定每月朔日的干支，朔日干支一经确定，其余日序自有干支。置闰是定节气，一年之气，冬至最要紧。冬至一经确定，闰与不闰及全年月序就自然清楚。

在观象授时阶段，告朔就全凭月相。古人凭月相告朔，承大月二日朏，月牙初见，承小月三日朏，月牙初见（见《说文》）。同理，承大月十五日望，月满圆，承小月十六日望，月满圆。月相分明，只在一天。

在观象授时阶段，置闰须观斗柄所指方位，观二十八宿中天位置，验之气象、物象，加以土圭测影。随着长年的经验积累，观测仪器的精当，测定气节的准确程度必然逐有提高。前已述及，到春秋中期，十九年七闰的规律就已完全掌握了。

四分历的回归年长度定为 $365\frac{1}{4}$ 日，且使用平朔、平气，所以失闰，特别是失朔还不能完全避免。更何况西周、春秋还处在观象授时的时代，失闰与失朔当是屡见不鲜的。比如，实际是乙丑朔，因为分数小，司历定为甲子朔。如果乙丑分数大，司历定为丙寅朔。这就叫失朔。

失闰，说得确切些，就是失气。实际是子月初冬至，司历错到亥月末，亥月就成了岁首（建亥）。冬至若在下旬，司历错到丑月，丑月就成了岁首（建丑）。失闰由失气而起，我们还叫失闰。

失朔，失闰，《春秋》有宝贵资料。例如，昭公十五年经朔：

子月大，己未 623 分合朔

丑月小，己丑 182 分合朔

寅月大，戊午 681 分合朔

卯月大，戊子 240 分合朔

辰月大，丁巳 740 分合朔

……

《春秋》载："二月癸酉，有事于武宫。""六月丁巳朔，日有食之。"以此二条验谱，己未朔，癸酉乃十五日，子月实《春秋》所书"二月"。"六月丁巳朔"正合辰月。这一年必是建亥为正，子月顺次定为"二月"，辰月顺次定为"六月"，全合。大量材料证实，春秋后期建子为正，现在正月到了亥月，这就是失闰之铁证。

将一部《春秋》进行研究，可以发现：

隐、桓、庄、闵共 63 年，49 年建丑，8 年建寅，6 年建子；

僖、文、宣、成共 87 年，58 年建子，16 年建丑，13 年建亥。

这说明，前四公，即春秋前期，建丑为正，建子、建寅都算失闰，而没有建亥的。后四公，即春秋后期，建子为正，建亥、建丑都算失闰，而没有建寅的。这又说明，失闰不会超过一个月。按平气计算，一般失闰都在半月之内，只有周幽王六年失闰十七天（据《诗经·十月之交》所给历点推算）。

《春秋》记37次日食，有5个书月日不书朔。《左传》认为"史失之"，未免武断。因为食不在朔，所以《公羊传》云"或失之前，或失之后"，是正确的。失朔一般在半天之内，只有鲁文公元年"二月癸亥，日有食之"，失朔508分，超过半天（一日940分）。

为什么要掌握一个失闰限、失朔限呢？这是应用四分历推演经朔考订古籍古器历点必须遵循的准则。如果历点与实际天象所确定的朔、闰相差甚远，失闰超过一月，失朔超过一天，就宁可存疑也断不可硬套，去企求得出一个相合的结论。如果没有一个失闰、失朔限，古器物上的历点就可左右逢源，安在哪一年都会大致相符。记有历点的出土文物，一到专家的手里，考证出的结论往往大相径庭，其道理就在这里。可见，确定失闰限、失朔限是多么重要。它提醒你，要严谨，不可信口雌黄。

有没有"再失闰"的情况？古籍中确有记载。《汉书·律历志》载，襄公二十七年"九月乙亥朔，是建申之月也。鲁史书：'十二月乙亥朔，日有食之。'传曰：'冬十一月乙亥朔，日有食之，於是辰在申，司历过也，再失闰矣。'言时实行以为十一月也，不察其建，不考之于天也"。

《春秋》经文杜注："今长历推为十一月朔，非十二月。传曰辰在申，再失闰。若是十二月，则为三失闰，故知经误。"

《左传》杜注："谓斗建指申，周十一月今之九月，斗当建戌而在申，故知再失闰也。文十一年三月甲子至今七十一岁应有二十六闰，今长历推得二十四闰，通计少再闰。释例言之详矣。"

杜预这两条注，将《春秋》经传所记，辨析明白，断定经误传是。传文"再失闰"是可信的。杜以自编《经传长历》验证，确为"再失闰"。《汉书·律历志》解释说，当时是记为十一月的，这种"再失闰"是不观察斗柄所指，不考之于天象的原因。可见，观象授时阶段失闰是不足为怪的，但已不可能在春秋时代出现"再失闰"的怪现象。

如果用《历术甲子篇》推演，襄公二十七年（前546）朔闰如次。

是年入辛卯蔀（蔀余27）第三十四年。

太初三十四年：前大余四十八，小余五百五十二　先天+364分

子月朔	己卯	552分	916	己卯	十五
丑月朔	己酉	111分	475	己酉	四十五
寅月朔	戊寅	610分	34	己卯	十五
卯月朔	戊申	169分	533	戊申	四十四
辰月朔	丁丑	668分	92	戊寅	十四
巳月朔	丁未	227分	591	丁未	四十三
午月朔	丙子	726分	150	丁丑	十三
未月朔	丙午	285分	649	丙午	四十二
申月朔	乙亥	784分	208	丙子	十二

酉月朔	乙巳	343分	707	乙巳	四十一
戌月朔	甲戌	842分	266	乙亥	十一
亥月朔	甲辰	401分	765	甲辰	四十
				甲戌	（十）

春秋后期（襄公）行子正。

如果记上实际天象 3.06×（546–427）= 364 分。加上 364 分，则子正十一月乙亥朔，日食，确。

所谓"斗建申"乙亥朔，是战国人用四分历推算的结果。"九月乙亥朔"更是东汉人的口气。杜预以申月、酉月连大，得戌月乙亥朔。考之实际天象，春秋中期十九年七闰的规律已经掌握，并无"再失闰"这种怪现象。

三、 甲寅元与乙卯元的关系

关于古历，经过刘歆的制作，西汉以后就众说纷纭了。《汉书·律历志》云："三代既没，五伯之末史官丧纪，畴人子弟分散，或在夷狄，故其所记，有黄帝、颛顼、夏、殷、周及鲁历。"这就是古六历说之来源。到了《后汉书·律历志》，又大加发挥："黄帝造历，元起辛卯，而颛顼用乙卯，虞用戊午，夏用丙寅，殷用甲寅，周用丁巳，鲁用庚子。汉兴承秦，初用乙卯，至武帝元封，不与天合，乃会术士作《太初历》，元以丁丑。"六历之外，又有虞舜之历及太初历，每历之"元"也有了，且历元彼此不同，更显殊异。

如果认真研究，什么六历、八历，徒有其名而已。南朝大科学家祖冲之说："古之六术，并同四分。四分之法，久则后天。以食检之，经三百年辄差一日。古历课今，其甚疏者后天过二日有余。以此推之，古术之作，皆汉初周末，理不得远。"（见《宋书·历志》）祖冲之的论断有他的科学基础，回归年长度经过实测，推算所得数据更近准确。他指出古六历均为四分，而四分历法三百年差一日，无疑是正确的。他笼统地将古六历产生的时代归于"汉初周末"，问题并未解决。

　　其实，古六历名目虽多，而史籍有据的只有天正甲寅元（殷历）和人正乙卯元（颛顼历），其他四历都是东汉人的附会。

　　天正甲寅元与人正乙卯元，即殷历与颛顼历究竟有什么关系？

　　《后汉书·律历志》说："甲寅之元，天正正月甲子朔旦冬至，七曜之起，始于牛初。乙卯之元，人正己巳朔旦立春，三光聚于天庙（即营室）五度。"这就是甲寅元与乙卯元历元近距的天象记录。

　　我们知道，立春距冬至是四十六日，营室五度按《开元占经》所列二十八宿的古代距度计算，离牵牛初度也正是四十六度。当时划周天 $365\frac{1}{4}$ 度，太阳日行一度。因此，立春时太阳在营室五度也就是冬至时太阳在牵牛初度，甲寅元与乙卯元的天象起点就是一致的了。

　　唐一行《大衍历议》引刘向《洪范传》和《后汉书·律历志》刘洪的话，都讲到颛顼历的历元是正月己巳朔旦立春。不过，刘向仍把年名称为甲寅，刘洪却称之为乙卯，日名己巳。颛顼历称乙卯元，又称己巳元，道理亦如此。刘洪称颛顼历年为乙卯，而刘向仍称甲寅，二者是一致的吗？

近代学者朱文鑫据《后汉书》所记甲寅元与乙卯元的星宿差度，计算天正冬至和人正立春的测定时日，断定天正冬至点的测定早在人正立春点测定之前。（见《历法通志》）学者董作宾进一步推定：殷历天纪甲寅元第十六蔀第一年天正己酉朔旦冬至为其测定行用之时，其第六十二年乙卯岁正月甲寅朔旦立春为人正乙卯元测定行用之时。（见《殷历谱》）他们的研究是有成效的，但仍没有弄清甲寅元与乙卯元的联系和区别，最终未能从根本上解决问题。

甲寅元与乙卯元有什么联系和区别呢？

古人迷信阴阳五行，颛顼帝以水德王，秦自以为获水之德，故用颛顼名历；汉高祖也“自以为获水德之瑞”，故袭用秦颛顼历，这似乎是明白无误的。然而，奇怪的是，为什么后世历家总是对此满怀疑虑，不得其解呢？

北宋刘羲叟作《长历》，用颛顼历推算西汉朔闰往往不合，最后只好说：“汉初用殷历，或云用颛顼历，今两存之。”（见《资治通鉴目录》）清汪曰桢说：“秦用此术（指颛顼历乙卯元），以十月为岁首，闰在岁末，谓之后九月，汉初承秦制，或云用殷术，或云用颛顼术，故刘氏长术两存之，今仍其例。”其推算结论是“以史文考之，似殷术为合”。（见《历代长术辑要》）陈垣也认为：“汉未改历前用殷历，或云仍秦制用颛顼历，故刘氏、汪氏两存之。今考纪志多与殷合，故从殷历。”（见《二十史朔闰表》）问题就是这样奇怪。《后汉书》记为"乙卯"，而推算结果又肯定了"殷历（甲寅）"，这究竟为什么？

前面在考证殷历甲寅元的历元及其近距时，曾经提到天正甲寅元和人正乙卯元的问题，这里有必要进一步探讨。朱文鑫证明了天正冬至点的测定早在人正立春点之前，即甲寅元的产生早于乙卯元。董作宾又推定，殷历天纪甲寅元第十六蔀第一年天正己酉朔旦冬至为其测定行用之时（即公元前427年，甲寅），其第六十二年乙卯岁正月甲寅朔旦立春为人正乙卯元测定行用之时（即公元前366年，乙卯）。但他们都惑于颛顼之名，将秦颛顼历与乙卯元颛顼历混为一谈，自然不得其解。

我们认为，汉初行用秦颛顼历是完全可信的，秦颛顼历以十月为岁首，秦朝记事起自十月，终于九月，直至汉武帝太初改历以前，均同此例，这是汉初承袭秦颛顼历的铁证。问题在于，秦颛顼历实为殷历甲寅元，只是岁首不同而已；而所谓乙卯颛顼历，虽有六历中颛顼之名，实为殷历甲寅元的"变种"，这是好事者的历法游戏、模仿之作，从未真正行用过。前代历家每每惑于古六历之说，用假颛顼历（乙卯元）取代真颛顼历（甲寅元），拿不曾行用过的乙卯元验证古历点，自然不合，所以，最后都倾向于殷历甲寅元。

这种论断有根据吗？有的。下面可以用历法来验证。

427－366＝61　　算外62（年）

说明乙卯元之历元在甲寅元历元之后六十二年，公元前366年入殷历第十六蔀（己酉45）第六十二年。

查《历术甲子篇》六十二年（端蒙单阏、乙卯）　　十二

大余六　　小余二百四十六

大余二十　小余八

据此，可以排出所谓乙卯元测定之年正月朔日立春干支：

子月小　庚午　6　246　冬至甲申 20　小余　8

丑月大　己亥 35　745　大寒甲寅 50　小余 22

寅月小　己巳　5　304　立春己巳　5　小余 29

由此可知，乙卯元该年正月（寅）己巳合朔立春，这就是乙卯元近距的首日，故又称"己巳元"。可见乙卯元脱胎于甲寅元，纯系甲寅元的变种。

但是应该注意到，乙卯元己巳朔并非夜半 0 时（子），尚有朔余 304 分，被乙卯元弃而不记（这是历元、首的要求），所以甲寅元与乙卯元的朔余总有 304 分之差。正因为如此，乙卯元的推算才会干支错乱，与历点不合。这就是乙卯元虽脱胎于甲寅元却运算不准的根源。刘、汪、陈诸家其所以屡遭挫折而后肯定殷历，原因盖出于此。

以上是以乙卯元断取甲寅元的历点来计算的。若以甲寅元计，殷历第十六蔀当有蔀余 45，首日己酉，6+45 = 51（乙卯），20+45 = 65，65−60 = 5（己巳），该年前十一月应乙卯朔己巳冬至。据此，其推算如下：

子月小　乙卯 51　246　冬至己巳 5　　8

丑月大　甲申 20　745　大寒己亥 35　22

寅月小　甲寅 50　304　立春甲寅 50　29

说明按甲寅元计，该年实为甲寅朔日立春。这样，所谓乙卯元就有正月己巳朔立春和正月甲寅朔立春两种说法，其真相就是如此。后人不知其故，作出种种解释：祖冲之说"颛顼历元岁在乙卯；而《命历序》云此术设元岁在甲寅"；《新唐书·历志》说"颛顼历上元甲寅岁，正月甲寅晨初合朔立春，七曜皆直艮维之首"，"其后，吕不韦得之，以为秦法，更考中星，断取近距，以乙卯岁正月己巳合朔立春为上元"；等等。这些不过是一场历史的误会。

由此可证，汉初行用的不是什么乙卯元，而是殷历甲寅元，不过按秦正朔以十月为岁首，终于九月，故又有颛顼历之名。至于乙卯元，冒名颛顼，以假乱真，其实从来是纸上谈兵，未曾行用，应该否定。

张汝舟先生在《历术甲子篇浅释》中说：甲寅元的殷历起于周考王十四年年前十一月己酉朔夜半冬至，后六十一年（算外六十二年），即周显王三年（前366）另创新历"人正乙卯元"，与殷历并峙。可是殷历施行已逾六十年，固定了，干支纪年也固定了。颛顼历的创制者只好自称"乙卯元"。殷历是母亲，颛顼历是她生的娃娃，不是事实吗？试检《历术甲子篇》太初六十二年乙卯"前大余六"，即年前十一月庚午朔。十一月、十二月共59天，所以是年正月是己巳朔。年是乙卯，日是己巳。所以"乙卯元"又叫"己巳元"，说明天正与人正的母子关系。

不难得出结论：秦的颛顼历实是殷历。这个"乙卯元"的颛顼历根本没有施行过。

四、 元光历谱之研究

"汉武帝元光元年历谱"竹简是 1972 年临沂银雀山二号墓出土的珍贵文物之一。它基本上完整地记载着汉武帝元光元年一年的历日，是我们探讨汉初历法又一份最直接的材料。

对于"元光历谱"的研究，已经有陈久金、张培瑜等同志的文章。由于对古代历法的认识不一，研究者所取的角度不同，已有的结论似尚不足以服众。这里依据《史记·历术甲子篇》的记载，来揭示"元光历谱"的隐秘，希望通过讨论求得一个较完满的解释。

前已述及，对秦汉所用历法，有"殷历""颛顼历"等不同的称说，究其实，都是四分历，都是以岁实 $365\frac{1}{4}$ 日，朔策 $29\frac{444}{940}$ 日分为基本数据的四分古法，这一点当无不同意见。

出土的元光元年历谱原文是：

元光元年　　十月己丑

十一月己未　二十八日　　冬至　　　丙戌

十二月戊子

正月戊午　　十五日　　　立春　　　壬申

二月戊子

三月丁巳

四月丁亥

五月丙辰

六月丙戌　　　三日　　　　夏至　　　戊子

七月乙卯　　　二十日　　　立秋　　　甲戌

八月乙酉

九月甲寅

后九月甲申

元光二年　　　十月

根据十二月、正月两个连大月，我们可以列出朔日的小余范围。

十二月戊子　　882～939

正月戊午　　　441～498

二月戊子　　　0～57

得出十一月（子）己未的小余范围：383～440分。

以十月为岁首的所谓"颛顼历"，仍依"归余于终"的故例。如果弄明白它和殷历（甲寅元）的关系，而人正乙卯元的"颛顼历"从未施行过，秦历"颛顼"就仍是殷历。以此探求它的推算起点，其气余就远不及朔余重要，"小余范围"就应予以特别重视。

元光历谱朔日干支一确定，我们便可以由此上推若干年到这种历法的"推算起点"，下推若干年到汉武帝太初元年。如何推演呢？当然得利用确定朔日干支的"小余范围"。

由于《史记·历术甲子篇》只列子月（十一月）朔干支及余分，我们可将"元光历谱"十一月（子）朔的小余范围已未（383～440）对号入座。核对甲子蔀七十六年的小余，只有

太初四十八年小余 399 分

太初五十二年小余 410 分

太初六十九年小余 419 分

太初七十三年小余 430 分

这四个年头符合"元光历谱"十一月小余的范围。下面我们可一一分析，寻求它的推算起点。

假设之一，是"元光历谱"合太初四十八年，"大余五十七，小余三百九十九"。"元光历谱"子月朔为已未（55）。则，前大余（57）+蔀余＝子月朔（55），57＋58＝115（逢 60 去之，即 55），蔀余当为 58（壬戌）。四分历无壬戌部。此一假设不能存立。假设之二，是"元光历谱"合太初七十三年，"大余二，小余四百三十"。"元光历谱"子月朔已未（55），则蔀余当为 53（丁巳）。四分历无丁巳蔀，此一假设亦不能存立。

假设之三，"元光历谱"记有"后九月"，若从有闰无闰的角度看，太初五十二年有闰。则元光元年当入乙卯（51）蔀第五十二年（大余四）。蔀余 51＋大余 4＝子月朔 55。

如果从乙卯蔀前推九月，得甲子蔀。76×9＋52＝736 年

历元甲子蔀首年当在元光元年（前 134）之前 736 年，为公元前 870 年，这就又与殷历蔀首年不相吻合了。

从公元前 134 年起算，章首之年如次：

134＋52＝186（不算外，前 185 年为汉高后三年）

185+19＝204（前204年为汉高祖三年）

204+19＝223（前223年为秦王政二十四年）

185−19＝164（前164年为汉文帝十六年）

以上各年均不能充当历元近距，不能作为"元光历谱"这种历法推算的起点。此一假设亦不能成立。

若元光元年合太初六十九年，"大余五十五，小余四百一十九"则是年合甲子蔀六十九年。其章蔀首年次是：

134+69＝203（不算外，是前202，汉高祖五年）

汉高祖五年，是刘邦登基称帝之年。《史记·高祖本纪》："（五年）正月，诸侯及将相相与共请尊汉王为皇帝……甲午，乃即皇帝位氾水之阳。"《史记·秦楚之际月表》："（五年）二月甲午，王更号，即皇帝位于定陶。"

我们用四分历（殷历）章蔀推算，一一吻合。

汉高祖五年入殷历丁卯蔀（蔀余3）第七十四年，大余56，小余778。知汉高祖五年子月癸亥（56+3）朔778分。则

十月甲午朔279分

十一月癸亥朔778分

这就是能够以十一月甲子朔做计算起点的缘由。这不是改历，仅是加大分数。加大162分，就改子月癸亥朔为甲子朔。不难看出，《史记·历书》所载帝王"改正朔，易服色"事，是包括了汉高祖刘邦称帝改朔这一史实的。

如果我们从汉高祖五年（前202）起，据十九年七闰之成法，将汉初闰年排列，足可以看出其中之规律来。

汉初置闰表

纪年	闰年	纪年	闰年	纪年	闰年	纪年	闰年	纪年	闰年
汉高五年	前202	吕后六年		后元二年	前162	后元二年		元狩元年	
六年		七年		三年		三年		二年	前121
七年		八年	前180	四年		武帝建元	前140	三年	
八年	前199	文帝前元		五年	前159	二年		四年	
九年		二年	前178	六年		三年		五年	前118
十年	前197	三年		七年		四年	前137	六年	
十一年		四年		景帝前元	前156	五年		元鼎元年	
十二年		五年	前175	二年		六年		二年	前115
惠帝元年	前194	六年		三年		元光元年	前134	三年	
二年		七年		四年	前153	二年		四年	前113
三年		八年	前172	五年		三年	前132	五年	
四年	前191	九年		六年	前151	四年		六年	
五年		十年	前170	七年		五年		元封元年	前110
六年	前189	十一年		中元元年		六年	前129	二年	
七年		十二年		二年	前148	元朔元年		三年	
吕后元年		十三年	前167	三年		二年		四年	前107
二年	前186	十四年		四年		三年	前126	五年	
三年		十五年		五年	前145	四年		六年	前105
四年		十六年	前164	六年		五年	前124	太初元年	
五年	前183	后元元年		后元元年	前143	六年		二年	

　　明确了置闰的安排，找到了相应的章蔀首日干支及小余，以此为推算的起点，汉初历法的本来面目也就一清二楚了。见《汉初朔闰表》（见下页）。如果用四分历章蔀运算，必须加上162分才能吻合。检验史籍所载汉初历点，更能证实"元光历谱"所反

汉初朔闰表（列岁首十月朔及小余）

纪年	十月朔	纪年	十月朔	纪年	十月朔	纪年	十月朔
汉高五年	甲午	三年	己巳 31	五年	甲戌 62	二年	己卯 93
六年	戊午 348	四年	癸亥 379	六年	戊辰 410	三年	癸酉 441
七年	壬子 696	五年	丁巳 727	七年	壬辰 317	四年	丁酉 348
八年	丁未 104	六年	辛巳 634	中元元年	丙戌 665	五年	辛卯 696
九年	辛未 11	七年	丙子 42	二年	辛巳 73	六年	乙卯 603
十年	乙丑 359	八年	庚午 390	三年	甲辰 920	元狩元年	庚戌 11
十一年	己丑 266	九年	甲午 297	四年	己亥 328	二年	甲辰 359
十二年	癸未 614	十年	戊子 645	五年	癸巳 676	三年	戊辰 266
惠帝元年	戊寅 22	十一年	壬子 552	六年	丁巳 583	四年	壬戌 614
二年	辛丑 869	十二年	丙午 900	后元元年	辛亥 981	五年	丁巳 22
三年	丙申 277	十三年	辛丑 308	二年	乙亥 838	六年	庚辰 869
四年	庚寅 625	十四年	乙丑 215	三年	庚午 246	元鼎元年	乙亥 227
五年	甲寅 532	十五年	己未 563	武帝建元	甲子 594	二年	己巳 625
六年	戊申 880	十六年	癸丑 911	二年	戊子 501	三年	癸巳 532
七年	壬申 787	后元元年	丁丑 818	三年	壬午 849	四年	丁亥 880
高后元年	丁卯 195	二年	壬申 226	四年	丁丑 257	五年	辛亥 787
二年	辛酉 543	三年	丙申 133	五年	辛丑 164	六年	丙午 195
三年	乙酉 450	四年	庚寅 481	六年	乙未 512	元封元年	庚子 543
四年	己卯 798	五年	甲申 829	元光元年	己丑 860	二年	甲子 450
五年	甲戌 206	六年	戊申 736	二年	癸丑 767	三年	戊午 798
六年	戊戌 113	七年	癸卯 144	三年	戊申 175	四年	癸丑 206
七年	壬辰 461	景帝前元	丁酉 492	四年	壬申 82	五年	丁丑 113
八年	丙戌 809	二年	辛酉 399	五年	丙寅 430	六年	辛未 461
文帝前元	庚戌 716	三年	乙卯 747	六年	庚申 778	太初元年	乙未 368
二年	乙巳 124	四年	庚戌 155	元朔元年	甲申 685		

计 98 年朔闰

映的汉初历法是以公元前 202 年为计算起点的四分历。或者说，汉初历法是以殷历做基础，只不过是从公元前 202 年起多加上 162 分计算罢了。

出土的《马王堆导引图》上有一个历点：文帝十二年二月乙巳朔。查上表：文帝十二年十月丙午朔 900 分，推演：

十一月丙子 459，十二月丙午 18，正月乙亥 517，二月乙巳 76。

用《历术甲子篇》推演：

文帝十二年（前 168）入丙午蔀（42）第三十二年。

太初三十二年：大余三十，小余二百九十七

得知，子月朔十二（42+30），即丙子朔 297

丑月朔乙巳 796

寅月朔乙亥 355

卯月朔甲辰 854

二月甲辰朔 854 分，与出土所记不合。如果加 162 分，即将高祖五年（前 202）作为推算起点，推演：

子月丙子 297，加 162 分，得

子月丙子 459 分，丑月丙午 18 分，

寅月乙亥 517 分，卯月乙巳 76 分。

如果将汉初百年所记朔晦干支一一核实，用《历术甲子篇》推演，加上 162 分，均能得出可信的结论。

五、 疑年的答案及其他

在史籍记载及出土文物中，留有不少至今未能取得一致看法的历点，我们统称之为"疑年"。造成疑年的事实，有史料本身记述不清的原因，也是古历研究者各执一端、见仁见智的结果。我们如遵循《史记·历术甲子篇》的记载，以此追求密近的实际天象，很多问题还是不难解决的。

1. 关于屈原的生年月日。

这是文史界的热门话题。近人多信"岁星纪年"，用所谓"太岁超辰法"来推证，生出多种多样的结论，无法令人信服。

《离骚》开篇："摄提贞于孟陬兮，惟庚寅吾以降。"就告诉了我们，屈原生于寅年寅月寅日。

对于屈原生年月日的考证，可以从几个不同角度来进行。比如屈原政治活动的时代背景，《离骚》全诗的语言特色及文意，历法的推算自然也是一个重要方面。这里，就四分历的具体推算来考证屈原生年月日。

四分历（即殷历甲寅元）创制，行用于周考王十四年，干支纪年起始。否定了"岁星纪年法"，不承认"太岁超辰"，明确战国时代四分历普遍行用，楚用寅正，利用四分历推演屈原生年就是可能的了。

考虑屈原生年只能在两个寅年，一是公元前 355 年丙寅（游兆摄提格），一是公元前 343 年戊寅（徒维摄提格）。

公元前355年入殷历第十六蔀己酉蔀（45）第七十三年。

太初七十三年：大余二　小余四百三十

$$2+45=47（辛亥）$$

得知，前355年子月辛亥朔430分

　　　　　　丑月庚辰朔929分

　　　　　　寅月庚戌朔488分

正月（寅）庚戌朔，庚寅日在朔日后41天，不在正月之内。故公元前355年（丙寅）不合"三寅"条件，应该放弃。

公元前343年入殷历第十七戊子蔀（24）第九年。

太初九年：闰十三，大余十四　小余二十二

$$14+24=38（壬寅）$$

得知，前343年子月壬寅朔22分

　　　　　　丑月辛未朔521分

　　　　　　闰月辛丑朔80分

　　　　　　寅月庚午朔579分

正月（寅）庚午朔，庚寅为正月二十一日。

从《历术甲子篇》数据推演，得知屈原生于戊寅年（前343年）正月（寅）二十一日（庚寅）。这也是清人邹汉勋、陈旸，近人刘师培的结论，张汝舟先生《再谈屈原的生卒》又加以申说、推算。

其余各家之说，皆可以用四分历推演加以检验，指出粗陋或疏失之处。

2. 武王克商之年。

关于武王克商年代的考证，说法有三十余家。据《汉书》

载，《周书·武成》篇："粤若来三月既死霸，粤（越）五日甲子，咸刘商王纣。"

又，《武成》篇载："惟一月壬辰旁死霸，若翌日癸巳，武王乃朝步自周，于征伐纣。"

又，《武成》篇载："惟四月既旁生霸，粤六日庚戌，武王燎于周庙。"

张汝舟先生在《西周考年》一文中，对古书古器41个历点加以考证，论定武王克商在公元前1106年。对这一结论，我们可以通过演算，求出实际天象，加以证实。对其他各家之说，也可以用推算验证结论的错误而不可信。

公元前1106年入戊午蔀（54）第六年。

太初六年：大余一　小余三百五十九

先天：（1106-427）×3.06＝2078（分）

2078÷940＝2……余198

据前加后减的原则 2.198+1.359+54＝57.557（分）

得知，前1106年子月　辛酉（57）朔557分

　　　　　　　丑月　辛卯（定朔辛卯111分）

　　　　　　　寅月　庚申（定朔庚申915分）

　　　　　　　卯月　庚寅（定朔庚寅657分）

　　　　　　　辰月　己未（定朔庚申266分）

　　　　　　　巳月　己丑（定朔己丑701分）

张汝舟先生将定朔算出列于每月后面的括号内。我们用这个实际天象来验证《周书·武成》的记载，则一一吻合。

是年丑正，一月辛卯朔，旁死霸初二壬辰，初三癸巳。

二月庚申朔。越五日甲子，武王克商。

闰月庚寅朔。

三月庚申朔。

四月己丑朔。既旁生霸（即十六）甲辰，越六日庚戌（二十二日），武王燎于周庙。

联系对于月相的正确解释，足证武王克商之年确实是在公元前1106年。

3. 1978年湖北随县（今随州）擂鼓墩发掘的战国曾侯乙墓有一漆箱，除箱盖上环绕"斗"字的二十八宿名称及苍龙、白虎之形外，还有"甲寅三日"的字样。据专家考证，曾侯乙卒于楚惠王五十六年（前433），"甲寅三日"当为死者卒日。试以四分历验证之。

公元前433年入殷历第十五蔀庚午蔀（6）第七十一年

太初七十一年：闰十三，大余四十四　小余一百七十五

　　　　　　　　　大余七　小余十六

　　44+6=50（甲寅）　7+6=13（丁丑）

该年前十一月（子）甲寅朔，丁丑冬至。据此排出朔闰干支：

子月小　甲寅175，冬至丁丑16

丑月大　癸未674，大寒丁未30

寅月小　癸丑233，惊蛰戊寅12

卯月大　壬午732，春分戊申26

辰月小　壬子291，清明己卯8

巳月大　辛巳790，小满己酉22

闰月小　辛亥349，（无中气）

午月大　庚辰848，夏至庚辰4

欲得"甲寅三日（初三）"初一（朔）必为壬子。从上表看，辰月壬子朔，正当寅正三月，这说明曾侯乙卒于楚惠王五十六年（前433）三月初三日。有的考证文章据日人新城新藏《战国秦汉长历图》，定"甲寅三日"为该年五月初三，明显是取子正，这是不妥当的。曾国作为楚国的属国，典章制度、官职名称既然与楚国相同，其用历建正必然与楚国是一致的，曾国不可能独立行事。如前所述，楚以建寅为正，这有《楚辞》大量诗句为证，若用子正是无法解释的。因此，"甲寅三日"应为该年三月初三。

4.《史记·秦始皇本纪》："（三十七年）七月丙寅，始皇崩于沙丘平台。"

秦历托名颛顼，实为四分，只是记事以十月为岁首，并不改寅正月序。下面以四分历验之。

始皇三十七年（前210）入殷历第十八蔀丁卯蔀（3）第六十六年。

查《历术甲子篇》太初六十六年　闰十三

　　　　　　　　　　大余十三　小余二百五十七

　　　　　　　　　　大余四十一　小余八

13+3＝16（庚辰）　　41+3＝44（戊申）

得知，该年前十一月庚辰朔，戊申冬至。据此可排出朔闰：

　　子月　庚辰　257，冬至戊申　8

　　丑月　己酉　756，大寒戊寅　22

闰月　己卯　315，（无中气）

寅月　戊申　814，惊蛰己酉　4

卯月　戊寅　373，春分己卯　18

辰月　丁未　872，清明庚戌　0

巳月　丁丑　431，小满庚辰　14

午月　丙午　930，夏至庚戌　28

未月　丙子　489，大暑辛巳　10

申月　丙午　48，处暑辛亥　24

七月为申月，该年七月丙午朔，"丙寅"为七月二十一日，此日始皇崩于沙丘平台。可见此年置闰并非在所谓"后九月"而是闰在十二月。如果置闰"后九月"那么未月当为七月，该月丙子朔，无丙寅日，怎样解释？

始皇之崩，何等大事！史官是绝不会记错的。清代汪曰桢《历代长术辑要》记该年六月丙午朔，七月乙亥朔，置闰后九月。然而七月乙亥朔而无丙寅日，足见有误。如果立足"后九月"置闰，这个闰月只能放在始皇三十六年。

5.《汉书·武帝纪》："元朔二年三月己亥晦，日有食之。"元朔二年为公元前127年，入丙午蔀第七十三年。

推算得知，子月（十一月）戊申朔430分

　　　　　十二月　　　丁丑　929

　　　　　正月　　　　丁未　488

　　　　　二月　　　　丁丑　47

　　　　　三月　　　　丙午　546

四月　　　　　丙子　105

（下略）

三月丙午朔，四月丙子朔，则三月乙亥晦。

可知史书"己亥"乃"乙亥"之误。

由上数例可知，凭借司马迁为我们保存的历法宝典《历术甲子篇》，对古代历点进行推算检验，不仅可以解决史籍中的许多疑年，且能矫正史料中有关的许多错误。

历法上的几个问题

前面，我们将张汝舟先生有关古代天文历法的主要内容系统地进行了讲述，又依据《历术甲子篇》所载四分历（即殷历）掌握了推步的方法并用来解决一些实际问题，比如战国以前古历点的推求及汉初历谱的验证。这都说明，四分历在战国秦汉的广泛应用。如果我们立足于张汝舟先生古天文学说的基本观点，对汉代以来纷纭不已的几个历法上的主要问题加以检讨，就会澄清若干悬而不决或决而已误的问题，得到更近于事实的结论，恢复古代历法的本来面目。这样，我们在古代天文历法的学习与研究方面就前进了一大步。

一、 太初改历

通过殷历甲寅元的历元和历元近距的考证，通过汉初历点的推算，汉太初以前的用历情况和改历原因实际上已经清楚，为了更系统地说明问题，下面再进一步加以讨论。

汉武帝元封七年（前104）下诏改历，改年号为"太初"，史称"太初改历"。这次改历在我国历术史上是第一次，承上启下，影响深远，历代正史多有评述，但因种种原因，至今很多问题尚未澄清，从而直接影响到上古天文历法的研究。

汉武帝继文景之治登上皇位，以自己的雄才大略，内外经营，励精图治，使西汉王朝进入政治稳定、国力强盛、经济繁荣、文化发达的全盛时期。如果说，汉初"天下初定，方纲纪大基，高后女主，皆未遑，故袭秦正朔服色"（《史记·历书》），那么，到了汉武帝时代应该说改历的时机成熟了，条件具备了。而且，武帝作为一代英主，深知"天之历数在尔躬"的古训，明白"改正朔，易服色，所以明受命于天"（《汉书·律历志》）的政治影响，需要借改历来强化统治。但是，并不能得出这样的结论：只要社会条件允许，帝王出于政治需要，就可以随意改历。因为这些只是改历的外部因素，"外因是变化的条件，内因是变化的根据"（《矛盾论》），促成改历的根本原因要从历法本身去找，由用历与天象相适应的程度来决定：如果用历密合天象，改历是多此一举；如果用历明显背离天象，改历则势在必行。

如前所述，据《史记》《汉书》记载，汉兴以后，多次发生"日食在晦"的反常天象，即所谓"朔晦月见，弦望满亏，多非是"（《汉书·律历志》），这是不容忽视的史实。它明确地告诉我们，此时用历明显不准，已经超越天象一日。这是四分历固有的误差造成的，与前面考证的殷历甲寅元创制行用于公元前427年这一结论是完全相符的。

历法以固定的章蔀统筹多变的天象，行之日久，必有误差，即就今天使用的历法，也不是绝对准确的，何况古人凭目测天象制历，误差较大并不奇怪。除前面引过的祖冲之的论述之外，刘宋星历家何承天也说："四分于天，出三百年而盈一日"（《宋书·卷十二》）；唐一行又说："古历与近代密率相较，二百年气差一日，三百年朔差一日。推而上之，久益先天；引而下之，久益后天"（《新唐书·历志三上》）。因此，后世历家认为："四时寒暑无形运于下，天日月星有象而见于上，二者常动而不息，一有一无，出入升降，或迟或疾，不相为谋，其久而不能无差忒者，势使之然也。故为历者，其始未尝不精密，而其后多疏而不合，亦理之然也。"（《新唐书·历志一》）又说："盖天有不齐之运，而历为一定之法，所以既久而不能不差，既差则不可不改也。"（《元史·历志一》）汉初星历家虽然没有如此系统的理论，但他们凭实测发现了问题，因此，元封七年大中大夫公孙卿、壶遂和司马迁等人才联名向汉武帝提出"历纪坏废，宜改正朔"的建议（见《汉书·律历志》）。这个建议符合汉武帝的主观需要，又为当时社会条件所允许，于是很快被武帝采纳，并付诸行动。以上就是太初改历的原因。

既然太初改历的原因如此，探求太初改历的真相就有了正确的途径。根据前面的考证，汉初行用的是创制于公元前 427 年的殷历甲寅元，不过以十月（亥）为岁首而已。下面且看史书是怎样记载的：

《史记·历书》说："……故袭秦正朔服色。"

《汉书·律历志》说："汉兴，方纲纪大基，庶事草创，袭秦正朔，以北平侯张苍言，用颛顼历……"

《后汉书·律历志》又说："汉兴承秦，初用乙卯，至武帝元封，不与天合，乃会术士作太初历，元以丁丑。"

史书所记的"承秦正朔"与我们的考证是一致的，但为什么《后汉书·律历志》记"汉兴承秦，初用乙卯"，而不是"甲寅"呢？这就要弄清"甲寅元"与"乙卯元"的联系和区别。前已讲到，秦的颛顼历就是殷历，所谓"乙卯元"的颛顼历从未施行过。如果排除"乙卯元"的干扰，就可直接探求太初改历。

元封七年（即太初元年）为公元前104年（丁丑）

427－104＝323　算外324（年）

324÷76＝4……余20（年）

说明元封七年位于殷历第二十蔀（乙酉21）第二十年，即该蔀第二章首年。

查《历术甲子篇》二十年　十二

　　　　　　大余三十九　小余七百五

　　　　　　大余三十九　小余二十四

39＋21＝60（0甲子）　　39＋21＝60（0甲子）

$$\frac{705}{940}-\frac{24}{32}=0$$

说明该年前十一月（子）甲子日酉时（18时）合朔冬至。

因为太初改历的原因就在年差分积累过大，造成"日食在晦"的反常天象，现在改历者看准了这一时机，为纠正用历的误差，取消朔日余分705和冬至余分24（即消除年差分），便使元封七年十一月甲子日夜半0时合朔冬至无余分，这样就大致避免了"日食在晦"的天象，无疑是个巧妙的方法。同时，还改岁首（以寅月为正月，该年十五个月，其中丙子年前105年三个月，丁丑年前104年十二个月），改年号为"太初"以为纪念。正如

《史记·武帝本纪》说："夏（五月下诏改历），汉改历，以正月为岁首，而色尚黄，官名更印章以五字，因为太初元年。"《史记·历书》亦说："自是以后，气复正，羽声复清，名复正变，以至子日当冬至，则阴阳离合之道行焉。十一月甲子朔旦冬至已詹，其更以七年为太初元年。"其后附记《历术甲子篇》全文，以明所用的历法准则，这就是发生在元封七年的改历情况。

这样改历在当时无疑是一场革命，必然触动那些顽固守旧派的神经，遭到他们的反对。汉昭帝元凤三年（公元前78年，太初改历后二十七年）太史令张寿王上书攻击太初改历，坚持所谓"黄帝调律历"，"妄言太初历亏四分日之三，去小余七百五分，以故阴阳不调"。为此满朝震动，争论持续数年之久，最后以张寿王的失败而告终。张寿王墨守成规，反对变革，自然是愚昧可笑的，但他提供的数据无疑给我们透露了太初改历的秘密。至此，所谓汉初承用秦颛顼历的真相可以大白；况且论战最后已经证明，"寿王历乃太史官殷历也"。（均见《汉书·律历志》）

二、 八十一分法

据《汉书·律历志》记载，太初改历还采用了邓平的八十一分法。所谓八十一分法，就是以 $29\frac{43}{81}$ 日为朔策（朔望月）。邓平认为 $\frac{499}{940}$ 太繁，而 $\frac{26}{49} < \frac{499}{940}$，$\frac{17}{32} > \frac{499}{940}$，故采用 $26+17 = 43$ 做分子，

49+32 = 81 为分母，以 $\frac{43}{81}$ 取代 $\frac{499}{940}$。因此，其章蔀为：

$$1 \text{ 月} = 29\frac{43}{81} = \frac{2392}{81} \text{（日）}$$

$$1 \text{ 岁} = 12\frac{7}{19} = \frac{235}{19} \text{（月）}$$

$$1 \text{ 章} = 19 \text{ 岁} = 235 \text{ 月}$$

1 统 = 81 章 = 19 × 81 = 1539（年）= 19035（月）= 562120（日）

1 元 = 3 统 = 4617 年

$$1 \text{ 岁} = \frac{562120}{1539} = 365\frac{385}{1539} \text{（日）}$$

八十一分法虽来自四分法，$\frac{43}{81}$ 比 $\frac{499}{940}$ 简化，但是其朔策 $29\frac{43}{81} >$ $29\frac{499}{940}$（日），其岁实 $365\frac{385}{1539} > 365\frac{1}{4}$（日），所以其精度反不及四分法，这是肯定的。

《汉书·律历志》虽然记载了邓平八十一分法及其章蔀编制，但并未说明邓平八十一分法取代四分法的确切时间；而且太初改历的参与者司马迁著的《史记》对邓平及其八十一分法竟然只字未提。这就引起后世历家的种种猜疑，不得定论，直到现代，古历研究者还在争论着。

著名天文学家陈遵妫说："制定太初历的时候，是由司马迁和其他许多历家来共同研究的。不久所决定的历法是《史记·历书》所载的《历术甲子篇》，即以太初元年前十一月甲子朔为历元的四分历法；当时并且还颁布过施行这种历法的诏书。但这种历法把当时人们算为丙子的太初元年，改称为甲寅岁，并以立春正月改为冬至正月；可以说是完全属于理想的历法。以致施行的时候，有些不便，似乎曾经受过各方面的激烈反对，不得不把施行这历法的命令撤回。后来又增加专家，重行研究，不久才决定采用邓平的八十一分法。"（《中国古代天文学简史》）

何幼琦说，太初改历"是天正派复辟和人正派拨乱反正的公开较量"，"司马迁是失败者，心怀不满，所以在《历书》中既不详述改历的过程，又不附录太初历，反而附载了他的《历术甲子篇》；改洛下为'落下'也不会是笔误吧"。（见《学术研究》1981年第3期何幼琦《关于〈五星占〉问题答客难》）

《中国天文学史》（1981）虽看出其中有问题，但依然认为："太史令司马迁虽提议改历，却并未想到要改变四分历的计算方法，他在编写《史记·历书》竟不提邓平的八十一分法，而仍以四分法编他的《历术甲子篇》附在后面。显然，他是不同意八十一分法的。"

他们提出了两个值得注意的问题：（1）《历术甲子篇》出自司马迁编排；（2）《史记·历书》其所以不记邓平法，是因为《历术甲子篇》被否决，司马迁心怀不满，不同意邓平的八十一分法。至于是太初元年改历时就行用邓平法呢，还是《历术甲子篇》行用一段时间后再用邓平法呢，仍无定说。

我们认为，关于《历术甲子篇》是否由司马迁编排的，通过前面大量的推算考证已经完全解决，毋庸赘言。关于不记邓平法，是由于司马迁心怀不满、发泄私愤的说法，只是猜测之辞，并没有史料根据。司马迁《史记》的实录精神历来为史家称道，对《史记》颇有微词的班固也不得不承认："……自刘向、扬雄，博极群书，皆称迁有良史之材，服其善序事理，辨而不华，质而不俚，其文直，其事核，不虚美，不隐恶，故谓之实录。"（《汉书·司马迁传赞》）这也是后世公认的。因此即使司马迁是太初改历的失败者，也不会文过饰非，歪曲史实，以致发展到违抗圣旨、篡改诏书的严重程度。这不仅违背司马迁的人品、性格，而且无异于拿自己的生命开玩笑，再遭一次"李陵之祸"。何况，《历术甲子篇》本来就是行用了三百多年的殷历甲寅元，司马迁不过采自史官旧牒，随文记录而已，即使用邓平法取代《历术甲子篇》，与司马迁有什么利害关系？司马迁用不着心怀不满，故意隐瞒。那么，为什么《史记·历书》不记邓平及其八十一分法呢？合理的解释只能是，太初改历实际上分两步进行。在元封七年进行改历时（消余分、改岁首），邓平尚未参加，八十一分法也没有制定，司马迁只是按当时的实际情况来记载，所以《史记》详记《历术甲子篇》而不记邓平及其八十一分法——司马迁不能未卜而先知！至于邓平八十一分法取代四分法，那已是太初改历的第二步。其时司马迁或衰病无力，或不在人世，所以《史记·历书》根本不提邓平法。

这种解释的根据是：

第一，从鉴别史料的角度出发，《史记》产生于《汉书》之前，司马迁身为太史公，学有家传，是太初改历的首倡者和直接参与者，无论从经历还是从学识来说，都比班固更有发言权，更具权威性。因此，对太初改历的记述，《史记》比《汉书》的可靠性更大些。班固《汉书》产生于太初之后 180 多年，其间又经战乱，史料保存不善是造成错误的一个因素；更主要的是，班固本人对历法不熟习，对改历不清楚，完全迷信刘歆的曲说，所以《汉书·律历志》多录自刘歆《三统历》，论及太初改历自然不能不受其影响。刘歆作为一代学者，他对汉初用历、太初改历都十分清楚，否则，他就不会依据殷历甲寅元编排他的《三统历》（详见下文）。但他为了给王莽篡权制造理论根据，故意歪曲史实，巧言夏、商、周三代更替，对后世产生了恶劣影响，贻害无穷。班固不明此理，妄誉刘歆《三统历》"推法密要"，正好暴露了他在这方面的弱点，所以遭到后世的非议。鉴于这种情况，他的《律历志》中记述的太初改历，可信程度就有限了。比如"乃以前历上元泰初四千六百一十七岁，至于元封七年，复得阏逢摄提格之岁"，这一句就很成问题。既然追元封七年之"前历"上元泰初，该用四分法章蔀推算，而："四千六百一十七岁"却来自八十一分法的元法；"复得"一句更是错把殷历甲寅元的历元当汉太初元年干支号，让人不可理解。

第二，对比《史记·历书》和《汉书·律历志》，关于太初改历的经过记载不同。

《史记·历书》说："至今上即位，招致方士唐都，分其天部，而巴落下闳运算转历，然后日辰之度与夏正同。乃改元，更官号，封泰山。"接着记改历诏书，后附《历术甲子篇》，以明示历法根据。记载简明扼要，但清楚合理。

《汉书·律历志》记载较详，先讲司马迁等人上书建议改历，武帝诏御史大夫儿宽与博士议，问："今宜何以为正朔？"然后，博士赐等均说："帝王必改正朔……则今夏时也。臣等闻学褊陋，不能明。"接着又大讲三统之制，后圣复前圣（显然语出刘歆）。在群臣大发议论之时，武帝即下诏改历，"其以七年为元年"，结果是公孙卿、壶遂、司马迁等人"定东西，立晷仪，下漏刻"。忙碌一阵之后，却原来这一伙人"不能为算"，于是又招募治历者，邓平等人入选，"都分天部，而闳运算转历"，这样才产生了邓平的八十一分法。

《汉书·律历志》的记载是值得推敲的，在臣下毫无准备的情况下，武帝怎能先下诏改历、更定年号，而后再做具体工作？欲定"朔晦分至，躔离弦望"，以及"太初本星度新正"，绝非一日之功，必须早有准备，怎能在仓促间得之？更奇怪的是，司马迁身为皇家太史令，学有家传，却"不能为算"，只好请邓平等人来帮忙；何况无论从理论还是从实践上看，八十一分法都比四分法粗疏。至于"后圣复前圣"之说，出自刘歆《三统历》，怎会在太初改历时出现？……这些问题都值得深思。

第三，关于改历的诏书记载不同。

汉武帝的改历诏书，无论《史记·历书》或《汉书·律历志》所记，都未提及邓平八十一分法，可见改历之初邓平并未参与。

《史记·历书》说："因诏御史曰：'乃者，有司言星度之未定也，广延宣问，以理星度，未能詹也。盖闻昔者黄帝合而不死，名察度验，定清浊，起五部，建气物分数。然盖尚矣。书缺乐弛，朕甚闵焉。朕唯未能循明也，绌绩日分，率应水德之胜。今日顺夏至，黄钟为宫，林钟为徵，太簇为商，南吕为羽，姑洗为角。自是以后，气复正，羽声复清，名复正变，以至子日当冬至，则阴阳离合之道行焉。十一月甲子朔旦冬至已詹，其更以七年为太初元年。'"

《汉书·律历志》中，从"乃者，有司言历未定"到"未能修明"一段，基本上全抄《史记》，奇怪的是，班固竟不抄完，中间空了关键性的一大段话，最后只录"其以七年为元年"一句作结束。这样改动，文意不通姑且不论，最让人难解的是不合情理：既然"未能修明"，又贸然宣布"其以七年为元年"，如此行事，岂不荒唐！

根据上述分析，可以得出这样的结论：

（1）元封七年改历之初，邓平并未参与，更没有八十一分法，用邓平法取代四分法是后来的事。

（2）《汉书·律历志》记述不清，是造成种种误解的根源。一方面由于年代久远，史料不全，另一方面由于班固本人对汉初用历、太初改历缺乏正确的认识，以致使《汉书·律历志》的记述陷入混乱，前后矛盾；而《史记·历书》出自太初改历当事人之手，自然比较可靠可信。当然，这并不排除《汉书·律历志》保存的其他资料的可靠性，比如前面一再提到的"次度"，就出自《汉书·律历志》。

那么，邓平八十一分法究竟在什么时候取代了四分法呢？我们不妨从历法上进行一些探讨。

如前所述，太初元年改历取消前小余705分，后小余24分。太初元年实为：

　　　　无大余　　　无小余

无大余　　无小余

如果除去太初元年丁丑（元用丁丑）不记，那么太初元年前十一月甲子日朔夜半冬至无余分，实际上相当于殷历甲寅元第一蔀（甲子蔀）首年，即《历术甲子篇》首年，后面年份的朔闰均可依《历术甲子篇》计算。后人不明其中的缘故，在《历术甲子篇》上加记汉太初以后的年号、年数，误认为《历术甲子篇》是太初改历时司马迁的创作，其原因盖出于此。

虽然太初改历消除了朔余 705 分，但并未从根本上改变"日食在晦"的天象，所以，太初改历仍有"日食在晦"的现象发生，这恐怕就是促使邓平等人创制八十一分法的原因。他想用简化朔余、改变章蔀的方法来提高历法的精度。尽管八十一分法疏于四分法，但这种创新精神是可贵的。

既然太初改历确定以夏正正月（寅）为岁首，那么八十一分法取代四分法的理想时机就应该是"正月朔日立春"，作为历元起点。用这个标准衡量太初元年，显然不合格：

子小　甲子　　0　0　　冬至甲子　0　0

丑大　癸巳　　29　　　　大寒甲午　30　14

寅小　癸亥　　59　58　　立春己酉　45　7

太初元年立春在年前十二月（丑）十七日，自然不能作为八十一分历的起点，所以，认为自从太初元年改历起就行用邓平八十一分法，是没有历法根据的。

从历法上看，在太初元年以后的十多年间，只有征和元年（前 92）比较理想。

104-92＝12（算外 13 年）

查《历术甲子篇》十三年　　十二

　　　　大余五十　　　小余五百三十二

　　　　大余三　　　　无小余

说明该年前十一月甲寅朔丁卯冬至。据此可得正月朔日立春干支：

子大　　甲寅　50　532　冬至丁卯　3　0

丑小　　甲申　20　91　大寒丁酉　33　14

寅大　　癸丑　49　590　立春壬子　48　21

由此可知该年正月合朔与立春密近（气余甚大），可以作为八十一分历的起点。

但是作为新历首月应为小月（$29\frac{43}{81}<30$），邓平等人为了避免日食在晦的天象，减少朔余，所以用了首月为小减少余分的方法（即先借半日），从而实现了四分历向八十一分历的顺利过渡。《汉书·律历志》所谓"先藉半日，名曰阳历"，即指此事。邓平历由于其本身精度不及四分法，行用时间并不长，到东汉章帝元和二年（85）只好又改行四分法，那是后来的事了。

可见，八十一分法取代四分法已到了太初元年之后的第十三年，其时司马迁的《史记》已经完成，司马迁本人或衰病无力，或不在人世，怎么会在《史记》中补记邓平八十一分法呢？司马迁若因此而受到后人责难，岂不冤哉！

这个八十一分法就是《后汉书·律历志》所说的"三统历"。原文有："自太初元年始用三统历，施行百有余年，历稍后天，朔先于历，朔或在晦，月或朔见。"

这个八十一分法也就是《后汉书·律历志》所说的"太初历"。原文是:"至元和二年,太初失天益远,日、月宿度相觉浸多。"还有:"(贾)逵论曰:太初历冬至日在牵牛初者,牵牛中星也。"贾逵又曰:"太初历不能下通于今,新历不能上得汉元,一家历法必在三百年之间。"新历指后汉四分历,太初历当然指的是八十一分法。原文还有:"昔太初历之兴也,发谋于元封,启定于元凤,积三十年,是非乃审。"这个发谋于元封的"太初历"指的还是八十一分法。

总之,古历的惑乱,东汉人已无法说清,贻误后世,更可想见。

三、 关于刘歆的三统历

刘歆是西汉学者刘向之子,学有家传,也是西汉后期著名学者。他在其他方面的贡献,这里不必评述,我们只谈刘歆的三统历。

刘歆的三统历曾与唐一行的大衍历、元郭守敬的授时历并列,被称为中国古代三大名历,其实是徒有虚名。《汉书·律历志》说:"至孝成世,刘向总六历,列是非,作《五纪论》。向子歆究其微妙,作三统历及谱以说春秋,推法密要,故述焉。"可见,班固是刘歆三统历的重要吹捧者。这样,《汉书·律历志》大量记载和宣传刘歆三统历,就是必然的。正因为如此,显露了班固的弱点,引起后世历家的非议。《晋书·律历志(中)》曰:

"其后刘歆更造三统，以说《左传》，辩而非实，班固惑之，采以为志。"《宋书·律历中》曰："向子歆作三统历以说《春秋》，属辞比事，虽尽精巧，非其实也。班固谓之密要，故汉《历志》述之。"《宋书·律历中》何承天说："刘歆三统法尤复疏阔，方于四分，六千余年又益一日。扬雄心惑其说，采为《太玄》；班固谓之最密，著于《汉志》；司彪因曰：'自太初元年始用三统历，施行百有余年。'曾不忆刘歆之生，不逮太初，二三君子言历，几乎不知而妄言欤！"

上述的评论无疑是正确的。

但是，刘歆三统历究竟从何而来？它与四分法、八十一分法究竟有什么联系和区别？前人尚未论及，为了戳穿刘歆精心安排的骗局，廓清长期危害古历研究的迷雾，张汝舟先生生前进行了精心研究，取得了重大成就。

首先应该指出，刘歆三统历不同于邓平八十一分法，二者除产生年代相差甚远之外，内部编制也根本不同：邓平八十一分法的三统是章蔀名（一元三统），刘歆三统，实为历名（即孟统、仲统、季统）；邓平三统年数相加为一元，刘歆三统，各成一统，虽交错编排，实际自成体系；邓平历为八十一分法，刘歆历为四分法。有人将邓平历与刘歆历混为一谈，甚至认为自太初元年即行用三统历，正如何承天所说，纯属"妄言"。刘歆曾为王莽国师，在太初之后一百多年，太初改历时刘歆尚未出世，何来三统历？

同时还应该看到，刘歆编三统历完全是为王莽篡权这一政治目的服务的。为了给王莽上台制造理论根据，披上合法的外衣，必须"改正朔，易服色，所以明受命于天也"。刘歆编三统历的背景如此，目的如此，必然要歪曲史实，巧言夏、商、周三代更替，以便为王莽上台鸣锣开道。然而，殷历甲寅元四分法古来行用，深入人心；邓平八十一分法新近改制，天下尽知；刘歆作为一代学者，父子相继，是深知其中的奥秘的，他虽无法另起炉灶，但可以巧立名目，于是暗用四分法岁实，又偷取邓平历的统法（1统81章），使孟、仲、季各成一统，交错迭用，形成三代更替的模式，号称三统历。《汉书·律历志》中那份《三统历章蔀表》就是这种货色，其中仲统（殷）以甲子为元首，季统（夏）以甲辰为元首，孟统（周）以甲申为元首，每统的第八十一章，与元首第一章相同，看来好似神乎其神，异常玄妙，其实，只要结合《世经》（见《汉书·律历志》）有关历点查对，就会发现，刘歆三统历不过是殷历甲寅元的模仿之作。

三统历将殷太甲元年记为季统七十七章首乙丑，将周公摄政五年（庚寅，1111 年）记为孟统二十九章首丁巳，说明三统历的排列，孟统先于殷历四章（即四分法的一蔀）。按四分章蔀计算，先于一蔀，必有蔀余 39，孟统起于甲申（20），39＋20＝59（癸亥），而殷历起于甲子（0），实为殷历甲寅元的首日，所以孟统记事必先于殷历一日（即一位干支）。由此可知，前面考证殷历甲寅元历元时，曾列举《汉书·律历志·世经》的历点："元帝初元二年十一月癸亥朔旦冬至……殷历以为甲子，以为纪首。"其所以《世经》记为"癸亥"，而殷历认为"甲子"，就是因为《世经》是出自刘歆之手，以孟统记事为主，而殷历实同仲统章蔀，所以记为"甲子"。其他《世经》中的历点，如"（汉高祖皇帝）八年十一月乙巳朔旦冬至……殷历以为丙午"，"（武帝）元朔六年十一月甲申朔旦冬至，殷历以为乙酉"，均同此例，可见刘歆用心良苦！

前人不明其中道理，深受刘歆三统历的毒害和欺骗，于是导致了月相名称不得定解和月相四分法的产生，因此考证古历点（特别是古器铭文）便困难重重。为了彻底揭开刘歆三统历的神秘外衣，我们可以把所谓"三统"摊开列表（见拉页），加以对照，只要记住仲统即殷历甲寅元，了解孟统和殷历的关系，就照样可以按照《历术甲子篇》来查算其朔闰，推证历点。

比如"虢季子白盘"盘铭"十二年正月初吉丁亥"，前人定为周宣王十二年正月初三，王国维说："宣王十二年正月乙酉朔，丁亥乃月三日。"

周宣王十二年为公元前816年。查《三统历与殷历章蔀对照表》，该年入孟统甲寅（50）蔀六十八年。

同时又入殷历乙卯（51）蔀六十八年，查《历术甲子篇》六十八年：

前大余三十一，前小余五百一十二。

按孟统计算：

50+31＝81（21乙酉）

说明该年周正月（即子月）乙酉朔，丁亥果为初三。王国维就是这样用孟统计算，把初吉定为月初三，从而形成了他的"月相四分法"。

若按殷历计算：

51+31＝82（22丙戌）

殷历创制行用于公元前 427 年。

（816-427）×3.06＝1190（分）

1190-940＝250（分）

说明当时先天 1 日 250 分

22.512+1.250＝23.762（日加日，分加分）

即该年应：前大余为 23（丁亥），前小余 762。即该年正月（子月）丁亥 762 分合朔，这是当时的天象实况。显然，"初吉丁亥"就是月初一。

王氏轻信刘歆三统历，既不知孟统先于殷历一日，又不考虑年差分的修正，必然会得出初吉为月初三的结论，最后形成了"月相四分法"。追根溯源，刘歆三统历实为罪魁。

刘歆要突出三统历的地位，必然要抹杀殷历甲寅元，掩盖历史真相，否则三统历是难以招摇撞骗欺世盗名的，联系《历术甲子篇》多处被篡改，不能不使人对他产生怀疑。后来刘歆虽以谋反罪被迫自杀，三统历也没有实际运用，但它的恶劣影响却长达近两千年，实为历术研究的不幸。

四、 后汉四分历

八十一分法粗于四分，使用一久，必与天象不合。《后汉书·律历志》记，汉明帝永平"十二年十一月丙子，诏书令（张）盛、（景）防代（杨）岑署弦望月食加时。四分之术，始颇施行。是时盛、防等未能分明历元，综校分度，故但用其弦望而已"。又说："至元和二年，《太初》失天益远，日、月宿度相觉浸多，而候者皆知冬至之日日在斗二十一度，未至牵牛五度，而以为牵牛中星，后天四分日之三，晦朔弦望差天一日，宿差五度。章帝知其谬错，以问史官，虽知不合，而不能易。故召治历编䜣、李梵等综校其状，二月甲寅遂下诏。"于是四分施行，这就是后汉四分历。

比较汉武帝改历后行用的八十一分法，后汉四分历的交气、合朔时刻提前了 $\frac{3}{4}$ 日，从而利于校正八十一分法后天的现象。后汉四分历把战国以来四分历（殷历）沿用的冬至点在牵牛初度这个位置改正到斗宿 $21\frac{1}{4}$ 度；它用黄道度数来计算日、月的运动和位置；它还根据实际观测定下了二十八宿距星间的赤道度数和黄道度数，二十四节气的太阳所在位置和昏旦中星，昼夜漏刻和八尺表的影长等重要数据。这在《后汉书·律历志》中有明确详细记载，这些内容在历法上都是首创。贾逵说："元和二年八月，诏书曰'石不可离'，令两候，上得算多者。太史令玄等候元和二年至永元元年，五岁中课日行及冬至斗二十一度四分一，合古历建星《考灵曜》日所起，其星间距度皆如石氏故事。他术以为冬至日在牵牛初者，自此遂黜也。"经过实测，确定冬至点在斗 $21\frac{1}{4}$ 度，冬至点在牵牛初度的古制自此不再行用了。

汉明帝时虽用四分术推定弦望月食，而"未能分明历元，综校分度"，到元和二年行用后汉四分历，才明确以文帝后元三年（前161）十一月夜半朔旦冬至为历元。这正如汉顺帝时代太史令虞恭所言："建历之本，必先立元，元正然后定日法，法定然后度周天以定分至。三者有程，则历可成也。四分历仲统之元，起于孝文皇帝后元三年，岁在庚辰。上四十五岁，岁在乙未，则汉兴元年也。又上二百七十五，岁在庚申，则孔子获麟。二百七十六万岁，寻之上行，复得庚申。岁岁相承，从下寻上，其执不误。此四分历元明文图谶所著也。"

东汉纬书奉孔子为圣人，宣传孔子在哀公十四年庚申岁（前481）获得一只麒麟。《春秋元命苞》《易乾凿度》等纬书认为，从获麟那时上推276万年，就是所谓天地开辟的年代。虞恭认为，这就是四分历之元。

从文帝后元三年上溯到鲁哀公十四年（前481）是320年（前481—前161），这320年加276万年，是2760320年，正好是四分历朔望月、回归年和六十干支周的共同周期1520年的整倍数（1816倍）。

后汉四分历还认为，自文帝后元三年再上推两元（4560×2＝9120年），即公元前9281（9120+161）的年前十一月朔夜半不但是甲子朔冬至，而且还是月食和五星运动的起点。《后汉书·律历志》载："斗之二十一度，去极至远也，日在焉而冬至，群物於是乎生。故律首黄钟，历始冬至，月先建子，时平夜半。当汉高皇帝受命四十有五岁，阳在上章，阴在执徐，冬十有一月甲子夜半朔旦冬至，日月闰积之数皆自此始，立元正朔，谓之汉历。又上两元，而月食五星之元，并发端焉。"

改用四分历同历次改历一样，也遭到保守派的反对。安帝延光二年（123），亶诵等人攻击后汉四分历，说什么"《四分》虽密于《太初》，复不正，皆不可用，甲寅元（纬书记载的四分历）与天相应，合图谶，可施行"。甚至说："孝章改《四分》，灾异卒甚，未有善应。"宣诵等人的言论，受到张衡的有力反驳，他严肃地指出："天之历教，不可任疑从虚，以非易是。"并讽嘲他们"不以成数相参，考真求实，而泛采妄说"。

又过五十年，灵帝熹平四年（175），保守派冯光、陈晃等人又出来攻击后汉四分历。他们说："历元不正，故妖民叛寇益州，盗贼相续为害。"（《后汉书·律历志》）把社会动乱和自然灾异归咎于历元变更。蔡邕等人当即驳斥了这种观点，维护了四分历的顺利推行。

在围绕后汉四分历的斗争中，产生了东汉末年刘洪的乾象历。乾象历取 $365\frac{145}{589}$ 日为一年，即 365.2462 日，由十九年七闰规律可推算出乾象历的朔望月数值为 29.53054 日，即 $29\frac{773}{1457}$ 日。它还引进月行迟疾的历法，由此可更准确地推算日食和月食。由于东汉王朝的腐败，终及汉世，乾象历也未被采用。到三国时代的孙吴政权，才于公元 223 年颁行刘洪的乾象历，曹魏到景初元年（237）颁行杨伟造的景初历。后汉四分历，由汉末延续到蜀汉政权的灭亡，才由泰始历（由景初历改名而来）取代。

关于后汉四分历与殷历、三统历的关系可见张汝舟先生 1959 年所制《三统历与殷历章蔀对照表》（见后拉页）。

三统历与殷历章蔀对照表

项目	内容（左→右，节选可辨部分）
干支	癸亥 壬子 辛丑 庚申 己卯 戊戌 丁巳 丙子 乙未 甲寅 癸酉 壬辰 辛亥 庚午 己丑 戊申 丁卯 丙戌 乙巳 壬戌 …（六十干支循环）
公元前	一七三八 一七一九 一七〇〇 一六八一 一六六二 一六四三 一六二四 一六〇五 一五八六 一五六七 一五四九 一五三〇 一五一一 一四九二 一四七三 一四五四 一四三五 一四一六 一三九六 …（递减十九）
各朝纪年	殷太甲元年《三统历所定》（注）；殷历所定；穆四三鲁魏二六；夷十二鲁献十五；宣二一鲁懿九；平四十鲁惠三八；鲁隐元年；惠三二；简七鲁成五；敬十七鲁定四；考十四鲁元四；显十八鲁康四；赧四十鲁愍二二；秦始皇十；汉高八楚元三；吕后八；文后元三；景后元六；武太初元；昭始元；宣地节四；元初元二；成河平元；成元延四
（鲁国纪年）	鲁隐元年 鲁庄元年 鲁僖五 鲁文十一 鲁宣十二 鲁襄十三 鲁昭元年 鲁昭二十七 鲁定七 鲁哀十一
殷历	丙寅72 丙午73 乙酉74 甲子75 乙卯76 乙酉77 甲子78 甲辰79 甲申80 癸亥1 癸卯2 癸未3 … 丙子33 乙卯34 乙未35 乙亥36 …（干支／蔀数）
孟统	乙丑76 乙巳77 乙酉78 甲子79 甲辰80 甲申1 甲子2 …
仲统	乙丑75 乙巳76 乙酉77 甲子78 甲辰79 甲申80 …
季统	乙丑77 甲辰78 甲申79 甲子80 … 壬午1 辛亥2 …
附东汉四分	甲子78 甲辰79 甲申80 1 2 3 … 10 11 12 13 14 15 16 17 18 …39 40 …
附六历之颛顼历	壬申69 辛亥70 辛卯71 辛未72 庚寅73 庚午74 庚戌75 己卯76 己未77 己亥78 戊辰79 戊申80 …

五、 古历辨惑

综上所述，历法中要明确下事。

1. 三套周历

齐、鲁用的四分术周历，实是子正之四分术。战国以降，四分术普行，齐、鲁之周历，不过用子正而已，别无新异之处。

六历中有周历。东汉纬书只谈天正甲寅元、人正乙卯元。其他黄帝历、夏历、周历、鲁历，均是东汉人的附会。六历之周历，不过是一个虚妄的名词而已。唐代《开元占经》记有古六历的上元到开元二年（公元714年，甲寅岁）的积年数字，这些数字也都在276万年以上。古六历之间的差别相对说来反而小得多。对于古六历的积年，都认为是东汉人在原来比较简单的上元积年数据上追加了一种带有神秘性的高位数字而成。《后汉书·律历志》载，蔡邕以为，"历法，黄帝、颛顼、夏、殷、周、鲁，凡六家，各自为元"。前面介绍的后汉四分历，虞恭将孔子获麟之上276万年，作为上古历元。六历积年与此不能说没有关系。

《开元占经》列古历上元积年表是：

黄帝历	辛卯	2 760 863
颛顼历	乙卯	2 761 019
夏 历	乙丑	2 760 589
殷 历	甲寅	2 761 080
周 历	丁巳	2 761 137

| 鲁　历 | 庚子 | 2 761 334 |

有人以为，纬书中这类大数字的上元积年的推求，大概在刘歆的"三统历"里就已开始。姑存其说。

刘歆的"三统"以孟统为周历。这仍是四分术。这个三统的周历与甲寅元殷历的关系，见《三统历与殷历章蔀对照表》。刘歆的三统历并未施行过，后人据以推求西周铜器铭文，多有龃龉。

这就是同名而实异的三套周历。

2. 两套颛顼历

六历中的颛顼历，就是东汉盛传的"人正乙卯元"，又称己巳元。东汉刘洪言："推汉己巳元，则《考灵曜》旃蒙之岁乙卯元也。与（冯）光、（陈）晃甲寅元相经纬。"又说："乙卯之元人正己巳朔旦立春，三光聚天庙五度。"为什么叫"人正"？区别于殷历以年前十一月甲子夜半朔旦冬至的"天正"。甲寅元与乙卯元的关系，刘洪说："课两元端，闰余差百五十二分之三，朔三百四，中节之余二十九。"前面已专章讲到甲寅元与乙卯元的关系。用乙卯元的数据，验证秦汉历点，均不相符。可见这个六历中的"颛顼历"从来没有施行过。刘洪说："甲寅历于孔子时效；己巳颛顼秦所施用，汉兴草创，因而不易。至元封中，迁阔不审，更用太初，应期三百改宪之节。"（《后汉书·律历志》）这个说法是靠不住的。

秦所施行的颛顼历，非己巳即人正乙卯元之颛顼。秦用颛顼，还是四分术，是殷历的一种变化形式，所不同者，以十月为岁首，闰在岁末，称"后九月"。四分法的殷历行用已久，秦不可变，连以寅为正的月序关系也已深入人心，不可改易。如果用殷历（四分法）验证典籍所记秦汉历点，更能证实秦所用颛顼历就是殷历。

3. 两套三统历

刘歆的三统历，乃四分术，在《汉书·律历志》中有详细记载："三代各据一统，明三统常合，而迭为首。……天施复于子，地化自丑毕于辰，人生自寅成于申。故历数三统，天以甲子，地以甲辰，人以甲申。孟仲季迭用事为统首。"刘歆的"三统"，就是孟统、仲统、季统。其章蔀配合各朝纪事，尽在《汉书·律历志》。

八十一分法之三统，是三统年数加起来为一元，所谓"三统法，得元法"。《汉书·律历志》载："统母，日法八十一。"孟康注："分一日为八十一分，为三统之本母也。"《后汉书·律历志》载："自太初元年始用三统历，施行百有余年，历稍后天，朔先于历，朔或在晦，月或朔见。考其行，日有退无进，月有进无退。建武八年中，太仆朱浮、太中大夫许淑等数上书，言历朔不正，宜当更改。时分度觉差尚微，上以天下初定，未遑考正。"这里的"三统历"，无疑是指八十一分法而言。

4. 两套太初历

《史记·历术甲子篇》所记"太初"是年号，纪念改历之意，同时还是四分。张汝舟先生考证，武帝太初元年前十多年朔闰只合四分，十多年之后的朔闰只合八十一分。这也符合"昔太初历之兴也，发谋于元封，启定于元凤，积三十年，是非乃审"（《后汉书·律历志》）的记载。元封七年改历，至元凤年间才最后完成。验之朔闰，最初改"十月岁首"为正月岁首，行"无中气置闰"，第二步才行用八十一分法。《史记·历书》大谈太初改历，而无丝毫八十一分法痕迹，又详记了四分法一蔀七十六年朔闰，也反映了这一事实。这是四分术的太初历，即甲寅元殷历。

《汉书·律历志》所记"太初历"，是明白无误的八十一分法。所谓邓平、落下闳之法，"一月之日二十九日八十一分日之四十三"。《后汉书》载贾逵言："太初历不能下通于今，新历不能上得汉元。"新历指后汉四分历，"太初历"仍是指八十一分法之历。章帝元和二年之前，上至汉武帝时，数百年均行用八十一分法。东汉人心目中的"太初历"是没有歧义的。

不通历法而编写《律历志》的班固，误信刘歆三统历"推法密要"；又以为"三代既没，五伯之末，史官丧纪，畴人子弟分散，或在夷狄，故其所记，有黄帝、颛顼、夏、殷、周及鲁历"；又以为汉初"用颛顼历，比于六历，疏阔中最为微近"；又记"乃诏（司马）迁用邓平所造八十一分律历，罢废尤疏远者十七家，复使校历律昏明"；并以太初历为八十一分法之专属，全然勾销了《史记·历术甲子篇》作为历法的功用。

于是，刘歆所造而并未施行过的三统历身价百倍，迭经渲染，成为古代三大名历之首；于是，古有"六历"之说风行于世，东汉纬书连六历上元积年都推算出来了；于是，六历之颛顼，即从未施行的人正乙卯元与秦所用颛顼历混为一谈；于是，邓平八十一分法得太初历之专名，司马迁《史记·历书》所载竟成了古之遗物，无人过问，后代视《历术甲子篇》为一张历表，皆轻贱之。总之，班固在中国古代历法史上所造成的迷误是应该加以清理的时候了。

六、 岁星纪年

从观测天体运行的角度来说，发现木星十二年一周天，并用之纪年，无疑是个伟大的创造。但实践证明，岁星纪年并不理想，因为岁星并非恰好十二年一周天，而是 11.8622 年一周天，这样每过八十余年就要发生岁星超次（宫）的现象，这是不以人的意志为转移的客观规律。《左传·襄公二十八年》记"岁在星纪而淫于元（玄）枵"，就是古人发现岁星超次的真实可靠的记录。如果我们把这次记载看做首次，那么可以断定，岁星纪年至迟产生在鲁襄公二十八年（前 545）以前八十多年，即公元前 7 世纪。有人认为岁星纪年产生于公元前 4 世纪初，未免估计不足。

岁星纪年毕竟属于观象授时的范畴，它要受到天象观测的制约，岁星超次的发现必定给岁星纪年造成混乱，使岁星纪年面临被淘汰的危机。因为，既然岁星已经不能成为纪年的永久性标志，岁星纪年赖以存在的基础便随之动摇崩溃，其寿命必然是短暂的，绝非人力所能挽救。同时，岁星纪年与太岁纪年同时并用，时间一长也会引起混乱，所以诗人屈原咏叹上古的著名诗篇《天问》，就有"十二焉分"的疑问，可见岁星纪年和太岁纪年不能长期并存。再说古人对五星运行的观测虽然给天文学留下宝贵的资料，同时也被占星家用来占卜凶吉，充满了迷信色彩，木星的运行尤为占星家看重。上古的星占已如前述，就是到了明末清初，大学问家顾炎武写《日知录》"岁星"时还说："吴伐越，岁在越，故卒受其凶。苻（坚）（前）秦灭（前）燕（公元370年），岁在燕，故（后）燕之复建不过一纪。二者信矣。（南燕）慕容超之亡，岁在齐，而为刘裕所破，国遂以亡。岂非天道有时而不验耶？是以天时不如地利。……以近事考之，岁星当居不居，其地必有殃咎。"可见影响之深远！正因为岁星并非主要和专一用于纪年，所以前面所引《淮南子》《史记》《汉书》都将其归于天文类，并附记于太岁纪年之后，是很有道理的。它告诉我们，岁星纪年的寿命不会很长。

科学与迷信、真实与虚假总是不相容的，古代星历家也不会长期使用早已破产了的岁星纪年法。现在有人不考虑岁星纪年本身的局限性，无限延长它的寿命，甚至说它一直行用到西汉太初（公元前104年），这显然是不妥当的。试想，就是从鲁襄公二十八年（前545）算起，到西汉太初元年，已有441年。倘若一直行用岁星纪年法，以八十余年超一次计，到太初元年必超五次，加上鲁襄公二十八年超一次，共超六次之多。也就是说，应该"岁在星纪"，却已"淫于鹑首"了。如此纪年，还有什么准确性可言。不能想象，古人竟会如此之愚。有人认为"战国时代不存在岁星超辰的实际问题"，显然是以主观臆断代替客观规律。至于以汉太初元年为寅年来逆推岁星，那更是失之毫厘，差之千里了。

因为岁星运行的方向与古人所熟悉的天体十二辰（以十二地支配二十八宿）划分的方向正好相反，在实际运用中很不方便，星历家便设想出一个假岁星叫太岁（《汉书·天文志》叫太岁，《史记·天官书》叫岁阴，《淮南子·天文训》叫太阴，名异而实同），让它与真岁星"背道而驰"，与十二辰（即二十八宿）的运行方向相一致，同时另取"摄提格、单阏、执徐、大荒落、敦牂、协洽、涒滩、作噩、阉茂、大渊献、困敦、赤奋若"（即地支别名，见《尔雅·释天》）等十二名，作为太岁纪年的名称，所以，《周礼》注云："岁星为阳，右行于天；太岁为阴，左行于地。"（见 56 页图）

左行、右行之说，使不少人觉得难解，其实正如《晋书·天文志》所描述的那样："天旁转如推磨而左行，日月右行，随天左转。故日月实东行，而天牵之以西没。譬之于蚁行磨石之上，磨左旋而蚁右去，磨疾而蚁迟，故不得不随磨以左回焉。"五星的运行与之同理。

由此可知，岁星纪年与太岁纪年从一开始就既有联系，又有区别，在古人心目中也是十分清楚的。比如：

《淮南子·天文训》曰："太阴在寅，岁名曰摄提格，其雄为岁星，舍斗、牵牛。"

《史记·天官书》曰："摄提格岁，岁阴左行在寅，岁星右转居丑，正月与斗、牵牛晨出东方，名曰监德。"

《汉书·天文志》曰："太岁在寅曰摄提格，岁星正月晨出东方，石氏曰名监德，在斗、牵牛。"

这些上古天象观测材料，行文上辨析分明，太岁（太阴、岁阴）归太岁，岁星归岁星，而且是太岁在前，岁星附记，二者不容混淆。我们不要以为这些资料出自汉代典籍，便认为这是汉代的星象和纪年法。古人认为"天不变道亦不变"，所以总是把古老的传闻世代相袭记载下来，文中的"石氏"就是战国时代魏国的大星历家石申（著有《石氏星经》）。由此可知，这些资料至少产生于战国以前。

与岁星不同，太岁只是一个假想的天体。正因为其"假"，它才不会像真岁星一样要以天象观测为依据，不受什么运行规律的制约，因此也不会像岁星一样存在"超辰"问题，更不会为顺应真岁星超次而超辰，它不过以抽象的代号纪年罢了。当岁星纪年因超次逐渐被淘汰之后，太岁纪年必然会脱离岁星纪年而独立存在，成为不受外来影响的理想的纪年法。"摄提格"等十二名与十二地支相应，实际上就是地支的别名，所以太岁纪年十二年一循环，本质上就是地支纪年，也就是向干支纪年的过渡形式。到了"阏逢、旃蒙、柔兆、强圉、著雍、屠维、上章、重光、玄黓、昭阳"（实为天干）十岁阳之名（见《尔雅·释天》），与"摄提格"等十二岁阴之名相配合，便成了完整的干支纪年，保留在《史记·历书》中的《历术甲子篇》便是以岁阳、岁阴来纪年的（与《尔雅》所记名称略有差异），如"岁名焉逢摄提格"，就是甲寅年。因此可以这样说，《历术甲子篇》创制行用之时，就是干支纪年开始之日。

星历家其所以用岁阳、岁阴纪年，是为了与干支纪日相区别，正如顾炎武《日知录》卷二十"古人不以甲子名岁"曰："《尔雅疏》曰：'甲至癸为十日，日为阳；寅至丑为十二辰，辰为阴。'此二十二名，古人用以纪日，不以纪岁，岁则自有阏逢至昭阳十名为岁阳，摄提格至赤奋若十二名为岁名。后人谓甲子岁、癸亥岁，非古也。自汉以前，初不假借。《史记·历书》'太初元年，岁名焉逢摄提格，月名毕聚，日得甲子，夜半朔旦冬至'，其辨晰如此。若《吕氏春秋·序意篇》'维秦八年，岁在涒滩，秋甲子朔'；贾谊《鵩鸟赋》'单阏之岁兮，四月孟夏，庚子日斜兮鵩集于舍'；许氏《说文后叙》'粤在永元困顿之年，孟陬之月，朔日甲子'，亦皆用岁阳岁名不与日同之证。《汉书》：《郊祀歌》'天马徕，执徐时'，谓武帝太初四年，岁在庚辰，兵诛大宛也。"但是，岁阳岁名与干支在本质上是一样的，不过名目不同而已。同时，岁阳岁名纪年本身就反映了太岁纪年向干支纪年过渡的历史痕迹，汉以前的所谓太岁纪年无一不与干支纪年相吻合，就是这个道理。后世文人好古，纪年常用岁阳岁阴，司马光《资治通鉴》卷一百七十六《陈纪十》曰"起阏逢执徐，尽著雍涒滩，凡五年"，即从甲辰到戊申共五年；清人许梿《六朝文絜·原序》云："道光五年，岁在旃蒙作噩壮月，海昌许梿书于古韵阁。""旃蒙作噩壮月"就是乙酉年八月。

以上是我们对于岁星纪年和太岁纪年的关系，以及岁星纪年被淘汰、太岁纪年向岁阳岁阴纪年（即干支纪年）过渡的认识，还可以用历法运算进一步证实。

到了清代，钱大昕在《潜研堂文集·太阴太岁辨》中提出："太阴自太阴，太岁自太岁"，"太阴纪岁、太岁超辰之法，东汉已废而不用"。他认为：（1）太阴、太岁不是一回事；（2）太岁有超辰之法；（3）由此引申出干支纪年起于东汉的说法。钱大昕的观点对后世产生了很大影响，不能不进行一番辨析。

首先起来驳难钱大昕的是他的学生孙星衍。孙星衍《问字堂集卷五·再答钱少詹书》云："今按《史记》十二诸侯年表自共和迄孔子，太岁未闻超辰，表自庚申纪岁，终于甲子，自属史迁本文，亦不得谓古人不以甲子纪岁。《货殖传》云，'太阴在卯，穰，明岁衰恶，至午旱，明岁美。'此亦甲子纪岁之明征，不独《后汉书》'今年岁在辰，来年岁在巳'之文矣。"

更为有力的驳论出自王引之。他为了全面论述问题，专写《太岁考》一文（见《经义述闻·卷三十》）。他说："《潜研堂文集》乃谓太阴、岁阴非太岁……假如太阴与太岁不同，则古人纪岁宜于太岁之外别言太阴，何以《尔雅》言太岁而不及太阴，《淮南》言太阴而不及太岁乎？斯足明太阴之即太岁矣。钱说失之。"又说："古人言太岁常与岁星相应，故《史记·天官书》有岁阴在卯，岁星居丑之说，而不知岁星之久而超辰。襄二十八年《左传》曰：岁在星纪而淫于元枵，又曰岁弃其次而旅于明年之次。夫岁星当在星纪而进及元枵，此超辰之渐而谓之曰淫曰旅，则不知有超辰，而以为岁星之赢缩也。……刘歆《三统数》岁星百四十四年超一次，是岁星超辰之说自刘歆始也。岁星超辰而太岁不与俱超，则不能相应，故又有太岁超辰之说。……干支相承有一定之序，若太岁超辰则百四十四年而越一干支，甲寅之后遂为丙辰，大乱纪年之序者，无此矣。且岁星百四十四年超一辰，则七十二年已超半辰，太岁又将何以应之乎？古人但知岁星岁行一辰，而不知其久而超辰，故谓太岁与星岁相应；后人知岁星超辰，则当星自为星，岁自为岁，方得推步之实而合纪年之序。乃必强太岁超辰以应岁星，不亦谬戾而难行乎？故论岁星之行度，则久而超辰，不与太岁相应，古法相应之说断不可泥。论古人之法，则当时且不知岁星之超辰，又安得有太岁超辰之说乎？"他还说："晓徵（即钱大昕）先生不信高帝元年乙未、太初元年丁丑之说，而以为后人强名之，武帝诏书之乙卯、天马徕之执徐，岂亦后人强名之乎？斯不然矣。"

王氏此论言之有理，雄辩有力，他否定了"太阴自太阴，太岁自太岁"，否定了太岁超辰法，也否定了干支纪年起于东汉的说法，是完全可信的。遗憾的是，王引之的宏论没有引起后人的重视，钱大昕的观点却发生了很大影响。自郭沫若用太岁超辰法考证屈原生年（见《屈原研究》）以后，特别是浦江清用太岁超辰法具体推算屈原出生年月日（见《屈原生年月日的推算问题》）以后，近年形成风气，效法者有近十家之多，于是屈原生年就有公元前 339 年、前 340 年、前 341 年、前 342 年、前 353年等多种说法。他们所用方法略同，所得结论大异，实际上就宣告了太岁超辰法的破产。因为，既然他们使用太岁超辰法，就必须遵循 86 年超 1 辰的法则，而所谓"超辰"又是随着时间的推移逐年递加造成的，推算的起点不同，该"超辰"的年份就不同。所以，无论逆推也好，顺推也好，怎样巧手安排，都无法得出可信的结论，最后只能自相矛盾，互相否定。

查验五星运行规律作为天象观测的重要内容，后世在长期进行着，但木星作为纪年标准，从发现它超次之日起，便逐步被淘汰，完成了它的历史使命。太岁纪年则向干支纪年过渡，最后进入历法时代。岁星纪年法作为一种历史陈迹，后世仿古者有之，招魂者有之，乱用者亦有之，但大多没有什么实际意义，因为那早已不是岁星纪年的本来面目。

"岁星纪年"的破产，逼使星历家又回过头来重新研究日月运行周期与回归年的配合。此后百把年，才有四分历的创制与使用。

岁星纪年创立的十二宫（次）的名目本是用来纪年的，恰又与地支十二的数目吻合。昙花一现的岁星虽已过时，而纪年的名目却保留下来并为四分历法创制者所利用，以代替十二辰、十二支，只不过用来纪月而不再纪年了。《汉书·律历志》中"次度"就是这样记载的："星纪，初斗十二度，大雪；中牵牛初，冬至……"这里的"星纪""玄枵"之称显然指的是纪月了。

由于有"岁星纪年"这么一段插曲，尔后，纪年的名目又与十二支配合用于纪月，又加干支纪年的行用，史籍上"太岁在寅""岁在星纪"之类的记载，便叫人迷混不清了。

我们不妨理出这样一个头绪：

纪年　岁星纪年：星纪、玄枵、娵訾、降娄……

　　　　干支纪年：子、丑、寅、卯……

纪月　十二支：子、丑、寅、卯……

　　　　十二宫次：星纪、玄枵、娵訾、降娄……

不难看出，十二地支实在是造成迷乱的症结，而好古的文人又从中施放一些烟幕，确令后人糊涂了。

由于岁星纪年仅在少数几个姬姓国行用，有特定的环境，而且行用时间是短暂的，因此，万不可将它从春秋推及后世，只要把"太岁在寅""岁在星纪"理解为寅年、子年就够了，况且干支纪年行用以后，"太岁"与木星再也不能与之相提并论了。

一般历史学家迷于史籍中"太岁在卯""太岁在寅"等记载，

总是认为这是指"岁星在某宫",造成这种错觉的根本原因就在于对"岁星纪年"行用的历史缺乏正确的估价。当然,史学家迷信"岁星纪年"还有另外的原因,那就是对于干支纪年究竟起于何时的问题缺乏一致的认识。

鉴于一些史学家惯用"岁星纪年"推算史籍的历点,看来有必要对"岁星纪年"的推算作一番探讨。

采用"岁星纪年"推考历点,往往是私意确定推算起点,只图自圆其说,不求上下贯通。或因《史记·历书》有"太初元年,岁名焉逢摄提格"的记载,就立太初元年(前104)为"岁在星纪",定"星纪为寅(摄提格)",于是以汉太初元年为推算起点。或以《吕氏春秋》所记"维秦八年,岁在涒滩"为依据,定始皇八年为申年,再用岁星纪年周期来上下推算各个历点。起点不可靠,结论自然不会正确。

须知,"岁星纪年"在《春秋左氏传》上早有记载,岁星纪年的起点应该在那上面去找。《左传·襄公二十八年》:"岁在星纪而淫于玄枵。"岁星在这年跳辰,则襄公二十七年(前546)岁在星纪无疑。又,《左传·昭公三十二年》(前510)载"越得岁",杜注"是年岁在星纪"。用木星周期核对这两条记载,两相吻合,这难道不是岁星纪年的可靠起点吗?襄公十八年(前555)"岁在娵訾",则襄公十六年(前557)"岁在星纪"无疑。

我们据此列出"岁在星纪"与跳辰之年如下表:

前 617 年	前 534 年	前 451 年	前 368 年	前 285 年	前 202 年	前 119 年
前 605 年	前 522 年	前 439 年	前 356 年	前 273 年	前 190 年	前 107 年
前 593 年	前 510 年	前 427 年	前 344 年	前 261 年	前 178 年	前 95 年
前 581 年	前 498 年	前 415 年	前 332 年	前 249 年	前 166 年	（下略）
前 569 年	前 486 年	前 403 年	前 320 年	前 237 年	前 154 年	
前 557 年	前 474 年	前 391 年	前 308 年	前 225 年	前 142 年	
前 545 年（跳辰）	前 462 年（跳辰）	前 379 年（跳辰）	前 296 年（跳辰）	前 213 年（跳辰）	前 130 年（跳辰）	

注：公元前 546 年岁在星纪（以下依此类推）。

公元前 545 年、前 462 年……前 130 年为跳辰之年。有了这个"岁星纪年表"，就可以用它检验一切用木星周期推算史载历点的结论是否正确，尽管我们不相信"岁星纪年"有什么生命力。

七、关于"月相四分"的讨论

在上古，月亮关系到人们的生产生活，引起人们丰富的想象，"嫦娥奔月"之类的神话故事在古典文学中是很多的。从天文历法角度来说，古人对于月球的观测主要用于月相纪日，设置闰月和确定月朔（岁首）。

如前所述，月球是地球的卫星，月球围绕地球运行的轨道（白道）与黄道有 5 度的倾角，太阳、地球、月球三者的位置常动而不息，所以月相总是呈周期性的变化。古人对于不同的月相定下不同的名称，用以纪日，这在殷周钟鼎铭器和上古文献中留下不少记载。

如《汉书》载《周书·武成》曰：

惟一月壬辰旁死霸，若翌日癸巳，武王乃朝步自周，于征伐纣。

粤若来三月既死霸，粤五日甲子，咸刘商王纣。

惟四月既旁生霸，粤六日庚戌，武王燎于周庙。翌日辛亥，祀于天位。粤五日乙卯，乃以庶国祀馘于周庙。

《尚书·顾命》曰：

惟四月哉生魄，王不怿。甲子，王洮颒水，相被冕服，凭玉几。

《大敦》曰：

隹王十又二年二月既生霸丁亥。

对于上面"既死霸、旁死霸、哉生魄、既生霸、旁生霸"以及"初吉、既望"这些名称的含意和指代，古来无定说，所以字典辞书至今无确解。这些名称是古历点的重要组成部分，月相名称无确解，古历点必无定论，考证上古史料便失去可靠的依据。

因此，我国信史的起点——周武王克纣之年，至今竟有几十种说法，问题就在这里。

关于月相名称的解释，除了西汉刘歆之外，近代以俞樾、王国维两家为代表。

俞樾《春在堂全书》有《生霸死霸考》一文。他认为："惟以古义言之，则霸者月之光也。朔为死霸之极，望为生霸之极，以三统术言之，即霸者月之无光处也，朔为死霸之始，望为生霸之始，其于古义翻其反矣。"并释月相名称于后："一日既死霸；二日旁死霸；三日哉生霸，亦谓之朒；十五日既生霸；十六日旁生霸；十七日既旁生霸。"他还指出："夫明生为生霸，则明尽为死霸，是故晦日者死霸也。晦日为死霸，故朔日为既死霸，二日为旁死霸。"

俞樾主张的是"月相定点说"，以月相名称指代固定的月相，用以纪日，这是符合古历点记事实际的。这种见解难能可贵，为考释迷乱千古的月相名称奠定了基础，可惜诠释未精，尚有漏洞：

1. 月面明暗相依成相，若"霸"只释为"月之光"，"死霸""生霸"将作何解？

2. 若释月"明生为生霸"，与"哉生霸"有什么区别？其后月相名称怎样辨别？

3. 若以"死霸"为晦日，则朔日当为"旁死霸"，为什么又称"既死霸"？如以"既死霸"为朔日，"既生霸"为望日，望日之前一日当为"生霸"，才能与晦日为"死霸"相应，然而，古历点从无此例。

虽然如此，瑕不掩瑜，俞樾首创系统的"月相定点说"，功不可没。

后于俞氏的王国维先生在《观堂集林》中也有《生霸死霸考》一文。他分一月之日为四分：初吉一日至七八日；既生霸八九日至十四五日；既望十五六至二十二三日；既死霸二十三日至晦日。他说："八九日以降，月虽未满，而未盛之明则生已久；二十三日以降，月虽未晦，然始生之明固已死矣。盖月受日光之处，虽同此一面，然自地观之，则二十三日以后月无光之处，正八日以前月有光之处。此即后世上弦下弦之由分。以始生之明既死，故谓之既死霸。此生霸、死霸之确解，亦即古代一月四分之术也。"又说："凡初吉、既生霸、既望、既死霸，各七日或八日，哉生魄、旁生霸、旁死霸各有五日若六日，而第一日亦得专其名。"

王国维此说可伸可缩，面面俱到，好似言之成理，万无一失，其实自相矛盾。"未盛之明"自朏日（初三）已渐生，何不称朏日至望日为"既生霸"？"始生之明"自望日后即渐死，何不称既望至晦日为"既死霸"？这样，"月相四分"就变成"月相二分"。古人记月相是为了纪日，古历点中的月相名称总是与纪日干支相连，这是月相定"点（一日）"而不是定"段（数日）"的铁证。否则，纪日干支已经包含在"月相四分"之中，古人又何必另外注明、不惮其烦？再说，月面圆缺不断变化，一个月相名称代七八天不同的月相，有什么实用价值？俞樾《生霸死霸考》说："使书之载籍而无定名，必使人推求历法而知之，不亦迂远之甚乎？且如成王之崩，何等大事，而其书于史也，止曰：'惟四月载［哉］生霸［魄］，王不怿。'使载生霸无一定之日，则并其下甲子、乙丑莫知为何日矣，古人之文必不若是疏。"这一推论是完全正确的，好似预先就对王国维进行了驳难。虽然王国维补充说"第一日亦得专其名"，但"月相四分"与"专其名"又如何分辨呢？最终只能是主观安排。

然而，由于王国维在学术界的地位和影响，"月相四分说"广为流传，不少学者引以为据，甚至天文学界都深受其影响。有人以此断定我国远在周代就有现今行用的星期制，有人确实相信"月相四分"。更有甚者如章鸿钊合中（王国维）、日（新城新藏）之说主张以"朏"为月始，违背了中国古代礼仪习俗和历法惯例，只能是主观臆断的产物。

我们认为，古文典籍中关于月相名称的记载可以给我们几点启示：

1. "霸（魄）"字从不单独使用，说明它不是月相名称，不能表示确定的月相；

2. 霸（魄）前加"生、死"二字，构成"生霸（魄）""死霸（魄）"，它们有各自独立、相互对立的含义，与月相的关系极为密切，但并非月相专名，也不单独表示确定的月相；

3. "既生霸、旁生霸、哉生霸"等名才是月相名称，是具有特定含义的独立的词。其中的"既、旁、哉"等字有修饰限制作用，是这种月相区别于他种月相的标志和特征，因此，它们是月相名称中不可缺少的组成部分；

4. 月相名称总是与纪日干支紧密配合使用，说明每一个月相名称，只能确指一种固定的月相，用以纪日。

由此可见，王国维的说法是不可信的，俞樾的论点在原则上是正确的。下面我们从考释"霸（魄）"字本义入手，详释月相名称于后。

霸：许慎《说文》曰："霸，月始生魄然也。承大月二日，承小月三日。从月，霏声。《周书》曰哉生霸。"段玉裁注云："霸魄迭韵。《乡饮酒义》曰：月者三日则成魄。《正义》云：前月大则月二日生魄，前月小则三日始生魄。马注《康诰》云：魄，朏也。谓月三日始生兆朏，名曰魄。《白虎通》曰：月三日成魄，八日成光。按已上皆谓月初生明为霸。而《律历志》曰：死霸，朔也，生霸，望也。孟康曰：月二日以往明生魄死，故言死魄。魄，月质也。三统说是，则前说非矣。普伯切。……《汉志》所引《武成》《顾命》皆作霸，后代魄行而霸废矣，俗用为王霸字，实伯之假借字也。"足见上述解释相互矛盾，实无定见，后世字典辞书依然如此。

今按"霸"：月貌，从月，霏声，为形声字。《说文》曰："霏，雨濡革也。从雨革。"为会意字。段注"霏，雨濡革则虚起，今俗语若朴。"可见"霏"为"霸"字声符，又兼表义。因为雨下皮革，浸湿处变形虚起，未浸处依然如故，正应日照月球，受光面逐渐变白，背光面暗然转黑之形貌，如同"娶"字之"取"兼表声、义一样。月面明暗相依，变化呈形，"霸"字只是泛称，并不确指某一固定月相。霸、魄迭韵，故相通。若释"霸"为"有光处"或"无光处"，将月面明暗断然分开，各执一端，必然不得其解。《文选·谢庄月赋》"朏魄示冲"一句，李善注："朏，月未成光；魄，月始生魄然也。"这是因袭旧解，并未注通文意，应释为"朏日（初三）月光初现之形貌"才妥当。

死魄、生魄：死魄，月面背光处之貌；生魄，月面受光处之貌。《说文》："死，澌也。"段注："水部曰，澌，水索也。《方言》，澌，索也，尽也。"《白虎通》："死之言澌，精气穷也。"月面背光处之貌，黯然无色，隐入夜空，如精气穷尽，故为"死魄"。

《说文》又云："生，进也。"《韵会》："死之对也。"月面受光处之貌，光生辉现，与"死魄"相对，故为"生魄"：死魄、生魄相互依存，相辅相成。然而，月貌随时变化，天天不同，死魄、生魄并不能用来单独确指某一固定月相，自然不能纪日。

朔日、既死魄、初吉：月初一。《说文》："朔，月一日始苏也。"段注："朔苏迭韵。日部曰晦者，月尽也。尽而苏也。《乐记》注曰：更息曰苏。息，止也，生也；止而生矣。引伸为凡始之称，北方曰朔方，亦始之义也。"晦为月尽，朔为月初，贯穿于中国古代天文历法和史书记事的始终。真正合朔的时间很短，先之一瞬则月面之东尚余一丝残光，后之一瞬而月面之西又有一线新辉。然而人们自地目视，朔日太阳、月亮同升，月面隐而不现，即月面全部背光，故称之为"既死魄"。"既"表月相有二义：尽也，已也。段注："引伸之义为尽也，已也，如《春秋》日有食之既。《周本纪》东西周皆入于秦，周既不祀。"月相名称中"既死魄、既生魄"之"既"当释为"尽"，"既望、既旁生魄"之"既"当释为"已"。"既死魄"即月面尽（全部）为背光之貌，故为朔日、月初一。

"初吉"，不由月相得名，但有表月相纪日之实。因为朔日为一月之始，古代帝王重"告朔"之礼，以朔日为吉日，望日亦为吉日。故"初吉"实指朔日，即月初一，这就是铭器常以"初吉"记事的缘故。

初吉指朔，古今无异辞。《诗·小雅·小明》"二月初吉"，毛传："初吉，朔日也。"《周语上》"自今至于初吉"，韦注："初吉，二月朔日也。"亦省作"吉"。《论语》："吉月必朝服而朝。"孔安国注："吉月，月朔也。"按：吉月犹《小雅·十月之交》言"朔月"，是"吉"即"朔"。《周礼·天官》"正月之吉"，郑注："吉谓朔日。"

旁死霸：月初二。"旁死魄"实为"旁既死魄"之省文。《释名》"左边曰旁"，《玉篇》"旁，犹侧也"，此处"旁"为依傍于（既死魄）边侧之义，故"旁死魄"为月初二。

哉生魄、朏：月初三。《尔雅·释诂》："哉，始也。"古文哉、才相通。"生魄"为月面受光处之貌。"哉"用以修饰描述，"哉生魄"就是月面开始（才）受光之貌，承小月者本月大，初三可见新月；承大月者本月小，初二偶尔可见一线生魄，但此种情况少有。已有"旁死魄"之名，故"哉生魄"实指月初三。《说文》云，"朏，月未盛之明也，从月出"，为会意字，与"哉生魄"同义，亦为初三。

望、既生魄：月十五。《说文》："望，月满也，与日相望。"段注："日兆月而月乃有光。人自地视之，惟于望得见其光盈。"月满为望，多为月十五，这时月面全部（尽）为受光之貌，故称之"既生魄"。

既望、旁生魄：月十六，望日之后一日为"既望"。此处

"既"应释为"已",古今无异辞。"旁生魄"为"旁既生魄"之省文,为"既生魄"之后一日,与"旁死魄"同理。

既旁生魄:月十七,此"既"为"已","既旁生魄"为"旁生魄"之后一日。

由此可见,古人所用的月相名称,只集中表示朔日后三天(初一到初三)和望日后三天(十五到十七),这显然与古人的吉祥记事有关,同时也反映了古人对朔、望之后月貌显著变化的准确认识。其余日期的月相虽然也在变化,但难以精确地命名表述,故用干支纪日配合使用,此亦"月相定点"之一证。另有"月半、上弦、下弦"之名,如《仪礼·士丧礼》"月半不殷奠",《释名·释天》"弦,月半之名也",这是后来的补充。

月相名称是古历点的重要组成部分,因此考释其含义不仅是个训诂问题,而且要受到历法运算的检验,这将留待下面讨论。

现将月亮出没规律列于后:

朔月:日出月出,日没月没;

上弦:中午月出,子夜月没;

望月:日没月出,日出月没;

下弦:子夜月出,中午月没。

归纳一下。从月相定点说,张汝舟先生以为,古人重朔、望,月相就指以朔或望为中心的两三天。

初一:朔,初吉,吉,既死魄;　　十五:望,既生魄;

初二:旁死魄;　　　　　　　　　十六:既望,旁生魄;

初三:哉生魄,朏;　　　　　　　　十七:哉死魄,既旁生魄。

从王国维月相四分说,则

从月牙初露到月半圆，称初吉。首日朏（初三）。

从月半圆到满圆，称既生霸。首日哉生霸（初八）。

从月满圆到月半圆，称既望。首日望（十六）。

从月半圆到消失，称既死霸。首日哉死霸（二十三）。

"月相四分"说影响很大，传到日本，研究东洋历法的专家新城新藏氏据此附会，说中国古时每月以初三为月首，至下月初二为一月。国内信其说者，至今犹不乏其人，在文物考古界颇有市场。甚至更有人把"月相四分"与西方七日一星期联系起来，其穿凿程度令人发笑。

古人凭月相定时日，其重要性可想而知。月相不定点，月相的概念也就毫无价值。如果我们用四分术，每年加上 3.06 分的误差，以实际天象来验证古器上的历点，"月相四分"说就不攻自破了。

例一　"师虎簋"记：隹元年六月既望甲戌。

王国维解释说："宣王元年六月丁巳朔，十八日得甲戌。是十八日可谓之既望也。"

王氏定此器为周宣王时铭器，他用刘歆三统历之孟统推算，得不出实际天象，甲戌算到十八去了，不得不用"月相四分"来曲解，硬说十八也可叫既望。

我们用前面的推算方法验证这个历点：

公元前 827 年（宣王元年）入四分历乙卯蔀 57 年。

太初五十七年：前大余三十五　小余三百二十八

乙卯蔀蔀余 51　　51+35＝86（26 庚寅）

实际天象应是（827–427）×3.06＝1224 分＝$1\frac{284}{940}$日

26.328+1.284＝27.612（日加日，分加分）

得知，宣王元年子月辛卯（27）日 612 分合朔

子月辛卯 612 分　丑月辛酉 171 分

寅月庚寅 670 分　卯月庚申 229 分

辰月己巳 728 分·巳月己未 287 分

是年子正，六月己未朔，既望十六，正是甲戌。

出土文物多是西周时代的史料，这些历点，远在四分历创制之前五六百年。用四分术推算势必相差两日，加之孟统比殷历甲寅元又提早一日，所以，王氏的初吉不在初一，总是在初三或初四。这就"悟"出"月相四分"，加以曲解。

注：郭沫若定师虎簋为共王器。共王元年为公元前 951 年。

例二　"虢季子白盘"记：十二年正月初吉丁亥。

孙诒让说："此盘平定张石州孝廉以四分周术推，为周宣王十二年正月三日，副贡（刘寿曾）之弟以三统术推之，亦与张推四分术合。"

用上面的推算方法，周宣王十二年（前 816）当入仲统之甲午蔀第 49 年，查表：大余五十一，小余七百四十七

甲午蔀蔀余 30　　30+51＝81（21 乙酉）

得知周正子月大乙酉，丁亥初三。

所谓四分周术，即是三统历之仲统。此张石州氏推算之结果。

又，是年入孟统甲寅蔀第 68 年，大余三十一

甲寅蔀蔀余50　　50+31＝81（21乙酉）

正月朔乙酉。此乃刘贵曾氏（副贡之弟）所推之结果。

初吉果月初三乎？实际天象并非如此。

用四分历近距推算，是年（公元前816年）入乙卯蔀（蔀余51）第68年。

太初六十八年：大余三十一　小余五百一十二

51+31＝82（22丙戌）

先天（816－427）×3.06＝1190分＝$1\frac{250}{940}$日

22.512+1.250＝23.762（日加日，分加分）

实际天象是正月丁亥762分合朔。

结论很清楚：丁亥是朔日，是初一，不是初三。朔即初吉。

金文中备记"王年、月、日、月相"者甚多，其中载有"初吉"字样的也不少，以实际天象考之，无一不是朔日，足证"月相四分"之不可信。

附 录

西周金文『初吉』之研究

再谈金文之『初吉』

再谈吴虎鼎

亲簋及穆王年代

伯吕父盨的王年

关于成钟

关于士山盘

穆天子西征年月日考证

——周穆王西游三千年祭

从观象授时到四分历法

——张汝舟与古代天文历法学说

西周金文"初吉" 之研究

一、 传统解说难于否定

西周行用朔望月历制，朔与望至关重要。朔称初吉、月吉，或称吉，又叫既死霸（取全是背光面之义，死霸指背光面），或叫朔月。这种种名称，反映了周人对月相的重视以及朔日在历制中的特殊地位。

传统的解说，初吉即朔。

《诗·小明》"正月初吉"，毛传：初吉，朔日也。

《国语·周语》"自今至于初吉"，韦昭注初吉：二月朔日也。

《周礼》"月吉则属民而读邦法"，郑注月吉：每月朔日也。

《论语》"吉月必朝服而朝"，孔曰：吉月，月朔也。

《诗·十月之交》"朔月辛卯"，唐石经作"朔日辛卯"。

《礼记·祭义》："朔月月半，君巡牲。"

《礼记·玉藻》"朔月大牢"，陈澔《礼记集说》：朔月，月朔也。

日本竹添光鸿《毛诗会笺》云：古人朔日称朔月。《仪礼》《礼记》皆有朔月之文。《尚书》或称元日、上日而不曰朔日。即望亦但曰月几望或既望而不曰望日，故知经文定当以朔月为是也。凡月朔皆称朔月。《论语》亦以月吉为吉月。古人多倒语，犹《书》之"月正元日"乃正月元日也。

《周礼》"正月之吉"，郑注：吉谓朔日。

《周礼》"及四时之孟月吉日"，郑注：四孟之月朔日。

郑玄作为两汉经学之集大成者，对朔为吉日的认识是十分明确的，或称月吉，或称吉日，或称吉，都肯定了朔为吉日这一点。

朔即月初一，故称初吉，亦属自然，这与望为吉日亦相对应。朔望月历制，朔为吉日，望亦为吉日。《易·归妹》"月几望，吉"可证。

毛传释初吉为朔日，韦昭注《国语》"初吉"为朔日，反映了古人对"初吉"的正确认识。

尤其当注意的是，初吉为朔的解说，两千年来没有任何一位严肃的学者持有异议。

我们没有理由不尊重文献。应当说，传统对于初吉的解说是难于否定的，是不容否定的。

二、 朔望月历制

西周是明白无误的朔望月历制，绝对不是什么"朏为月首"。

我们从载籍文字中可以找到若干证据：

《周礼·大史》"掌建邦之六典，以逆邦国之治。……正岁年以序事，颁之于官府及都鄙。（郑注：中数曰岁，朔数曰年。中朔大小不齐，正之以闰若今时作历日矣。定四时，以次序授民时之事。）颁告朔于邦国。（郑注：天子颁朔于诸侯，诸侯藏之祖庙。至朔，朝于庙，告而受行之。郑司农云，……以十二月朔布告天下诸侯。）"

这里的告朔之制，当然也包括西周一代。依郑玄说，岁指回归年长度（阳历），年指十二个朔望月长度（阴历），两者不一致，添加闰月来协调，这就是周代的阴阳合历体制。

西周一代，"保章氏掌天星以志星辰日月之变动"，强调天象的观察与记录；"冯相氏掌十有二岁，十有二月，十有二辰"（《周礼》），侧重在历术的推求。

《礼记·玉藻》："天子听朔于南门之外。闰月则阖门左扉，立于其中。"陈澔《集说》引"方氏曰：天子听朔于南门，示受之于天。诸侯听朔于太庙，示受之于祖。原其所自也"。

历术是皇权的象征，掌握在周天子手中，天子于南门从冯相氏得每年十二个月朔的安排，然后颁朔于诸侯，诸侯藏之祖庙。至朔，朝于庙（即"听朔于太庙"），告而受行之。历术推求的依据是天象，所以"示受之于天"，"原其所自也"。

《逸周书·史记解》"朔望以闻"，是记周穆王时事。朔望月历制是明明白白的。

《礼记·祭义》"朔月月半，君巡牲"，这当然是说，初一与十五，人君巡视之。这难道不是朔望月的明证？

《吕氏春秋》保存了先秦的若干旧说，上至三皇五帝，史料价值不可忽视。《贵因》载："夫审天者，察列星而知四时，因也。推历者，视月行而知晦朔，因也。"

视月行，就是月相的观察。干什么？确定晦朔而已。很明白，观察月相就是为了确定一年十二个月朔的干支，以"颁告朔于邦国"。

《逸周书·宝典解》"维王三祀二月丙辰朔"，历日清清楚楚。过去说此篇是记武王的。事实上，历日唯合成王亲政三年，《宝典解》反映了西周初期朔望月历制。《逸周书》成书于西周以后，而这个历日当是前朝的实录，绝不是后人的伪造或推加。这是"朏为月首"说无法作出解释的。

《汉书·世经》云："古文《月采》篇曰'三日曰朏'。"师古注：《月采》，说月之光采，其书则亡。——这也许是记录月相的专著，可惜我们已不能见到了。刘歆是见过的，他持定点说当有充分依据。《月采》明确朏是初三。"朏为月首"是没有依据的。

大量出土的西周器物证实，西周历制是朔望月而不是"朏为月首"。

《作册矢令方彝》：隹八月辰在甲申……丁亥……；隹十月月吉癸未……甲申……乙酉……""辰在××"是周人表达朔日的一种固定格式，出土器物已有二十余例，校比天象无一不是朔日。推比历朔知：八月甲申朔，初四丁亥；九月甲寅朔（或癸丑朔）；十月癸未朔，甲申初二，乙酉初三。"月吉癸未"即朔日癸未，与文献记载亦相吻合。《令方彝》的八月、十月，中间无闰月可插，一个月就只有一个朔日即一个月吉，这怎么能"说明西周时代每个月都可能有若干个吉日"呢？

西周金文记载初吉尤多，初吉即朔，也只能证明西周是朔望月制而不是"朏为月首"。

常识告诉我们，历术是关于年月日的协调。日因于太阳出没，白昼黑夜，是计时的基本单位；年以太阳的回归年长度为依据，表现为寒来暑往，草木荣枯，《尧典》"期三百有六旬有六日，以闰月定四时成岁"；而月亮的隐现圆缺，只能靠肉眼观察。西周制历，尚未找到年月日的调配规律，只能随时观察随时置闰，一年十二个月朔的确定也靠"观月行"。这就是西周人频频记录月相的缘由。

日与年易于感知，观象授时的主要内容是观察月相，两望之间必朔，两朔之间必望，朔望月也是不难掌握的。何况司历专职，勤勉观察，不会将初一说成初二，更不会说成初三。肉眼观察的失朔限度也只在半日之内。

董作宾先生以为，知道日食就会知道朔，知道月食就会知道望。朔望月历制当追溯到殷商。

持"朏为月首"说者以为，"朔"字在西周后期才出现，猜想西周前期当是"朏为月首"。殊不知，殷商后期以来，朔望的概念十分明确，表达朔日的词语甚多，初吉为朔，既死霸为朔，月吉（吉月）为朔，"辰在××"为朔，并非一定要用"朔"字不可。

西周一代，未找到协调年月日的规律，月相的观察就显得特别重要，文献以及出土器物有关月相的记载也就特别的多。到了春秋中期以后，十九年七闰已很明确，连大月设置也逐渐有了规律，朔日的推演已不为难事。所以，鲁文公"四不视朔"，"子贡欲去告朔之饩羊"，不仅证实西周以来的告朔礼制已经走向衰败没落，还反映出四分术的推演已为司历者大体掌握。历术已由观象授时上升到推步制历，已从室外观月步入室内推算。这样，月相的观察与记录自然就不那么重要了。这就是春秋以后，作为月相的"既死霸""既生霸""既望"在金文中基本消失的原因。

三、 初吉即朔

西周金文大量使用"初吉"，凡可考知的，无一不是朔日。

有的器铭，年、月、月相、日干支俱全，校比天象，十分方便。利用张培瑜先生《中国先秦史历表》，便可一目了然。

例1，鬲攸从鼎：隹卅又一年三月初吉壬辰。（郭沫若：《两周金文辞大系图录考释》，下简称《大系录》，118）

校比公元前848年厉王三十一年天象，丑正，三月壬辰朔。

例2，无曩簋：隹十又三年正月初吉壬寅。（《大系录》107）

校比公元前829年共和十三年天象，丑正，正月壬寅朔。

例3，虢季子白盘：隹王十有二年，正月初吉丁亥。（《大系录》88）

校比公元前816年宣王十二年天象，子正，正月丁亥朔（定朔戊子03^{h}49^m，合朔在后半夜，失朔不到四小时）。

例4，叔專父盨：隹王元年六月初吉丁亥。（《考古》1965-9）

校比公元前770年平王元年天象，丑正六月丁亥朔（定朔戊子02^{h}01^m，失朔仅两小时）。

厉王以前的若干铜器，因王年尚无共识的结论，仅举几例说明。

例 5，谏簋：隹五年三月初吉庚寅。(《大系录》101)

校比公元前 889 年夷王五年天象，丑正，三月庚寅朔。

例 6，王臣簋：隹二年三月初吉庚寅。(《文物》1980-5)

校比公元前 915 年懿王二年天象，丑正，三月庚寅朔。

例 7，柞钟：隹王三年四月初吉甲寅。(《文物》1961-7)

校比公元前 914 年懿王三年天象，丑正，四月甲寅朔。此器与王臣簋历日前后连贯，丝毫不乱，列为同一王世之器，更可证初吉即朔。

总之，初吉即朔，这是金文历日明确记载的，绝不是泛指某月中的任何一日。

四、 关于静簋

刘雨先生在《再论金文"初吉"》(《中国文物报》，1997-04-20) 中把静簋历日作为立论的主要依据，以此否定初吉为朔，这就有必要重点讨论了。

刘先生说：西周金文中……只有静簋记有两个"初吉"，而且相距不到三个月，没有历律和年代等未知因素干扰，是西周金文中最能说明"初吉"性质的珍贵资料。——这就是他为什么特别重视静簋的原因。

过去我将静簋视为厉王三十五年器，"六月初吉丁卯"合公元前 844 年天象，"八月初吉庚寅"合公元前 843 年天象，两个初吉间隔一年，与何幼琦先生的认识暗合。刘雨先生此文给我以启发，两初吉确实当为一年之内的两初吉，不必间隔一年。不过，两初吉的解说都当指朔日，而不是泛指某月中任何一日。

排比静簋历朔知：六月丁卯朔，七月当丙申朔（或丁酉朔），八月丙寅朔。

这个"丙寅"，铸器者并不书为丙寅，而是书为吉日庚寅。这就是静簋"六月初吉丁卯……八月初吉庚寅"的由来。

我们在研究金文历日中发现，除了丁亥，古人亦视庚寅为吉日。一部《春秋》，经文记有八个庚寅日，几乎都系于公侯卒日，《左传》十一次记庚寅日，几乎都涉及戎事。大事择庚寅必视庚寅为吉利。至于西周铜器铭文，书庚寅者甚夥。查厉宣时代器铭，其书庚寅者多取其吉利，实非庚寅日而多为丙寅或其他寅日。

例1，袤盘：隹廿又八年五月既望庚寅。（《大系录》117）

此器为宣王二十八年器，校比公元前800年天象，冬至月朔甲寅，建寅，五月辛亥朔，既望十六丙寅。袤盘书为"既望庚寅"，取其吉利。

例2，克钟：隹十又六年九月初吉庚寅。（《大系录》93）

例3，克盨：隹十又八年十又二月初吉庚寅。（《大系录》112）

克钟与克盨，作器者同为一人。克钟历日合宣王十六年（前812）天象，九月庚寅朔。据历朔规律知，有十六年九月初吉庚寅，就不得有十八年十二月初吉庚寅，两器历日彼此不容。现已肯定克钟为宣王器，克盨历日又不合厉王，只能定为宣王器。

校比宣王十八年（前810）天象，建子，十二月戊寅朔。克盨书戊寅朔为"初吉庚寅"，取庚寅吉利之义。似乎只有这唯一的解说，历日方可无碍。

金文"庚寅"往往并非实实在在的庚寅日，为取庚寅吉利之义，凡丙寅、戊寅皆可书为庚寅。这就是我们在研究铜器历日中所归纳出来的"庚寅为寅日例"。（见《铜器历日研究》，贵州人民出版社，1999。）

以此诠释静簋两个初吉历日，并无任何扞格难通之处。只能证明初吉即朔，初吉并不作其他任何解说。

五、 关于师兑簋

刘雨先生说，静簋并非孤证。又举出师兑簋两器作为初吉非朔的佐证，以此否定传统说法。为了弄清事实真相，看来师兑簋两器也有讨论的必要。

师兑簋甲：隹元年五月初吉甲寅。（《大系录》146）

师兑簋乙：隹三年二月初吉丁亥。（《大系录》150）

按：排比历朔，元年五月甲寅朔，三年二月不得有丁亥朔，只有乙亥朔。从元年五月朔到三年二月朔，其间经 21 个月，12 个大月，9 个小月，计 621 日。干支周 60 日经十轮，余 21 日。甲寅去乙亥，在 21 日。可见任何元年五月甲寅朔到三年二月不可能有丁亥朔。甲寅去丁亥 33 日，显然不合。师兑簋两器，内容彼此衔接，不可能别作他解。三年二月初吉丁亥，实为二月初吉乙亥。是乙亥书为丁亥。书丁亥者，取其大吉大利之义。

六十个干支日，丁亥实为一个最大的吉日，故金文多用之。器铭"初吉丁亥"，若以丁亥朔释之，则往往不合。若以乙亥朔或其他亥日解说，则吻合不误。

《仪礼·少牢馈食礼》"来日丁亥"郑注："丁未必亥也，直举一日以言之耳。《禘于太庙礼》曰'日用丁亥'，不得丁亥，则己亥、辛亥亦用之。无则苟有亥焉可也。"郑玄对丁亥的解说再明白不过了，丁亥当以亥日为依托。

再举一例，伊簋：隹王廿又七年正月既望丁亥。(《大系录》116)

按：既望十六丁亥，必正月壬申朔。伊簋，郭氏《大系录》、吴其昌氏、容庚氏列为厉王器，董作宾氏列为夷王器，均与实际天象不合。校比宣王二十七年（前801）天象，冬至月朔庚申，建子，正月庚申朔，有既望十六乙亥。器铭书为"既望丁亥"乃取丁亥吉祥之义。

除此之外，大簋、大鼎、师毁簋诸器都能说明问题。这就是我们在研究金文历日条例中所定下的"丁亥为亥日例"。（见《铜器历日研究》）

遍查西周铜器历日，唯丁亥为多，乙亥次之，庚寅又次之。细加考察，乙亥实为吉日丁亥与吉日庚寅之桥梁。至迟商代后期，便视丁亥为吉日。从月相角度说，朔为吉日，望亦为吉日，而真正的月满圆多在十六，故既望亦为吉日。故有初吉乙亥，亦有既望乙亥。有初吉乙亥，必有十六既望庚寅，是庚寅亦得为吉日。故有既望庚寅，又有初吉庚寅。金文中，凡丁亥、乙亥、庚寅，不可都视为实指。凡亥日，或书为丁亥，也可书为乙亥；凡寅日，可书为庚寅，皆取吉利之义。

总之，在涉及出土器物铭文历日的研究中，我始终觉得，要做到文献材料、器物铭文与实际天象（历朔干支）紧密联系起来，做到"三证合一"，才会有可信的结论。

六、 铜器专家如是说

这里，我还要引用西北大学张懋镕先生的见解，以正视听。

他说："初吉是否为月相语词，恐怕还得由西周金文自身来回答。"

他列举了舫鼎、免簋、免盘、𣪘簋、盉方尊等五器铭文之后说："以上五器记载周王（王后）对臣属的赏赐或册命赏赐，有时间、有地点，其时日自然是具体的某一天。与其他器不同的是，初吉后未有干支日，显而易见，此初吉便是周王（王后）赏赐或册命赏赐的那一天。在免簋中，昧爽在初吉之后，系指初吉的清晨，所以这个初吉日一定是定点的，否则无从附着。昧爽又见于小盂鼎，与免簋相较，益可证明初吉是固定的一天。"

"不仅初吉是指具体的某一天，其他月相语词也具有这样的特性。"他列举了遹簋、公姞鬲、师𧾷盨、七年趞曹鼎之后接着说："七年趞曹鼎与免簋相类，其'旦'当指既生霸这一日的早晨。可见，当月相语词后面带有干支日时，干支日就是事情发生的这一天；如果月相语词后面不带干支日，事情就发生在初吉或既生霸、既望、既死霸这一天。"他接着说：

金文月相词语之所以是定点的，原因在于：

1. 凡带有月相语词的金文，不论其长短，都是记叙文。既为记叙文，不可缺少的就是时间要素，而月相语词正是表示时间的定位。时间必须是具体而不能含糊的。

2. 上举免簋、殺簋、盉方尊、七年趞曹鼎属于册命赏赐金文。其内容是周王（王后）对器主职官的任命，任命仪式之隆重，程序之规范，是不言而喻的。册命赏赐关乎器主一生的命运及其家族的兴旺，所以令器主难以忘怀，常常镑之于铜器之上，以求天子保佑，子孙永宝。既然如此，发生这一重大事情的日子是不会被忘记的。上述四例中的初吉和既生霸，自然是某年某月的某一天。

册命金文中恒见"初吉"，那是因为册命一般在月初进行。说初吉可以是月中的任何一天，不仅悖于情理，也有违于金文本身。

殷周金文发展的历程，也证明了这一点。先看晚殷金文：

1. 宰椃角：庚申，王才（在）阑。王各（格）宰椃从。易（锡）贝五朋。用乍（作）父丁障彝。才（在）六月，隹王廿祀翌又五。

2. 小臣艅尊：丁巳，王省夔且。王易（锡）小臣艅夔贝。隹王来正（征）人方。隹王十祀又五，彤日。

3. 韠鬲：戊辰，弜师易（锡）韠𠳳户𪚩贝。才（在）十月。隹王廿祀。

其特点是干支纪日在铭首，年、月在铭末。方法同于殷代甲骨文。显然，在器主眼中，最重要的是被赏赐的具体时日，纪日为主，年、月尚在其次，故常常省去年、月，只保留干支日。这一点在西周早期金文中表现得很充分：

1. 利簋：武王征商，佳甲子朝。

2. 大丰簋：乙亥，王又大丰，王凡三方。

3. 新邑鼎：癸卯，王来奠新邑。

4. 啖士卿尊：丁巳，王才新邑。

5. 保卣：乙卯，王令保及殷东国五侯，征兄六品。……才二月既望。

成王之后，铭文加长，但事情发生的具体日子是一定会写明的。偶有纪月不纪日者，是有其他原因的。需要说明的是，西周晚期册命金文在月相词语后系干支日，不系者似乎未有。或许是随着时代变迁，金文体例更为整饬的缘故吧。

我用治铜器的专家张懋镕先生这段文字作为关于金文"初吉"研究的结尾，恐怕是最为恰当不过的了。

再谈金文之"初吉"

一年多来，我从"断代工程"简报上陆续获悉李学勤先生关于"初吉"以及月相名词的解说，如："吉的意义是朔。月吉（或吉月）就是朔日，因而是定点的。《诗》毛传暗示初吉是定点的"（第 41 期）；"经李学勤先生指示，我们相信《武成》《世俘》诸篇与金文中月相术语有不同的定义，而《武成》《世俘》诸篇的月相采李先生的定点解读"（第 44 期）；"李学勤等从金文研究和文献学的角度都认为定点说难于成立"（第 38 期）；李先生在《"天大晹"与静方鼎》中说"月吉癸未初三日，初吉庚申初四日"（第 62 期）；"这样的吉日多数应发生在每月的月初，但也有一部分会发生在月中或月末。……李学勤、张长寿先生在总结发言中肯定了这一点"（第 57 期）；李学勤先生金文历谱方案："初吉己卯，先实朔二日。初吉壬辰，初七日。初吉辛巳，初五日。初吉庚戌，先实朔二日。初吉丁亥，初三日。初吉戊申，初九日。初吉丁亥，先实朔一日。初吉庚寅，初一日。初吉庚寅（戌），初四日"（第 53 期）；"在本次会议上，李学勤先生放弃了原来认为'初吉'表朔日为月相的观点。李学勤先生认为，初吉：有初一（含先实朔一、二日者）、初四、初五、初七、初九、初十等日；既生霸：有初三、初五、初十、十四等日；既望：有十八、十九、二十等日；既死霸：有二十一、二十四、二十八、二十九等日"（第 52 期）。……这些不一的看法，给人总的感觉是：李先生在月相问题上摇摆不定，陷入一种"二元论"的尴尬境地——又定点又不定点，或者典籍《武成》《世俘》《诗毛传》定点而金文中不定点。因为李先生长期信奉"四分一月"说，要改从定点说就非常之难。最终他放弃了古文献的定点说，而以金文历日的主观解说为依据，走上了"两分"说（既生霸指上半月，既死霸指下半月。见简报第 57 期），比"四分一月"说走得更远了。在这个基础上主持"夏商周断代工程"探求西周王年，其结论就可想而知了。

最近，从人大复印资料上读到李学勤先生《由蔡侯墓青铜器看"初吉"和"吉日"》一文，李先生认为，"初吉"不一定是朔日，但包括朔，必在一月之初（不定点的）；而"元日""吉日"与"吉"均同义，即为朔日（定点的）。

两年前我写有《西周金文"初吉"之研究》一文，载《考古与文物》1999 年 3 期，又收入个人专著《铜器历日研究》（贵州人民出版社，1999）一书，认定"初吉"是指朔日，别无他解。现就李先生文章中涉及关于"初吉"的解说，再谈一下个人的看法。

一、 关于蔡侯墓青铜器的历日

李先生文章是从 1955 年发掘的蔡侯墓入手，论述"初吉"

和"吉日"的。

蔡侯编钟云："惟正五月初吉孟庚,蔡侯□曰:余惟(虽)末少子,余非敢宁忘,有虔不易,鼗(左)右楚王……建我邦国。"

李先生认为此器是蔡平侯作器,作于鲁昭公十三年,推出夏正五月戊戌朔,初庚即五月第一个庚日庚子,是初三。

如果视此器为蔡昭侯作器,结论就大不一样。昭侯乃悼侯之弟,自称"少子";欲结楚欢,追怀楚平王"建我邦国"亦合情理。楚平王立蔡平侯,"平侯立而杀隐太子,故平侯卒而隐太子之子东国攻平侯子而代立,是为悼侯。悼侯三年卒,弟昭侯申立"。蔡国的动乱,发生在楚平王的眼皮下,昭侯立,不对楚王表忠心是不可能的。

此器作于昭侯二年(前517)。"五月初吉孟庚"当指周正五月庚寅朔日。蔡乃姬姓国,用周正当属常理。初吉指朔当无疑义。

又,蔡侯申盘铭:"元年正月初吉辛亥,蔡侯申虔恭大命……肇鼗天子,用诈(作)大孟姬……敬配吴王……"

这是指蔡与吴结婚姻之好。李先生说:"唯一合理的解释,是'元年'为吴王光(阖闾)的元年(前514),即蔡昭侯五年,鲁昭公二十八年。"于是便推算出,初吉辛亥是初八日。

这个"元年"如果不是指吴王光元年,说法又不大一样了。

蔡昭侯即位之初,为避免招祸,不得不结好楚平王。到楚昭王时代,蔡昭侯被"留之楚三年","归而之晋,请与晋伐楚。……楚怒,攻蔡,蔡昭侯使其子为质于吴,以共伐楚。冬,与吴王阖闾遂破楚入郢"。这一年，正是陈"怀公元年，吴破楚"。

昭侯怒楚，"请与晋伐楚"，招致"楚怒，攻蔡"，才与吴结盟，不仅"使其子为质于吴"，还于次年初嫁大孟姬与吴王，选定的日子就是"正月初吉辛亥"。

这与陈怀公又有什么瓜葛呢？这得从陈蔡的关系上看。陈为妫姓国，在蔡之北，相与为邻。《史记》载："齐桓公伐蔡，蔡败。南侵楚，至召陵，还过陈。陈大夫辕涛涂恶其过陈，诈齐令出东道。"这是明白无误的唇齿相依的关系。又《史记》载"（蔡）哀侯娶陈"，"（陈）厉公取蔡女"。陈蔡彼此嫁娶，有婚姻关系。楚国灭蔡灭陈，又复蔡复陈，道出了陈蔡的休戚与共。又，公子光"败陈蔡之师"，暗示陈蔡有军事同盟关系。总之，陈蔡始终是坐在一条船上的。到楚昭王时代，楚攻蔡，蔡共吴伐楚，蔡昭侯自然要把新即位的陈怀公拉过来。蔡昭侯嫁大孟姬与吴王，当是通过陈怀公从中拉线。陈怀公在蔡与吴的合婚上是起了重要作用的。昭侯作器，一方面称颂吴王（肇辖天子），一方面又用陈怀公元年记事，自有他的良苦用心，希望把陈国拉入同一阵容以对付楚国。

陈怀公元年即鲁定公五年，吴王光十年，蔡昭侯十四年。此时的蔡已与楚彻底决裂，完全倒向了吴国一边。是年周正元月辛亥朔，初吉仍指朔。足见陈蔡均用周正，而不是依附楚国用夏正。

为什么不必像李学勤先生理解为"吴王光元年"呢？吴王僚八年"吴使公子光伐楚。……因北伐，败陈蔡之师"，"九年（蔡昭侯元年）公子光伐楚"。昭侯初年绝不能与吴国友好。吴王光元年（前514），蔡昭侯五年，楚昭王二年，蔡与楚还维持着友好关系。到昭侯十年（公子光六年），蔡侯还"朝楚昭王"，还"持美裘二，献其一于昭王，自衣其一"。结果得罪子常，招祸，"留之楚三年"。归蔡之后，昭侯并未亲近吴国，而是"之晋，请与晋伐楚"。可见，蔡昭侯十三年之前并未与吴王光结为婚姻，这个"元年"显然与吴王光无涉。

再看吴王光鉴、吴王光编钟，均有"吉日初庚"。诚如李先生言，"所叙乃吴王嫁女于蔡之事"，所指乃公元前505年，周正五月庚戌朔。"吉日初庚"是五月初一。

稍加理顺：公元前506年蔡昭侯十三年，楚怒，攻蔡，蔡昭侯使其子为质于吴，以共伐楚。冬，与吴王阖闾遂破楚入郢。

公元前505年，蔡昭侯十四年，吴王光十年，陈怀公元年"正月初吉辛亥"（朔日辛亥），昭侯嫁长女给吴王光。五月吉日初庚（朔日庚戌）吴王嫁女于蔡。

这就是蔡侯墓青铜器涉及的几个历日，铭文所叙，与文献所记吻合。初吉为朔是定点的，并不指朔前或初三、初五或初十。

二、 关于"准此逆推上去"

李先生文章还引用张永山先生论文的话："'初吉'的含义自然是继承西周而来，准此逆推上去，当会对探讨西周月相的真实情况有所裨益。"

因为李先生认为，蔡侯墓铜器说明，"初吉"不一定是朔日，但必在一月之初，合于王国维先生之说或类似学说。引用张永山的文字，不过也是"准此逆推上去"，西周时代的"初吉"自然也合于王国维先生的"四分一月"说，最终还是回到了他信奉的"月相四分"说的原位。

这个"准此逆推上去"，貌似有理，实则是以今律古的不可取的手法。

西周的月相记载，限于观象授时，只能是定点的，失朔限也只在四分术的 499 分（一日 940 分）之内，不可能有什么游移。为了证明西周月相干支有两天、三天的活动，有人便引用东汉《说文》"承大月二日，小月三日"关于"朏"的解说，或初二，或初三，有两天的活动。又引用刘熙《释名》释"望"，"月大十六日，小十五日"。或十六，或十五，有两天的活动。殊不知，这是汉代使用四分术推步而导致历法后天的实录。西周人重视月相，肉眼观察，历不成"法"，不得后天。承大月承小月是汉代之说，"准此逆推上去"，以之律古，认为西周一代必得如此，则无根据。

以蔡侯墓铜器而言，时至春秋后期，"五行说"早已兴起，即使"初吉"可别作解说，也不可准此逆推上去。因为"五行说"是以纪日干支为基础，利用五行相生相克确定吉日与非吉日。准此，则一月内有多个吉日，终于形成了时至今日的流行观念，"初吉"的含义便只能是一月的第一个吉日了。

从蔡侯墓铜器历日考求，"初吉"仍确指朔日，说明还没有受到"五行说"的影响。尽管如此，还是不必"准此逆推上去"。宁可谨严，不可宽漫。

再谈吴虎鼎

朱凤翰先生主编的《西周诸王年代研究》（贵州人民出版社，1998）列有长安县文管会所藏吴虎鼎，铭文历日是："唯十有八年十有三月既生霸丙戌，王在周康宫徲宫。"我注意到李学勤先生在该书《序》中说："吴虎鼎作于十八年闰月，而同时出现夷王、厉王名号，其系宣王标准器断无疑义。"

1998 年 12 月我写有《吴虎鼎与厉王纪年》，此文收入我的《铜器历日研究》一书，只是未在刊物上公开发表过罢了。

最近读到《文津演讲录（二）》中李先生的文章，文中说道："特别是新发现了一件没有异议的宣王时代的青铜器吴虎鼎，它是周宣王十八年的十三月（是个闰月）铸造的，这年推算正好是闰年。"（该书 112 页）

吴虎鼎记录的厉王十八年十三月天象，李先生视为宣王十八年十三月铸造的。李先生还说过："铭中有夷王之庙，又有厉王之名，所以鼎作为宣王时全无疑义，因为幽王没有十八年，平王则已东迁了。"（《吴虎鼎考释》，载《考古与文物》1998 年第 3期）进一步，作为"夏商周断代工程"研究的主要依据之一——所谓"支点"，被大加利用，牵动就太大。正因为这样，我就不得不再加辨析，以正是非。

一、 宣王十八年天象

月相定点，定于一日。既生霸为望为十五，既生霸丙戌则壬申朔。查看宣王十八年实际天象，加以比较，就可以明了。按旧有观点，宣王十八年是公元前810年；按新出土眉县四十二年、四十三年两逨器及其他宣王器考知，宣王元年乃公元前826年，十八年是公元前809年。公元前810年实际天象是：子月癸丑71（癸丑02^{h}56^m）、丑月壬午、寅月壬子、闰月辛巳……实际用历，建子，正月癸丑、二月壬午……十二月丁丑、十三月丁未（括号内是张培瑜先生《中国先秦史历表》所载定朔的时（h）与分（m））。

公元前809年实际用历，子正月丙子915（丁丑05^{h}27^m），二月丙午……十一月壬申、十二月辛丑764（壬寅02^{h}12^m）。

这哪里有"十八年十三月壬申朔"的影子？除非你将月相"既生霸"胡乱解释为十天半月，才有可能随心所欲地安插。这岂不是太随意了吗？

还有，公认的十八年克盨是宣王器，历日是"隹十又八年十又二月初吉庚寅"。如果吴虎鼎真是宣王十八年器，这个"十三月既生霸丙戌"与"十二月初吉庚寅"又怎么能够联系起来呢？月相定点，"十二月庚寅朔"与"十三月壬申朔"风马牛不相及，怎么能够硬扯在一起呢？丙戌与庚寅相去仅四天，就算你把初吉、既生霸说成十天半月，两者还是风马牛不相及。这就否定了吴虎鼎历日与宣王十八年有关。

二、 厉王十八年天象

我们再来看看厉王十八年天象，司马迁《史记》明示，厉王在位三十七年，除了以否定司马迁为荣的少数史学家外，自古以来并无异议。共和元年是公元前 841 年，前推 37 年，厉王元年在公元前 878 年，厉王十八年乃公元前 861 年。

公元前 861 年实际天象是：子月戊申 756（己酉 05^{h}27^m）、丑月戊寅 315、寅月丁未 814、卯月丁丑 373……亥月癸酉 605、（接公元前 860 年）子月癸卯 161、丑月壬申 660（癸酉 04^{h}20^m）、寅月壬寅 219（壬寅 17^{h}32^m）……

厉王十八年（前 861）实际用历，建丑，正月戊寅、二月丁未、三月丁丑……十二月（子）癸卯、十三月（丑）壬申。——这个"十三月壬申朔"，就是吴虎鼎历日"十三月既生霸丙戌"之所在。

我们说，吴虎鼎历日合厉王十八年天象，与宣王十八年天象绝不吻合。

三、 涉及的几个问题

一件铜器上的历日，它的具体年代只能有一个，唯一解。为什么说法如此不一致呢？

其一，对月相的不同理解，就是分歧之所在。

自古以来，月相就是定点的，且定于一日。月相后紧接干支，月相所指之日就是那个干支日。春秋以前，历不成"法"，也就是说没有找到年、月、日的调配规律，大体上只能"一年三百又六旬又六日，以闰月定四时成岁"。年、月、日的调配只能靠"观象日月星辰，敬授民时"。观象，包括星象、物象、气象，而月亮的盈亏又是至关重要的。月缺、月圆，有目共睹，可借以确定与矫正朔望与置闰。在历术未进入室内演算之前，室外观象就是最重要的调历手段，所以月相记录频频。这正是古人留给我们的宝贵遗产。进入春秋后期，人们已掌握了年、月、日调配的规律，有了可供运算的四分历术，即取回归年长度 $365\frac{1}{4}$ 日作为历术基础来推演历日，室外观象就显得不那么重要了，月相的记录自然也就随之逐步消失。

铜器上以及文献上的月相保留了下来，后人就有一个正确理解的问题。

西周行用朔望月历制，朔与望至关重要。朔称初吉、月吉，或称吉，又叫既死霸，或叫朔月。传统的解说，初吉即朔。《诗·小明》毛传：初吉，朔日也。《国语·周语》韦注：初吉，二月朔日也。《周礼》郑注：月吉，每月朔日也。

最早对月相加以完整解说的是刘歆。《汉书·世经》中引用他的话："（既）死霸，朔也；（既）生霸，望也。"他对古文《武成》历日还有若干解说，归纳起来：

初一：初吉、朔、既死霸

初二：旁死霸

初三：朏、哉生霸

十五：既生霸

十六：既望、旁生霸

十七：既旁生霸

　　刘歆的理解是对的，月相定点，定于一日。月相不定点，记录月相何用？古文《武成》在月相干支后，又紧记"越×日""翌日"，月相不定点，就不可能有什么"越×日""翌日"的记录。《世经》引古文《月采》篇曰："三日曰朏。"足见刘歆以前的古人，对月相也是作定点解说。望为十五，《释名·释天》"日在东，月在西，遥相望也"。《书·召诰》传："周公摄政七年二月十五日，日月相望，故记之。"既望指十六，自古及今无异辞。初吉、月吉、朏、望、既望自古以来是定点的，焉有其他月相为不定点乎？明确月相是定点的，即所有月相都是定点的。不可能说，文献上的月相是定点的，而铜器上的月相是不定点的。所以，我们毫不动摇地坚持古已有之的月相定点说。用定点说解释铜器历日，虽然要求严密，难度很大，也正好体现它的科学性、唯一性。

　　只是到了近代，王国维先生用四分术周历推算铜器历日，发现自算的天象与历日总有两天、三天的误差，才"悟"出"月相四分"。事实上，静安先生的运算所得并非实际天象，因为四分术"三百年辄差一日"，不计算年差分（3.06分）就得不出实际天象。"月相四分"实不足取。当然，更不可能有什么"月相二分"。按"二分说"，上半月既生霸，下半月既死霸，那真是宽漫无边，解释铜器历日大可以随心所欲了。谁人相信？

其二，对铭文的理解明显不同。

李先生反复强调，吴虎鼎"同时出现夷王、厉王名号"，所以"系宣王标准器断无疑义"。

查吴虎鼎铭："王在周康宫𢎥宫，导入右吴虎，王命膳夫丰生、司空雍毅，䚢（申）敕（厉）王命。"

关于"康宫𢎥宫"，按唐兰先生解说，𢎥通夷，𢎥宫指夷王之庙。重要的是王命"䚢（申）敕（厉）王命"这一句。后面有"䚢（申）敕（厉）王命"，前一个"王"就一定是指周宣王吗？我们以为，不是。这明明是追记，是叙史。铭文中的"王"，都是确指厉王，即"厉王在夷王庙，右者导引吴虎入内，厉王命膳夫丰生、司空雍毅，重申他厉王的指令"。前两处用"王"，是因后面"厉王"而省，而与宣王无关。正因为这样，这个历日就与它下面的记事（厉王时事）结合，根本不涉及宣王。

其三，铜器历日不等于铸器时日。

吴虎鼎历日是叙史，与周宣王无关，更不会是"周宣王十八年十三月铸造的"。这是考古学界常犯的错误，把铜器历日统统视为铸器时日。

如果排除时王生称说，吴虎鼎作于厉王以后，或共和，或宣王，都不会错。作器者的本义是在显示他（或其先人）曾经在厉王身边的崇高地位，于是追记厉王十八年十三月的往事。类似这种叙史，这种追记，铜器中甚多，如元年曶鼎、十五年趞曹鼎、子犯和钟……这些铜器历日怎么能看成铸器时日呢！

虤簋及穆王年代

国家博物馆新藏无盖簋虤簋，王年、月、月相、日干支四要素俱全，是考察西周年代又一个重要材料。《中国历史文物》2006 年第 3 期发表了王冠英、李学勤先生的文章①，编辑部"希望能听到更多学者的意见"，进行深入研究。读了王、李二位文字，本人想就此谈谈我的看法，仅供参考。

虤簋铭文重要的有两点：其一，关于"虤"这个人；其二，虤簋历日及有关时王的年代。

虤这个人，在二十四年九月既望（十六）庚寅日，周"王呼作册尹册申命虤曰：更乃祖服，作家嗣（司）马"。他是承继祖父的官职，祖父叫"幽伯"。这个"册申命"，即重申册命，商周时期应是常见。《帝王世纪》载："文王即位四十二［年］，岁在鹑火，文王更为受命之元年，始称王矣。"文王死后，武王承继，还得商王重申册命。《逸周书·丰保》就记载姬发正式受命为西伯侯，"诸侯咸格来庆"，那是文王死后第四年的事了。《史记·周本纪》载，武王克商后"封周公旦于少昊之虚曲阜，是为鲁公。周公不就封……而使其子代就封于鲁。……伯禽即位之后，有管、蔡等反也"。伯禽在周公摄政七年期间是代父治鲁，到成王亲政，《汉书》载："元年正月己巳朔，此命伯禽俾侯于鲁之岁也。"师古注："俾，使也，封之始为诸侯。"这是成王对伯禽重申册命，尽管"伯禽即位"好几年了。"册申命"，在世袭的体制下，并不是自然的交接班，还得天子君王的册封认可，就含有正式任命之义。

䚢的祖父不过是"家司马"，管理王室事务的某个方面。䚢在二十四年接手之后，受到周王的赏识，几年后得到提升，做了地位很高的引人朝见周王的"司马井伯䚢"。铜器铭文涉及"司马井伯"的，已有十多件，据此联系，可以归并这些铜器为相近的王世，至少不会相距太远。

关于䚢簋的具体年代，由于年、月、月相、日干支四样俱全，就便于我们考察。因为历日的制定得依据天象，历日自然也是反映天象的。我们可用实际天象比勘历日，得出确切的年月日。当然，这种考校得有个原则，不能凭个人的想当然。比如，月相是定点的，就不能说一个月相管三天两天，七天八天，甚至十天半个月。朏为初三，望为十五，既望为十六，古今一贯，定点的，其他月相怎么就不定点了呢？文献记载："越若来二月既死魄，越五日甲子朝。"越，铜器用粤，或用雩，都是相距义。"既死魄"不定点，解释为十天半月，何有过五日的甲子？用一"越"字，就肯定了月相定点。

实际天象是可以推算复原的，用四分术加年差分推算，得平朔平气（合朔、交气取平均值）。[2]用现代科技手段，可得出准确的实际天象，张培瑜《中国先秦史历表》有载，可直接利用，免去繁复的运算。

古文《武成》《逸周书·世俘》记载了克商时日的月朔干支及月相，稍加归纳，得知：正月辛卯朔，二月庚申朔，四月己丑朔。③

以此勘合实际天象，公元前 1044 年、前 1075 年、前 1106 年具备"正月辛卯朔，二月庚申朔……"。历朔干支周期是三十一年，克商年代必在这三者之中。依据文献记载（纸上材料）、考求铜器铭文（地下材料）、验证实际天象（天上材料），做到"三证合一"，武王克商只能是公元前 1106 年。④依据《史记·鲁世家》及《汉书·律历志》记载，西周总年数是：

武王 2 年+周公摄政 7 年+伯禽 46 年+考公 4 年+炀公 60 年+幽公 14 年+魏（微）公 50 年+厉公 37 年+献公 32 年+真公 30 年+武公 9 年+懿公 9 年+伯御 11 年+孝公 25 年＝336 年。

从平王东迁公元前 770 年，前推 336 年，克商当是公元前 1106 年。

《晋书》载，"自周受命至穆王百年"，有人说"受命"指"文王受命"，实乃指武王克商。武王 2 年+周公摄政 7 年+成王 30 年+康王 26 年+昭王 35 年＝100 年，正百年之数。《小盂鼎》铭文旧释"廿又五祀"，当是"卅又五祀"，乃昭王时器。昭王在位三十五年，享年七十岁以上，才可能有一个五十岁的儿子穆王。昭王在位十九年说违背起码的生理常识。

又，《史记·秦本纪》张守节《正义》云："年表穆王元年去楚文王元年三百一十八年。"楚文王元年即周庄王八年，合公元前 689 年。318＋689＝1007，不算外，穆王元年当是公元前 1006 年，至克商之年公元前 1106 年正百年之数。

穆王在位五十五年,《竹书纪年》《史记·周本纪》均有明确记载。穆王在位的具体年代就明白了,公元前1006年至公元前952年,共王元年当为公元前951年。

在这样的背景下考求䚄簋及其有关铜器的具体年代才有可能,而䚄簋及有关铜器的历日干支反过来又能验证西周王年的正确与否。其中的关键环节是校比实际天象,铜器历日与实际天象完全吻合,才能坐实铜器的具体年代。

䚄簋历日:唯廿又四年九月既望庚寅。

这个二十四年的王,指穆王的话,核对穆王二十四年实际天象,看它是否吻合就行了。穆王元年乃公元前1006年,二十四年即公元前983年。

查公元前983年实际天象:子月丁卯139分(丁卯08ʰ51ᵐ),丑月丙寅……未月癸巳812分(癸巳12ʰ00ᵐ),申月癸亥371分(壬戌20ʰ19ᵐ)……⑤

是年建子,正月丁卯朔……九月癸亥朔。癸亥初一,既望十六戊寅。䚄簋书戊寅为庚寅,取庚寅吉利之义。金文历日,书丁亥最多,其次庚寅,校比天象,细加考查,并非都是实实在在的丁亥日、庚寅日。凡亥日可书为丁亥,凡寅日可书为庚寅。丁亥得以亥日为依托,庚寅得以寅日为依托,并非宽泛无边。这就是铜器历日研究归纳出来的"变例":丁亥为亥日例,庚寅为寅日例。⑥

袤盘:隹廿又八年五月既望庚寅。

查宣王二十八年公元前800年天象:建寅,五月辛亥朔,既望十六丙寅。袤盘书丙寅为庚寅,如此而已。

克钟：隹十又六年九月初吉庚寅。

克盨：隹十又八年十又二月初吉庚寅。

作器者为一人，当是同一王世。据历朔规律知，有十六年初吉庚寅，不得有十八年十二月初吉庚寅，历日不容。查宣王十八年公元前810年天象：是年建子，十二月戊寅朔。是作器者书戊寅为庚寅。克钟合宣王十六年公元前812年天象：建亥，九月辛卯54分（06^{h}24^m），余分小，实际用历书为庚寅朔。克盨历日作变例处理，两相吻合。否则，永无解说。

親簋涉及走簋，走簋铭文中有"司马井伯"，这个"井伯"并不是親，而是親的文祖"幽伯"。十二年走簋在親簋前，不在親簋之后。这是从历日中考知的。

走簋：隹王十又二年三月既望庚寅……司马井伯［入］右走。

查穆王十二年公元前995年天象：建丑，三月乙亥641分（13″23‴）。乙亥朔，既望十六庚寅。这是实实在在的庚寅日。走簋历日确认这个司马井伯不是親，当是親的祖父；走簋历日确认穆王十二年天象与之吻合。（见《西周王年论稿》，270页）

穆王二十七年公元前980年天象：建丑，六月丙子朔。这就与"师奎父鼎"历日吻合。

师奎父鼎：隹六月既生霸庚寅……司马上井伯右师奎父。既生霸为望为十五，丙子朔初一，有十五庚寅。

这个司马井伯当然是親了。至此，穆王二十七年，做家司马的親已是地位很高的司马井伯了。

师瘨簋、豆闭簋也载有司马井伯。

师瘨簋：隹二月初吉戊寅……司马井伯觌右师瘨……

豆闭簋：隹二月既生霸，辰在戊寅……井伯入右豆闭。

这是穆王五十三年的事。查穆王五十三年公元前954年天象：建丑，二月戊寅朔。既生霸十五壬辰。初一戊寅，司马井伯觌［入］右师瘨；十五壬辰，司马井伯［觌］入右豆闭。

穆王时代，朔望月历制已经相当成熟了，朔日望日都视为吉日。这里提供两个证据：其一，《逸周书·史记》载："乃取遂事之要戒，俾戒夫主之，朔望以闻。"这是穆王要左史辑录可鉴戒的史事，每月朔日望日讲给自己听。其二，《穆天子传》记录穆王十三年至十四年的西征史事，月日干支与公元前994年、前993年实际天象完全吻合，《传》除记录日干支外，援例记录季夏丁卯、孟秋丁酉、孟秋癸巳、［仲］秋癸亥、孟冬壬戌，即每月的朔日干支。

铜器记录大事，日干支基本上都在朔望（含既望），这与朔望月历制视朔望为吉日有关。穆王"朔望以闻"，朔日（初吉戊寅）接见师瘨，十五（既生霸）接见豆闭，既望册申命觌，都体现了这一文化礼制现象。月相是定点的，记录大事的铜器上的月相更不会有什么游移，也必须是定点的。

司马井伯觌，从穆王后期直到共王时代，一直位高权重。师虎簋、趞曹鼎、永盂等都反映了共王一代司马井伯觌的活动。

穆王在位五十五年，共王元年即公元前951年。

师虎簋：隹元年六月既望甲戌……井伯入右师虎。（《大系录》58）

既望十六甲戌，必己未朔。查共王元年公元前951年天象：

子月辛酉 245 分（辛酉 08^{h}41^m）。上年当闰未闰，建亥，二月辛酉，三月庚寅，四月庚申，五月己丑，六月己未，七月戊子。

这个六月己未朔，就是师虎簋历日之所在。郭沫若定师虎簋为共王元年器，正合。

趞曹鼎：隹十又五年五月既生霸壬午。（《大系录》39）

既生霸十五壬午，必戊辰朔。查共王十五年公元前 937 年天象：庚午 48 分（己巳 19^{h}03^m）。是年建子，二月己亥，三月己巳，四月戊戌，五月戊辰（戊辰 13^{h}39^m）。这个五月戊辰朔，就是十五年趞曹鼎历日之所在，<u>丝丝</u>入扣，密合无间。

这里说说"永盂"。

《文物》1972 年第 1 期载，永盂：隹十又二年初吉丁卯。

历日有误。历日缺月。铭文有井伯，有师奎父，可放在共王世考校。查共王十年公元前 942 年实际天象：子月己亥 146 分（07^{h}42^m），丑月戊辰，寅月戊戌，卯月丁卯。建寅，二月朔（初吉）丁卯。这就是永盂历日之所在。当是：［共］王十年二月初吉丁卯。

这让我们明白了两点：1. 铜器历日也可能出现误记，当然并非一件永盂；2. 可以借助实际天象恢复历日的本来面目，纠正误记的历日。

以上文字，利用实际天象考察铜器历日，自然会得出这样的结论：月相是定点的，親簋乃记周穆王二十四年事，穆王元年在公元前 1006 年，穆王在位五十五年，共王元年即公元前 951 年。

注　释

① 李学勤：《论夆簋的年代》，《中国历史文物》，2006 年第 3 期；

　王冠英：《夆簋考释》，《中国历史文物》，2006 年第 3 期。

② 见张闻玉《西周王年论稿》，贵州人民出版社，1996 年。其中载《西周朔闰表》，是用四分术推算出来的实际天象。另见张培瑜《中国先秦史历表》，齐鲁书社，1987 年。

③ 见《西周王年论稿》，第 86 页。

④ 张闻玉：《武王克商在公元前 1106 年》，见《西周王年论稿》。

⑤ $08^{h}51^{m}$，指合朔的时（h）与分（m），准确的实际天象，引自《中国先秦史历表》。

⑥ 张闻玉：《铜器历日研究》，贵州人民出版社，1999 年，第 36~41 页。

伯吕父盨的王年

"断代工程简报"151期，发有李学勤先生关于"伯吕父盨"的文章。该器铭文的王年、月序、月相、干支四样俱全，考证其具体年代是可能的。就此谈谈我的看法。

铭文所载历日是：惟王元年六月既眚（生）霸庚戌，伯吕又（父）作旅盨。

这个历日明白无误是作器时日，从器型学断其大体年代是可行的。陈佩芬先生认为"此盨的形制、纹饰均属西周晚期"，李先生以为"应排在西周中期后段"。

以历日比勘天象，西周晚期周王的元年无一可合。"排在西周中期后段"则是唯一的首选。

月相定点，定于一日。既生霸为望为十五，十五庚戌，月朔为丙申。连读是：〔　〕王元年六月丙申朔，十五既生霸庚戌，伯吕父作旅盨。

历日四要素俱全的铜器已有数十件，用历日系联，每一件铜器都不会是孤立的，都可以在具体的年代中找到它的准确位置。这就是历日比勘天象的妙处。董作宾先生就此将铜器列入各个王世，排出共王铜器组、夷王铜器组、厉王铜器组……得出的结论似更可信。

共和元年为公元前 841 年，这是没有疑义的。厉王在位三十七年，司马迁有记载，不必推翻。厉王元年为公元前 878 年。

有两件铜器的历日与公元前 878 年的天象吻合。

师毁簋：佳王元年正月初吉丁亥。（《大系录》98）

师兑簋甲：佳元年五月初吉甲寅。（《大系录》146）

公元前 878 年实际天象：丑正月丁亥 19^h56^m ★；二月丙辰，三月丙戌，四月乙卯，闰月乙酉，五月甲寅 18^h36^m ★，六月甲申……（★为符合天象的铜器历日）

前推，当是夷王。夷王世的铜器有：

卫盉：佳三年三月既生（死）霸壬寅。（《文物》1976 年第 5 期）

兮甲盘：唯五年三月既死霸庚寅。（《大系录》134）

谏簋：佳五年三月初吉庚寅。（《大系录》101）

大师虘簋：正月既望甲申……佳十又二年。（《考古学报》1956 年第 4 期）

从夷王末年向前考察实际天象，公元前 882 年丑正月庚辰 02^h07^m，二月己酉，三月己卯……正月庚辰分数小，司历定己卯★。这就是大师虘簋历日之所在。正月既望十六甲申，则月朔己卯。

定公元前 882 年为夷王十二年的话，公元前 889 年为夷王五年。公元前 889 年天象：丑正月辛卯，二月庚申，三月庚寅

03^h08^m★，四月己未……三月庚寅就是兮甲盘、谏簋历日之所在。兮甲盘用"既死霸"，谏簋用"初吉"，并无二致。

前推，公元前891年当为夷王三年。公元前891年天象：上年当闰未闰，子正变亥正，正月癸卯，二月壬申，三月壬寅04^h30^m★。这就是卫盉历日之所在。卫盉的"既生霸"应是"既死霸"，忌"死"用"生"而已，不为误。这就是"铜器历日研究"中的"既生霸为既死霸例"（详见《铜器历日研究》，贵州人民出版社，1999）。

用铜器历日勘合天象，夷王元年为公元前893年（鲁厉公卅一年），在位十五年。

往前，进入另一王世。史书记为孝王，后人多从。用铜器历日考校，当是懿王。用历日系联，这一王世的铜器有：

元年曶鼎、二年王臣簋、三年柞钟、九年卫鼎、十五年大鼎、二十年休盘、二十二年庚嬴鼎。

庚嬴鼎、休盘靠近夷王，不妨以两器为例讨论之。

庚嬴鼎：隹廿又二年四月既望己酉。（《大系录》22）
休盘：隹廿年正月既望甲戌（壬戌）。（《大系录》143）

既望己酉，则四月甲午朔；甲与壬形近，既望甲戌则己未朔；既望壬戌则丁未朔。

公元前897年天象：丑正月丁未651分★（戊申00^h11^m），二月丁丑……

公元前895年天象：丑正月乙丑，二月乙未，三月乙丑，四月甲午 21^{h}09^m★。

其他多件懿王铜器均可如法一一勘合。得知，公元前895年乃懿王廿二年，夷王元年是公元前893年，懿王在位当是二十三年。

前推，公元前899年有"天再旦于郑"的天象，不可易。公元前899年合懿王十八年。古多合文，"十八"应是合文，误释为"元"，便出现"懿王元年天再旦于郑"的文字。我们确定夷王之前是懿王，当然与"天再旦于郑"的日食天象有关。"共懿孝夷"的王序，虽有新出"逨"（李学勤先生释为"佐"）器佐证，那实在是"五世共庙制"造成的误会，当专文解说。实际的王序是：共、孝、懿、夷。那是铜器历日明确告诉了我们的。

经过历日与天象勘合，十五年大鼎历日合公元前902年天象，九年卫鼎合公元前908年天象，三年柞钟合公元前914年天象，二年王臣簋合公元前915年天象，元年曶鼎合公元前916年天象。

公元前916年实际用历：丑正月戊辰，二月丁酉，三月丁卯，四月丁酉★，五月丙寅，六月丙申★……（见《西周王年论稿》，147~148页）这里的"四月丁酉"就是曶鼎的"四月辰在丁酉"。这里的"六月丙申（朔）"就是伯吕父盨的"惟王元年六月既生霸庚戌（丙申朔）"。

不难看出，伯吕父盨的历日吻合公元前916年实际天象，这个元年的王是懿王。

结论是明确的：伯吕父盨乃周懿王元年器，与曶鼎同王同年，其绝对年代是公元前916年。

关于成钟

　　《上海博物馆集刊》第 8 期刊发《新获两周青铜器》一文，内有"成钟"一件，钲部与鼓部有文："隹（唯）十又六年九月丁亥，王在周康穆宫，王窺易成此钟，成其子子孙孙永宝用享。"陈佩芬先生说："从成钟形式和纹饰判断，这是属于西周中晚期的器。自西周穆王到宣王，王世有十六年以上的仅有孝王和厉王，据《西周青铜器铭文年历表》所载，西周孝王十六年为公元前 909 年，九月甲申朔，四日得丁亥。西周厉王十六年为公元前 863 年，九月丙戌朔，次日得丁亥，此两王世均可相合。铭文中虽无月相记载，但都与'初吉'相合。"

　　我们也注意到李学勤先生的文字："成钟的时代，就铭文内容而言，其实是蛮清楚的。铭中有周康宫夷宫，年数又是十六年，这当不外于厉王、宣王二世。查宣王十六年，为公元前 812 年，该年历谱已排有克镈、克钟，云'十又六年九月初吉庚寅'，据《三千五百年历日天象》，庚寅是该月朔日。成钟与之月分相同，而日为丁亥，丁亥在庚寅前三天，无法相容。再查历谱厉王十六年，是公元前 862 年，其年九月庚辰朔，丁亥为初八日。这证明，把成钟排在厉王十六年，就历谱来说，刚好是调协的，由此足以加强我们对历谱的信心。"

综合两位先生的见解，铭文历日应当这样理解：厉王十六年九月初吉丁亥。

这里有两个重要的问题：厉王十六年是公元前 863 年，还是公元前 862 年？初吉是指朔日（定点的），还是指初二、初四或初八（不定点的，包括初一到初八甚至朔前一二日）？

公元前 862 年天象：九月庚辰朔。如果初吉定点，指朔日，公元前 862 年就不可能是厉王十六年，"断代工程"关于西周年代的结论则将从根本上动摇，什么"金文历谱"就成了想当然的摆设。只有将"初吉"理解为上旬中的任何一天，公元前 862 年才能容纳成钟的历日。与此相应，成钟历日可以适合若干年份的九月上旬的丁亥。如公元前 863 年、公元前 909 年等等。排定成钟历日就有很大的随意性，大体上可以随心所欲。

再看克钟历日："惟十又六年九月初吉庚寅。"校比宣王十六年公元前 812 年天象："九月庚寅朔"，正好吻合。这里，初吉即朔，没有摆动的余地。正因为月相定点不容许有什么摆动，没有随意性，一般人就感到很难，不得不知难而退，避难就易，误信"月相四分"，甚至发明了"月相二分"（一个月相可合上半月或下半月任何一天）。定点的确很难，但体现了它的严密，不容你主观武断，避免了信口雌黄。克钟历日，初吉定点，只能勘合前公元 812 年天象，坐实在宣王十六年，摆在任何其他地方都不合适，这就叫"对号入座"。

让我们来分析成钟的历日：十六年九月（初吉）丁亥。用司马迁"厉王在位三十七年"说，厉王十六年为公元前 863 年。查对公元前 863 年实际天象：冬至月（子月）朔庚寅、丑月庚申 00ʰ18ᵐ、寅月己丑、卯月戊午 20ʰ16ᵐ、辰月戊子、巳月丁巳 19ʰ56ᵐ、午月丁亥、未月丁巳 01ʰ20ᵐ、申月丙戌 17ʰ19ᵐ、酉月丙辰、戌月丙戌 01ʰ22ᵐ、亥月乙卯。（见张培瑜《中国先秦史历表》，55 页）

对照四分术殷历，公元前 863 年天象：子月庚寅、丑月庚申 66、寅月己丑、卯月己未 124、辰月戊子、巳月戊午 182、午月丁亥、未月丁巳 240、申月丙戌 739、酉月丙辰、戌月乙酉 797、亥月乙卯。（见张闻玉《西周王年论稿》，303 页）

《历表》用定朔，四分术用平朔，余分略有不同。一般人看来，有卯月、巳月、戌月三个月的干支不合，好像彼此相差一天。因为一个朔望月是 29.53 日，干支纪日以整数，余数 0.53 不能用干支表示，而合朔的时刻不可能都在半夜 0 点，或早或晚，余分就有大有小。表面上干支不合，而余分相差都在 0.53 日之内。这是定朔与平朔精确程度不同造成的正常差异。余分只要在 0.53 日（约 13 小时，四分术 499 分）之内，都应视为吻合。

西周观象授时，历不成法，朔闰都由专职的司历通过观测确定。以上为例，卯月余分大，戊午 20ʰ16ᵐ（合朔在晚上 20 点 16 分），司历可定为己未。从四分术角度看，己未 124，余分小（合朔在凌晨 3 点多），司历可定为戊午。申月丙戌（定朔与四分术干支同），余分大，司历不用丙戌而定为"丁亥"。司历一旦确定，颁行天下，这就是"实际用历"。

可以看出，《历表》用定朔，有连小月（庚申、己丑、戊午），两个连大月（丁巳、丁亥、丁巳；丙戌、丙辰、丙戌）。四分术殷历无连小月，只有连大月，公元前 864 年最后三个月连大，公元前 863 年一大一小相间。

可以推知，公元前 863 年的实际用历当是：正月（子月）庚寅、二月庚申、三月己丑、四月己未、五月戊子、六月戊午、七月丁亥、八月丁巳、九月丁亥、十月丙辰、十一月丙戌、十二月乙卯。——大体上一大一小相间，取七月、八月连大。

公元前 863 年实际用历：九月丁亥朔。这就是成钟"唯十又六年九月丁亥"所记载的历日。成钟的"十六年"，公元前 863 年，即厉王十六年。

大量的铜器历日与实际天象勘合，结论都是一个：厉王在位三十七年，厉王元年即公元前 878 年。根本不存在什么"共和当年改元"的神话（另文述及）。

李先生的"金文历谱"，也即是"断代工程"的"金文历谱"的根本失误在哪里？这是一个值得认真探讨的问题。

李先生以铜器器型学为基准，确定器物的王世，再用铭文历日去较比实际天象，历日的月相用宽漫无边的"四分说"甚至"二分说"进行解说，最后排出一个"金文历谱"。

粗看起来，这样的研究程序也似乎无可挑剔，细细一琢磨，其中的问题就不少。比如，器型涉及制作工艺，可以反映制作的时代，铭文历日是不是就是制作时日？一般青铜器专家总是将铭文历日视为制作时日，器型就成了断代的基本依据。事实上，铭文可以叙史。正如郭沫若先生所说，"其子孙为其祖若父作祭器"，追记先祖功德正是叙史，与史事有关的历日就与器物的制作无关，这几乎是简单的常识。从器型学的角度看，当是西周晚期器物，而铭文记录西周中期甚至前期的史事，也属正常。

其二，自古以来，月相是定点的且定于一日。月相紧连干支，就是记录那个干支日的月相。古人观察月相做什么？"观象授时"，确定每年的朔闰。这其中，月朔干支尤其重要。月亮的圆缺是确定朔干支的依据，或者说唯一的依据。月相不定点，记录月相何用？初吉为朔，望为十五，既望为十六，朏为初三，是定点的；焉有其他月相为不定点乎？如果一个月相可以上下游移十天半月，紧连的干支怎能纪日？

其三，排定历谱只能以实际天象为依据，金文历日必须对号入座，舍此别无他法。把铜器器型进行分类，那是古董鉴赏家的方法，不可能在此基础上产生什么"金文历谱"。

不难明白，由于先排定了器型，器物上的历日便不可能与实际天象吻合，再错下去，就只有对月相进行随心所欲的解说，以求与天象相合。

比照成钟的历日，不是很能说明这些问题么？

关于士山盘

　　从"断代工程"简报上先后读到有关新出现的成钟、士山盘两件器铭历日的文字，李学勤先生以此来"检验《报告》简本中的西周金文历谱"，认为"两器都可以和'工程'所排历谱调谐，由此可以加强对历谱的信心"。另一位专家陈久金先生同意朱凤瀚《士山盘铭初释》所论，认为"士山盘的历日也合于'工程'对金文纪时词语'既生霸'的界说"。

　　朱凤瀚先生的文章发于《中国历史文物》2002 年 1 期，还附有相片及拓本，拓本较摄影更为清晰。细审拓本，铭文历日当是"隹王十又六年九月既生霸丙申"，朱先生释为"甲申"。"丙"字在"霸"字右边的"月"下，比较清楚。如果从历日角度研究，这一字之差，牵动就大了，也就无从谈及对"金文历谱"的肯定。

　　就成钟历日"隹十又六年九月丁亥"而言，依自古以来的月相定点说来验证历日天象，符合厉王十六年九月丁亥朔。厉王十六年当是公元前 863 年，而不是"金文历谱"所排定的公元前862 年。本人另有专文《关于成钟》，已做了详细讨论。

　　现在来讨论一下"士山盘"历日，结论恐怕就与"断代工程"专家们的看法不同。相反，两件器物的历日，足以否定"工程"的"金文历谱"。

正确识读士山盘历日至关重要：隹王十又六年九月既生霸丙申。

朱凤瀚先生断为西周中期器，列入共王十六年。我只想说，历日合懿王十六年公元前901年天象。

我可以列出十个、二十个、三十个以上的"支点"来支持西周总年数是336年的结论。可参考《西周王年足徵》①，"足徵"，不过就是"证据充足"之义。

朱先生文章引用了"宰兽簋"历日"六年二月初吉甲戌"（见《文物》1998年第8期）。与天象框合，符合公元前1036年昭王六年天象，建丑，正月甲辰，二月甲戌。初吉指朔日。紧接着有"齐生鲁方彝盖"历日，"八年十二月初吉丁亥"，这与昭王八年公元前1034年天象相吻合：建丑，正月壬戌，二月壬辰……十一月戊午，十二月丁亥。两器历日，前后连贯，依董作宾先生的研究可归入"昭王铜器组"。

往下，昭王十八年公元前1024年天象，建寅，正月甲午……四月壬戌……八月庚申。这便是"静方鼎"历日：八月初吉庚申，[　]月既望丁丑。月相定点，既望十六丁丑，则壬戌朔。四月壬戌朔，正合。"月既望"，非当月既望，而是追记前事，实乃"四月既望丁丑"，与曶鼎铭文追记前事同例。

接着，昭王"十九年，天大曀，雉兔皆震"，这是公元前1023年午月丙戌的日食天象。查《日月食典》，查张培瑜《历表》（即《中国先秦史历表》，下同），都可以证实公元前1023年六月丙戌日确有日食，这几乎是公元前 1023 年为昭王十九年的铁证。

小盂鼎有"廿又五祀"说，又确实存在"卅又五祀"的版本。校比天象，小盂鼎历日"八月既望辰在甲申"合昭王三十五年公元前 1007 年天象，建子，七月甲寅，八月甲申。"辰在甲申"即甲申朔。

穆王元年为公元前 1006 年，在位五十五年。共王元年乃公元前 951 年。

师虎簋历日：佳元年六月既望甲戌。（《大系录》58）最早，王国维氏断为宣王元年器，后来郭沫若氏断为共王元年器。六月既望十六甲戌，则六月己未朔。王氏云："宣王元年六月丁巳朔，十八日得甲戌。是十八日可谓之既望也。"王氏用四分术推算，不知道四分术先天的误差，也读不到张培瑜的《历表》，所以便有"四分月相"的错误结论。

如果我们自己用四分术加年差分推算，或者直接查对张培瑜氏《历表》，公元前 951 年（共王元年）与公元前 827 年（宣王元年），都有六月己未朔。虽然可以肯定月相定点，既望是十六，不可能是十八，而一器合宣王又合共王，该如何解释？

有历术常识的人都会知道，日干支 60 日一轮回，月朔干支 31 年一轮回。公元前 951 年与公元前 827 年，正是月朔干支的四个轮回，所以都有六月己未朔。

应该说，郭沫若氏看到的器物更多，断代更为合理。近年发现虎簋盖，可以与师虎簋联系，师虎簋列为共王元年器，也就顺理成章。

趞曹鼎：隹十又五年五月既生霸壬午。月相定点，既生霸十五壬午，则五月戊辰朔。大家相信，这是共王标准器。

查对共王十五年公元前 937 年天象：建子，正月己巳朔……四月戊戌朔，五月戊辰朔。完全吻合。

西周中期器物甚多，最值得注意的是几个元年器。明确这些元年器的准确年代，以此为基准，用历日联系其他器物就有可能归类为同一王世的一组铜器，这正是董作宾先生的研究方法。用历日联系，就得对历术有通透的了解，最好是自己能推演实际天象，方可做到心明眼亮，是非分明，从而避免人云亦云。

涉及西周中期铜器，盛冬铃先生有一篇很好的文章，发在《文史》十七辑。笔者当年从中受到许多启发，才有了尔后对铜器历日的深入研究。盛先生还来不及从历术的角度进行探讨，就过早地走了，实在是铜器考古学界的悲哀。当今，能达到盛冬铃先生研究水平的人似乎太少，而想当然的主观臆度者比比皆是，皮相之见又自视甚高者亦大有人在。

先说元年器逆钟，历日"隹王元年三月既生霸庚申"。(《考古与文物》1981 年第 1 期)

今按，既生霸十五庚申，则丙午朔。共王以后，公元前 928 年天象：建子，正月丁未，二月丁丑，三月丙午（定朔丁未 01^h50^m，余分小，司历定为丙午）。

这个元年的王，只能是懿王或孝王，共王在位 23 年得以明确。

与逆钟历日联系的器物有"散伯车父鼎"，历日"隹王四年八月初吉丁亥"。合公元前 925 年天象：建子，八月丁亥朔。

还有"师伯硕父鼎",历日是"隹六年八月初吉乙巳"。合公元前923年天象：建子，八月乙巳朔。

还有"师才鼎"，历日是"隹王八祀正月，辰在丁卯"。辰在丁卯即丁卯朔。合公元前921年天象：上年当闰不闰，故建亥，正月丁卯朔。

还有"大簋"，历日是"隹十又二年二月既生霸丁亥"。既生霸十五丁亥，则癸酉朔。合公元前917年天象，建子，二月癸酉朔。

这样，从元年逆钟，到四年散伯车父鼎，到六年师伯硕父鼎，到八年师才鼎，到十二年大簋，铜器历日与实际天象完全吻合。以上都是同一王世器。这个元年为公元前928年的王应该是孝王，在共王之后，兄终弟及。共王之后，不是司马迁所记的懿王，懿王应在孝王之后。说见《共孝懿夷王序王年考》[2]。

再看一件元年器曶鼎。

曶鼎历日："唯王元年六月，既望乙亥"；"惟王四月既生霸，辰在丁酉"。

王国维氏以为，四月在六月前，为同一年间事。可从。铭文分三段。此乃立足六月（首段），又追记四月（次段），更追记往"昔"（三段）。

"辰在丁酉"即丁酉朔，既生霸十五干支辛亥不言自明。当年朔闰是：四月丁酉，五月丙寅，六月丙申。

丙申朔，既望十六即辛亥。古人记亥日，以乙亥为吉，丁亥为大吉。这两段历日都是辛亥。次段四月不言辛亥，而以月相"既生霸"称之，补充朔日"辰在丁酉"。前段还是避开辛亥，以吉日"乙亥"代之。

校比公元前 916 年天象，可考知实际用历是建丑，四月丁酉朔，六月丙申朔。

张汝舟经朔谱		张培瑜历表	实际用历	备注
子	戊戌 44	戊戌 13^{h}31^m	十二戊戌	
丑	戊辰 4	丁卯 23^{h}55^m	正戊辰	
寅	丁酉 503	丁酉 9^{h}58^m	二丁酉	
卯	丁卯 62	丙寅 20^{h}07^m	三丁卯	
辰	丙申 561	丙申 6^{h}44^m	四丁酉	四月辰在丁酉
巳	丙寅 120	乙丑 18^{h}1^m	五丙寅	
闰	乙未 619	乙未 6^{h}49^m	六丙申	六月既望辛亥
午	乙丑 178	甲子 20^{h}57^m	七乙丑	（记为乙亥）

详见《曶鼎王年考》。[③]

接续下去，王臣簋历日"隹二年三月初吉庚寅"，合公元前915 年天象。

接续下去，柞钟历日"隹王三年四月初吉甲寅"，合公元前914 年天象。

接续下去，卫鼎历日"隹九年正月既死霸庚辰"，合公元前908 年天象。

接续下去，大鼎历日"隹十又五年三月既（死）霸丁亥（乙亥）"，合公元前 902 年天象。

公元前899年，懿王十八年的四月丁亥朔日（建丑），天亮后发生了一次最大食分为0.97的日全食，天黑下来，到5.30分，天又亮了。当是"懿王十八年天再旦于郑"。以讹传讹，文献记载为："懿王元年，天再旦于郑。"古人竖写，"十八"误合为"元"。"合二字为一字之误"，古已有之。最明显的是："左师触龙言"成了"左师触詟"，迷误了两千余年。前几年出土了地下简文，才算明白了：只有触龙，并无触詟。或者说，"十八"本来就是合文，正如甲文"羲京""雍己""祖乙"是合文一样，后人将"十八"释读成了"元"。

以上器物，当归属懿王铜器组，这是借助器物自身的历日联系出来的，没有任何人为的强合或臆度。这是天象，是经得起历史检验的。

公元前916年是懿王元年，懿王十六年当是公元前901年，是年天象：建丑，正月庚子，二月庚午，三月己亥，五月戊戌，六月戊辰，七月丁酉，八月丁卯，九月丙申，十月丙寅……这里的"九月丙申朔"，就是士山盘历日所反映的天象。

"士山盘"历日是"既生霸"，月相定点，既死霸为朔为初一，既生霸当是十五。又岂能吻合？

古今华夏人的文化心态是相通的：图吉利，避邪恶。"死"，不吉利。所以有人就忌讳，自然也有人不忌讳。不忌讳的，直言之，直书之。忌讳的，可以少一"死"字，有意不言不书；也可以改"死"为"生"，图个吉利。

有意避"死"字不书的，如大鼎，历日"隹十又五年三月既霸丁亥"。我们早先总以为，"既霸"不词，是掉了字，是"历日自误"。经历术考证，乃"既死霸"，当补一"死"字。如果从避讳角度看，乃有意为之，不是误不误的问题。

改"死"为"生"的忌讳，就是"既生霸为既死霸例"。虽书为"既生霸"，实即"既死霸"（朔日），以望日十五求之，无一处天象符合；以朔日求之，则吻合不误。铜器历日已有数例，我们归纳为"既生霸为既死霸"这一特殊条例，借以解说特殊铜器历日。④公元前901年懿王十六年，九月丙申朔，这就是士山盘历日"隹王十又六年九月既生（死）霸丙申"的具体天象位置所在。

结论很清楚：月相定点，定于一日；没有两天、三天的活动，更不得有七天、八天的活动；什么"上半月既生霸、下半月既死霸"更是想当然的梦呓。王国维氏用四分术求天象，没有考虑年差分（就是365.25日与真值365.2422日的误差），便"悟"出"四分月相"，已经与实际天象不合。在"四分"的基础上，"二分月相"走得更远，谁人相信？以此排定"金文历谱"，以此考求西周年代，其结论的错误也就不言而喻了。

注释：

① 见《西周诸王年代研究》，贵州人民出版社，1997 年，第 367~379 页。

② 载《人文杂志》，1989 年第 5 期；又见《西周王年论稿》，贵州人民出版社，1996 年。

③ 载台湾《大陆杂志》，1992 年第 2 期第 85 卷；又见《西周王年论稿》。

④ 见《铜器历日研究》，贵州人民出版社，1999 年，第 35 页。

穆天子西征年月日考证

——周穆王西游三千年祭

公元 2007 年是周穆王西游三千年的重要纪年，千载难逢。我们应当记得它，应当纪念它。

周穆王西征，有《穆天子传》为证。事涉"三千年"，当然得从西周的年代说起。

司马迁《史记》的明确纪年始于西周共和元年，即公元前 841 年。那之前的年代，都是后人推算的。其中，武王克商的确切年代最为关键。克商年代，至今已有三四十家不同说法。影响大的有两家。旧说，即刘歆之说，克商在公元前 1122 年，有两千年了，史学界大体依从。新说，当是国家斥巨资集多方面力量，称之为"夏商周断代工程"所得出的结论，克商在公元前 1046 年。差异如此之大，靠得住吗？

姑且不说新说、旧说的是非，看一看克商年代的文献依据就能让我们头脑清醒。

反映克商月朔日干支的文字，一是古文《武成》，一是《逸周书·世俘》。

《新唐书·历志》称"班（固）氏不知历"，他的《汉书·律历志》多采用刘歆的文字，刘歆在《世经》中引了《周书·武成》："惟一月壬辰旁死霸，若翌日癸巳，武王乃朝步自周，于征伐纣。"

又引《武成》曰："粤若来三［二］月既死霸，粤五日甲子，咸刘商王纣。"

又引《武成》曰："惟四月既旁生霸，粤六日庚戌，武王燎于周庙。翌日辛亥，祀于天位。粤五日乙卯，乃以庶国祀馘于周庙。"

这就是今天我们能见到的古文《武成》。虽也有人提出过异议，史学界还是认同它的真实性。刘歆在引用后还写有他对原文的解说。如："至庚申，二月朔日也。四日癸亥，至牧野，夜阵。甲子昧爽而合矣。"又说："明日闰月庚申朔。……四月己丑朔［既］死霸。……是月甲辰望，乙巳旁之。"——这就是刘歆对克商月朔干支的理解。

稍加排列，是年前几月朔日干支便清清楚楚：一月辛卯朔，二月庚申朔，四月己丑朔。

再看《逸周书·世俘》：

维四月乙未日，武王成辟。四方通殷命，有国。

维一月丙午旁生魄，若翼日丁未，王乃步自于周，征伐商王纣。

越若来二月既死魄，越五日甲子朝至接于商，则咸刘商王纣，执矢恶臣百人。

《武成》说，一月初二（旁死霸）壬辰，初三癸巳，"武王乃朝步自周"。《逸周书》说,一月十六(旁生魄)丙午,第二天丁未,"王乃步自于周"。《武成》立足于朔,《世俘》立足于望,日序一致,两者并不矛盾。当是初三癸巳起兵,中间有停留,十七丁未又出发。二月既死魄(庚申朔),第五天"甲子朝至接于商"。《世俘》与《武成》吻合。

月相的含义也清楚明白:既死魄(霸)为朔为初一,旁死魄(霸)取傍近既死魄之义为初二;既生魄与既死魄相对为望为十五,旁生魄(霸)取傍近既生魄之义为望为十六,既旁生魄(霸)指旁生魄后一日为十七。月相是定点的,定于一日。一个月相不会管两天三天,也不会管七天八天,更不会相当于半个月。这是至关重要的。这是《武成》与《世俘》明白告诉我们的。有的人就是视而不见!

克商之年前几月的朔干支当是:一月辛卯朔,二月庚申朔,×月庚寅朔,×月己未朔,四月己丑朔。二月至四月间必有一闰,刘歆据四分术朔闰定二月闰,可从。闰二月庚寅朔,三月己未朔。

以此比勘实际天象,公元前1122年、前1046年皆不符合。历日干支与公元前1044年、前1075年、前1106年天象可合。因为历朔干支周期是三十一年,克商年代必在这三者之中。依据文献记载,考求出土铜器铭文,武王克商只能是公元前1106年。

1976年于临潼出土利簋,铭文:"王武征商,唯甲子朝。"确证了克商的时日干支。

西周的总年数,可参照《史记·鲁世家》。因为《鲁世家》记载鲁公在位年数大体完整。《史记·鲁世家》记:封周公旦于少昊之虚曲阜，是为鲁公。周公不就封，留佐武王。武王克殷二年，天下未集，武王有疾，不豫……其后武王既崩，成王少，在襁褓之中。周公恐天下闻武王崩而畔，周公乃践祚，代成王摄行政当国。……于是卒相成王，而使其子伯禽代就封于鲁……伯禽即位之后，有管、蔡等反也。淮夷、徐戎，亦并兴反。于是伯禽率师伐之于肸……遂平徐戎，定鲁。鲁公伯禽卒，子考公酋立。考公四年卒，立弟熙，是为炀公……六年卒，子幽公宰立。幽公十四年，幽公弟沸杀幽公而自立是为魏公。魏公五十年卒，子厉公擢立。厉公三十七年卒，鲁人立其弟具，是为献公。献公三十二年卒，子真公濞立。真公十四年，周厉王无道，出奔彘，共和行政。二十九年，周宣王即位。三十年，真公卒，弟敖立，是为武公。武公九年春，武公与长子括、少子戏西朝周宣王。宣王爱戏……卒立戏为太子。夏，武公归而卒，戏立，是为懿公。懿公九年，懿公兄括之子伯御与鲁人攻弑懿公，而立伯御为君。伯御即位十一年，周宣王伐鲁，杀其君伯御……乃立称（鲁懿公弟）于夷宫，是为孝公……孝公二十五年，诸侯畔周，犬戎杀幽王。

司马迁所记西周一代鲁公年次，大体是清楚的。异议最多只有两处：伯禽年数，炀公年数。伯禽卒于康王十六年，这是明确的。周公摄政，七年而返政成王，"后三十年四月……乙丑，成王崩"。伯禽代父治鲁是在周公摄政之初，而不是成王亲政之后。伯禽治鲁后，有管、蔡等反，淮夷、徐戎亦反。接着有周公东征，伯禽亦率师伐徐戎，定鲁。《鲁世家》载，伯禽代父治鲁之后"三年而后报政周公"，"太公亦封于齐，五月而报政周公"，引起周公有"何迟""何疾"之叹。很清楚，周公与太公受封是在武王克殷之后，伯禽"之鲁"当在周公摄政之初，是代父治鲁。成王亲政元年，"此命伯禽俾侯于鲁之岁也"（《汉书·律历志》），成王正式封伯禽为鲁侯。到康王十六年，伯禽卒。这样，代父治鲁七年，作为鲁侯治鲁四十六年，总计五十三年。这与《史记集解》"成王元年封，四十六年，康王十六年卒"的记载也是吻合的。

鲁炀公年数，《鲁世家》记"六年"，《汉书·世经》作"《世家》：炀公即位六十年"，汲古阁本《汉书》作"炀公即位十六年"。《世经》同时又记"炀公二十四年正月丙申朔旦冬至"为蔀首之年，至"微（魏）公二十六年正月乙亥朔旦冬至"复为蔀首之年。这就否定了六年说、十六年说。这一蔀七十六年中间，还有幽公十四年，炀公在位必六十年无疑。

这样，武王 2 年+周公摄政 7 年+伯禽 46 年+考公 4 年+炀公 60 年+幽公 14 年+魏公 50 年+厉公 37 年+献公 32 年+真公 30 年+武公 9 年+懿公 9 年+伯御 11 年+孝公 25 年=336 年。这是明白无误的《鲁世家》文字，是考证西周一代王年的依据。西周总年数 336 年，武王克商当在公元前 1106 年。实际天象，出土铭文，文献记载，都证实了这一结论。

《史记·封禅书》："武王克殷二年，天下未宁而崩。"周公摄政七年，返政成王，《汉书·律历志》载："后三十年四月……乙丑，成王崩。"《竹书纪年》载，康王在位二十六年。昭王在位年数众说纷纭，而小盂鼎铭文旧释"廿又五祀"，当是"卅又五祀"，乃昭王时器，可证昭王在位三十五年。

武 2+摄政 7+成 30+康 26+昭 35＝100 年，正百年之数，这就证实《晋书》所载"自周受命至穆王百年"是靠得住的。前人说"受命"指的是"文王受命",实则指武王克商。又,昭王在位之年,其说甚多,十九年说影响尤大。《史记》载,穆王即位"春秋已五十矣",这就否定了昭王在位十九年说、二十四年说(新城新藏)。在位三十五年,昭王年岁当在七十以上,才可能有一个五十岁的儿子穆王。这是简单的生理常识啊!

又,《史记·秦本纪》张守节《正义》云:"年表穆王元年去楚文王元年三百一十八年。"楚文王元年即周庄王八年,合公元前 689 年。318 + 689 = 1007,不算外,穆王元年当是公元前 1006 年,上距克商的公元前 1106 年正是"自周受命至穆王百年"。

文献记载的穆王高寿长命,都是于史有据的。《史记·周本纪》载:"穆王即位,春秋已五十矣。……穆王立五十五年崩,子共王翳扈立。"《竹书纪年》记穆王"五十五年,王陟于祗宫"。《太平御览》引《帝王世纪》:"五十五年,王年百岁,崩于祗宫。"《尚书·吕刑》载:"唯吕命,王享国百年,耄荒,度作刑,以诘四方。"这里的"百岁""百年",当然指的是整数,《帝王世纪》的作者不会不读《史记》。穆王活到一百零五岁,古人不疑,今人反认为不可能,于是穆王在位就有了 45 年(马承源)、41 年(董作宾、刘起益)、37 年(丁山、刘雨)、27 年(周法高),甚至 20 年(陈梦家)、14 年(何幼琦)种种说法。如此不顾文献,实在令人惊讶。我们说,离开了文献记载,还有什么历史可言啊!百年来,东西方文化交流,西方人怎么"大胆假设",还可理解,号称史学家的中国人抛弃文献信口雌黄,就不好理解了。

穆王元年乃公元前 1006 年，这是不容置疑的。

弄明白穆王在位的具体年代，公元前 1006 年至前 952 年，计 55 年，再考求穆天子西游的年月日才有可能。

中华民族最重视史事的记录，汉字的史、事本来就是一个字，帝王身边有史官记言记事，古代史料记载的丰富是不言而喻的。中华民族的历史既是悠长的，更是延绵不断的，这在世界上绝无仅有。《春秋》仅是鲁国的大事记国史，只不过经孔子整理而得以保存下来。其实，各诸侯国都是有国史的，从《竹书纪年》看，周王朝的大事记更不当缺。《逸周书·史记》载，周穆王要左史"取遂事之要戒"，朔日、望日讲给他听。也就是录取史料中的重要的可鉴戒的事，供他参考借鉴。足见周穆王时是有史事记录的，左史才可能给他辑录。可惜，国史仅传下来一部《春秋》，更早的只有一些零散的文字。

史载，西晋初年汲郡人不准盗取战国古墓，有大量竹简古书，经当时学者荀勖等人整理，一批古籍得以保留下来，其中就有史事记录两种，这就是《竹书纪年》与《穆天子传》。

《穆天子传》记录周穆王西行的史事，历时两年，远行到今之中亚，文字中干支历日明明白白，地名记载清清楚楚，即便是经过春秋、战国间人整理，作为穆王的史事，还是可信的，不当有什么疑义，更不必看作什么传奇小说，当作古人的故事编写。

据《艺文类聚》载，"穆王十三年，西征，至于青鸟之所憩"，这当是穆王的初次西行。《穆天子传》卷四载，"比及三年，将复而野"，还要再去。因为传文残缺，无明确年月，只有日干支记录。我们仅能据干支将行程一一复原，再现三千年前穆王西行的史事。

穆王十三年即公元前 994 年，我们将前后年次的月朔干支一一列出，穆王的西行也就大体明白了。

公元前 995 年——穆王十二年

子	丁未	84	（丁未 07^{h}19^m）
正	丑	丙子	583
二	寅	丙午	142
三	卯	乙亥	641（乙亥 13^{h}16^m）★
四	辰	乙巳	200
五	巳	甲戌	699
六	午	甲辰	258
七	未	癸酉	757
八	申	癸卯	316
九	闰	壬申	815
十	酉	壬寅	374
十一	戌	辛未	873
十二	亥	辛丑	432

注：84，指四分数小余。07^{h}19^m，指合朔 07 时 19 分，见张培瑜《中国先秦史历表》。

郭沫若氏《大系录》61 载走簋"隹王十又二年三月既望庚寅"。既望十六庚寅，必乙亥朔。这正合穆王十二年天象：卯月乙亥朔。见上★处。是年建丑，当闰未置闰，转入下年建子。

公元前 994 年——穆王十三年

正　　子　　庚午　　928（辛未 08^{h}54^m）

二　　丑　　庚子　　487

三　　寅　　庚午　　46（庚午 05^h49^m）

四　　卯　　己亥　　545

五　　辰　　己巳　　104

六　　巳　　戊戌　　603（戊戌 05^h34^m）★

闰六　午　　戊辰　　162

七　　未　　丁酉　　661

八　　申　　丁卯　　220

九　　酉　　丙申　　719

十　　戌　　丙寅　　278

十一　亥　　乙未　　777

十二　子　　乙丑　　333

郭沫若《大系录》80 载，望簋"唯王十又三年六月初吉戊戌"。六月戊戌朔，正合穆王十三年天象：巳月戊戌朔。见上 ★ 处。本年不当闰而闰，转入下年建丑。

公元前 993 年——穆王十四年

正　　丑　　甲午　　832（乙未 08^h54^m）

二　　寅　　甲子　　391

三　　卯　　癸巳　　890

四　　辰　　癸亥　　449

五　　巳　　癸巳　　8

六　　午　　壬戌　　507

七　　未　　壬辰　　66

八　　申　　辛酉　　565

九　　酉　辛卯　124

十　　戌　庚申　623

十一　亥　庚寅　182

以上所列子、丑、寅、卯……是实际天象，是用四分术推算出来的。在不能推步制历的春秋后期以前，是观察星象制历，即观象授时。在没有找到朔闰规律之前，只能随时观察，随时置闰。这样，实际用历与实际天象就不可能完全吻合，允许有一定的误差。月球周期 29.53 日，有个 0.53，半日还稍多。而干支纪日是整数，不可能记"半"，这个 0.53 必然地前后游移，甲子记为乙丑，乙丑记为甲子，都算正常。还有个置闰问题，按推步制历当闰，而实际用历却未闰，不当闰却又置闰了，建正就有个游移，或建丑或建子，并不固定。懂得以上两点，实际用历与实际天象的勘合与校比，才有可能。

下面，我们将《穆天子传》有关文字录入，穆王西游的整个行程也就昭白于天下。

卷一，开篇"饮天子蠲山之上"，说明书已残缺，当有穆天子从宗周洛邑出发过黄河至蠲山的记录。书的首页，按后面的惯例应当是"仲春庚子""季春庚午"之类的纪时文字。第一个纪日干支是"戊寅"，是在朔日庚午之后，说明穆天子在季春三月初出发，几天后到了黄河之北山西东部的蠲山。从上面公元前994 年（穆王十三年）实际天象推知，三月朔庚午（小余 46分），分数小，也可以是"三月己巳朔"，顾实《穆天子传西征讲疏》就定"己巳朔"，戊寅初十。顾实在二月后置闰，戊寅就成了"闰二月初十"。本不为错，考虑到接续"望篮"历日，闰二月就不恰当了。

定三月庚午朔（05^{h}49^m）。初九戊寅，天子北征，乃绝漳水。十一庚辰，至于□。十四癸未，雨雪，天子猎于邢山之西阿。十六日乙酉，天子北升于□，天子北征于犬戎。二十一日庚寅，北风雨雪，天子以寒之故，命王属休。二十五日甲午，天子西征，乃绝隃之关隥（今雁门山）。

四月己亥朔（13^{h}43^m）。初一己亥，至于焉居、禺知之平。初三辛丑，天子西征，至于䣙人。初五癸卯〔酉〕（此月无癸酉），天子舍于漆泽，乃西钓于河。初六甲辰，天子猎于渗泽。初八丙午，天子饮于河水之阿。初十戊申〔寅〕（此月无戊寅），天子西征，骛行，至于阳纡之山。十五癸丑，天子大朝于燕然之山，河水之阿。二十日戊午，天子命吉日戊午，天子大服，天子授河宗璧。二十一己未，天子大朝于黄之山。二十七乙丑，天子西济于河。二十八丙寅，天子属官效器。

五月己巳朔。《传》无载。

六月戊戌朔（05^{h}34^m）。望簋：唯王十又三年六月初吉戊戌。铭文与天象吻合。

卷二，丁巳……知此前有若干脱漏。丁谦云：距前五十一日。盖自河宗至昆仑、赤水须经西夏、珠余、河首、襄山诸地。五十一日行四千里恰合。

戊戌朔，二十日丁巳，天子西南升□之所主居。二十一戊午，寿□之人居虑。二十四吉日辛酉，天子升于昆仑之丘，以观黄帝之宫。二十六癸亥，天子具蠲齐牲全，以禋□昆仑之丘。二十七甲子，天子北征，舍于珠泽。

《传》载"季夏丁卯",即六月丁卯朔。说明实际用历,前六月戊戌朔,月小,二十九日。而实际天象,午月戊辰朔162分(丁卯15^{h}10^m),实际用历午月(后六月)丁卯朔,不用四分术戊辰162分,更近准确。

闰六月丁卯朔,季夏(初一)丁卯,天子北升于春山之上以望四野。初六壬申,天子西征。初八甲戌,至于赤乌之人其献酒千斛于天子。十三日己卯,天子北征,赵行□舍。十四日庚辰,济于洋水。十五日辛巳,入于曹奴之人戏觞天子于洋水之上。顾实云:"曹奴当即疏勒。"十六壬午,天子北征,东还。十八日甲申,至于黑水。降雨七日。二十五辛卯,天子北征,东还,乃循黑水。二十七癸巳,至于群玉之山。

闰六月,月大,三十日。故《传》载"孟秋丁酉",进入七月。

七月丁酉朔(02^{h}47^m),四分术丁酉朔661分。孟秋初一丁酉,天子北征。初二戊戌,天子西征。初五辛丑,至于剞闾氏。初六壬寅,天子祭于铁山。已祭而行,乃遂西征。初十丙午,至于鹖韩氏。十一日丁未,天子大朝于平衍之中。十三日己酉,天子大飨正工、诸侯、王吏、七萃之士于平衍之中。十四日庚戌,天子西征,至于玄池。天子三日休于玄池之上。十七日癸丑,天子乃遂西征。二十日丙辰,至于苦山。二十一日丁巳,天子西征。二十三日己未,宿于黄鼠之山西(阿)。二十七癸亥,至于西王母之邦。

卷三,吉日甲子二十八日,天子宾于西王母。二十九乙丑,天子觞西王母于瑶池之上。

八月丙寅朔（16ʰ58ᵐ），四分术丁卯朔 220 分。《传》无载。

九月丙申朔（09ʰ51ᵐ），四分术丙申朔 719 分。

实际用历九月丙申朔。初一丙申。十二丁未，天子饮于温山。十四日己酉，天子饮于溽水之上。六师之人毕聚于旷原。天子三月舍于旷原。六师之人翔畋于旷原。六师之人大畋九日。

十月丙寅朔（04ʰ42ᵐ），四分术丙寅朔 278 分。

十一月乙未（23ʰ58ᵐ），四分术乙未朔 777 分。

十二月乙丑朔（17ʰ48ᵐ），四分术乙丑朔 333 分。

公元前 993 年，穆王十四年，上年置闰，闰六月，转入今年建丑，正月乙未朔（08ʰ54ᵐ），四分术甲午 832 分。甲午分数大，与乙未相差无几。实际用历取甲午，或取乙未，均可。

正月（丑）甲午朔（乙未 08ʰ54ᵐ）。《传》无记。

二月（寅）甲子朔 391 分（甲子 20ʰ57ᵐ）。《传》无记。

三月癸巳 890 分（甲午 06ʰ28ᵐ）。顾实取甲午朔，己亥初六。癸巳朔，初七己亥，天子东归。初八庚子，至于□之山而休，以待六师之人。

四月癸亥朔 449 分（12ʰ25ᵐ）。顾实取四月甲子朔，初一甲子，十七庚辰，天子东征。二十日癸未，至于戊□之山。二十二乙酉，天子南征，东还。二十六己丑，至于献水，乃遂东征。

五月癸巳朔 8 分（壬辰 21ʰ37ᵐ）。癸巳分数小，壬辰分数大，朔日近之。因为后有"孟秋癸巳""（仲）秋癸亥"的文字，顾实取五月甲午朔，虽朔差一日，视为实际用历，可从。这样，从二月甲子朔算起，出现四个连大月，似乎不好理解。考虑到历术的粗略，又是远在千里万里之外的记录，朔差一日，也是情有可原的，未便苛求。否则，后面的"孟秋癸巳"就不好解释了。实际天象不会错，是实际用历出了偏差，将一个小月误记为大月，如此而已。

五月甲午朔，初六己亥，至于瓜纻之山。初八辛丑，天子渴于沙衍，求饮未至，七萃之士高奔戎刺其左骖之颈，取其青血以饮天子。十一日甲辰，至于积山之边。十二日乙巳，诸飦献酒于天子。

六月壬戌朔 507 分（04$^\text{h}$49$^\text{m}$）。实际用历，顾实定癸亥朔，朔差一日。

卷四，初一癸亥，十八庚辰，至于滔水。十九辛巳，天子东征。二十一日癸未，至于苏谷。二十四丙戌，至于长浟。二十五丁亥，天子升于长浟，乃遂东征。二十八庚寅，至于重㟥氏黑水之阿。

七月辛卯朔（12$^\text{h}$54$^\text{m}$），四分术壬辰 66 分。实际用历，顾实据《传》记"孟秋癸巳""五日丁酉"定癸巳朔，朔差一日。

七月初一癸巳，孟秋癸巳，命重㟥氏供食于天子之属。"五日丁酉"即初五丁酉，天子升于采石之山，于是取采石焉。天子一月休。

八月庚申朔（22$^\text{h}$56$^\text{m}$），四分术辛酉 565 分。实际用历，顾实据《传》"（仲）秋癸亥"定八月癸亥朔。援例，"季夏丁卯""孟秋丁酉""孟秋癸巳""（仲）秋癸亥"，皆指朔日。四分术，七月壬辰 66 分，月大，八月壬戌朔。壬戌之去癸亥，还是朔差一日，这是记事者延续前面的失误却不知而不改。这个"失误"仅是今人的认识，反映了当时人的历术水平而已。干支纪日并不紊乱，大原则没有出错，只是在处理月大月小上没有找到规律。到春秋时代，大月小月的周期才得以逐步掌握，从《春秋左氏传》的历日中可以考知。

(仲)秋癸亥，八月癸亥朔。初一癸亥，天子觞重邕之人鯀鹜。初三乙丑，天子东征，鯀鹜送天子至于长沙之山。初四丙寅，天子东征，南还。初七己巳，至于文山。天子三日游于文山。初十壬申（误记"壬寅"，本月无壬寅），天子饮于文山之下。十一癸酉，天子命驾八骏之乘。十二甲戌，巨蒐之人戫奴觞天子于焚留之山。十三日乙亥，天子南征阳纡之东尾。十九日辛巳，至于□璘河之水北阿。

九月庚寅朔（11ʰ58ᵐ），四分术辛卯 124 分，两者误差在半日，算是吻合。实际用历，承上月癸亥朔，本月壬辰朔，与辛卯朔差一日。

九月壬辰朔，二十二癸丑，天子东征，栢夭送天子至于鄘人。天子五日休于澡泽之上。二十七戊午，天子东征。

十月庚申（04ʰ22ᵐ），四分术庚申 623 分。实际用历，承上月壬辰朔，本月壬戌朔。

"孟冬壬戌"即十月壬戌朔，与上诸例吻合。十月初一壬戌，至于雷首。犬戎胡觞天子于雷首之阿。初二癸亥，天子南征。初五丙寅，天子至于钘山之队（隧）。十二癸酉，天子命驾八骏之乘，赤骥之驷，造父为御。南征翔行，迳绝翟道，升于太行，南济于河，驰驱千里，遂入于宗周。十九庚辰天子大朝于宗周之庙。吉日甲申二十三，天子祭于宗周之庙。二十四乙酉，天子□六师之人于洛水之上。二十六丁亥，天子北济于河。

十一月己丑（23^{h}22^m），四分术庚寅 182 分，己丑合朔在夜半 23^{h}22^m，与庚寅吻合。实际用历，承上月壬戌朔，定本月壬辰朔。朔差一日。

十一月壬辰朔，记"仲冬壬辰"，至累山之上。初六吉日丁酉，天子入于南郑。西征结束。

以上，我们将《穆天子传》主体文字录入纪时系统，可以弄明白很多问题：

《穆天子传》是一部珍贵的史料记录，记录了周穆王西征的整个行程，季节时日记载得清清楚楚，历日干支前后连贯，一丝不乱，这就体现了它的真实性与可靠性。说明周穆王时代是有"史记"的，整个西周一代也是有"史记"的，没有这个"源"，就没有《春秋》这个"流"。

《穆天子传》记录了周穆王十三年、十四年西行的主要活动，反映了三千年前中原与西域与中亚的沟通，各民族的交流往来可追溯到三千年前，穆王西征有开拓性的意义。

周穆王十三年合公元前 994 年，十四年合公元前 993 年，实际天象与《穆天子传》所记历日干支完全吻合，这难道是偶然的吗？历日干支的记录反映了中华民族三千年前的历术水平。借助干支历日的记录，三千年后的今天，我们能够将它们一一复原，本身就说明华夏民族早期的历术水平是高超的，大体准确的，不用说在当时也是首屈一指的。

干支历日的勘合校比，证实周穆王元年当在公元前 1006 年，它对于整个西周一代王年的探讨有重要意义。旧说克商在公元前 1122 年，新说克商在公元前 1046 年，都会从根本上动摇。

从观象授时到四分历法

——张汝舟与古代天文历法学说

顾炎武《日知录》有言："三代以上，人人皆知天文。'七月流火'，农夫之辞也；'三星在天'，妇人之语也；'月离于毕'，戍卒之作也；'龙尾伏辰'，儿童之谣也。"

在中国古诗文中提及天文星象的比比皆是，如"七月流火，九月授衣"（《诗经·豳风·七月》）；"牵牛西北回，织女东南顾"（晋陆机《拟迢迢牵牛星》）；"人生不相见，动如参与商"（唐杜甫《赠卫八处士》）；等等。可见，在古代，"观星象"是件寻常事，绝非难事。

但到了近现代，天文却成为"百姓日用而不知"的学问。所以顾炎武慨叹："后世文人学士，有问之而茫然不知者矣。"

20 世纪 60 年代，张汝舟先生凭借其扎实的古汉语功底、精密的考据学研究方法和现代天文历算知识，完整地释读了中国古代天文历法发展主线。从夏商周三代"观象授时"到战国秦汉之际历法的产生与使用过程，他拨开重重迷雾，厘清了天文学史中的诸多疑难问题，使得这一传统绝学恢复其"大道至简"的本质，成为简明、实用的学问。

考据成果

《周易》《尚书》《诗经》《春秋》《国语》《左传》《吕氏春秋》《礼记》《尔雅》《淮南子》等古籍中有大量详略不同的星宿记载和天象描述。《史记·天官书》《汉书·天文志》更是古天文学的专门之作。

夏、商、周三代观象授时的"真相"，经历春秋战国的社会动荡，到汉代已经说不清楚了。历法产生后，不必再详细记录月相，以致古代月相名称"生霸""死霸"的确切含义竟也失传。自汉代至今，众多学者研究天文历法，著作浩如烟海。研究者受限于时代或者本人天文历算水平，有些谬误甚深，把可靠的古代天文历法宝贵资料弄得迷雾重重。张汝舟先生对此一一加以梳理。

1. **厘清"岁星纪年"迷雾**。"岁星纪年"在春秋时期一度行用于世，少数姬姓国及几个星象家都用过。岁星，即木星，运行周期为 11.86 年，接近 12 年。"观象"发现岁星每年在星空中走过一辰 30°，将周天分为十二辰，岁星每年居一辰，这就是岁星纪年的天象依据。可是，岁星运行周期不是 12 年整，每过八十余年就发生超辰现象。这是客观规律，无法更改。鲁襄公二十八年（前 545），出现了"岁在星纪而淫于玄枵"。"岁星纪年"因此破产，仅行用百余年。而古星历家用以描述岁星运行的十二次（十二宫）名称（星纪、玄枵、娵訾……）却流传下来。而后，星历家又假想一个理想天体"太岁"，与岁星运行方向相反，产生"太岁纪年法"。但终因缺乏实观天象的支撑，也仅昙花一现。另取别名"摄提格""单阏""执徐""大荒落"……作为太岁纪年的名称，代替十二地支。阅读古籍时，将这些"特殊名称"理解为干支的别名即可（见表一）。

表一　春秋战国时期所用干支纪年别名与干支对应关系表

十天干	甲	乙	丙	丁	戊	己	庚	辛	壬	癸	
《史记》	焉逢	端蒙	游兆	强梧	徒维	祝犁	商横	昭阳	横艾	尚章	
《尔雅》	阏逢	游蒙	柔兆	强圉	著雍	屠维	上章	重光	玄黓	昭阳	
十二地支	寅	卯	辰	巳	午	未	申	酉	戌	亥	子	丑
《史记》《尔雅》	摄提格	单阏	执徐	大荒落	敦牂	协洽	涒滩	作鄂/作噩	阉茂	大渊献	困敦	赤奋若
岁星纪年十二次	娵訾	降娄	大梁	实沈	鹑首	鹑火	鹑尾	寿星	大火	析木	星纪	玄枵

2. **纠正"四象"贻害**。张汝舟先生绘制的星历表是依据宋人黄裳《星图》所绘二十八宿次序画的。传统星历表迷信《史记·天官书》的"四象"说，二十八宿分为东方苍龙、北方玄武、西方白虎、南方朱雀。由于四灵要配四象，于是宿位排列颠倒了，后人误排二十八宿、十二宫方向，贻误不浅。（见表二）

张氏星历表（见表三）纠正了二十八宿排列次序；删除外圈十二地支；增加"岁差"方向；增加二十八宿上方括号内数字，这是唐宋历家所测，与春秋时期数据差异不大。用此表释读古籍中的天象清晰明了。

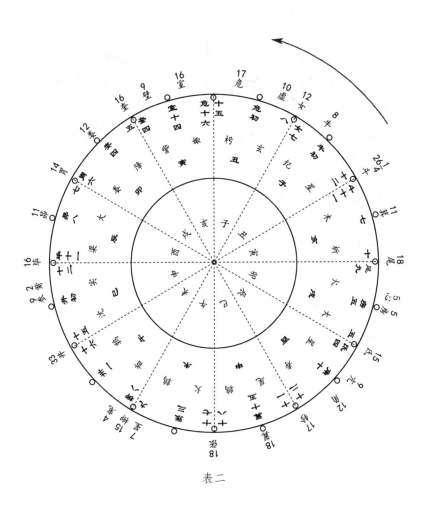

表二

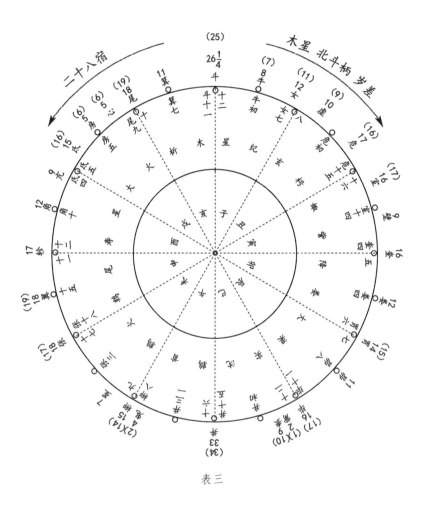

表三

表四　三代建正表

月	子	丑	寅	卯	辰	巳	午	未	申	酉	戌	亥
周历	正	二	三	四	五	六	七	八	九	十	十一	十二
殷历	十二	正	二	三	四	五	六	七	八	九	十	十一
夏历	十一	十二	正	二	三	四	五	六	七	八	九	十
四季	仲冬	季冬	孟春	仲春	季春	孟夏	仲夏	季夏	孟秋	仲秋	季秋	孟冬

3. 否定"三正论"。观象授时时期，古人规定冬至北斗柄起于子月，终于亥月，这是实际天象，不可更改。每年以何月为正月，则会导致月份与季节之间调配不同，这就是"建正"（用历）问题。春秋时期人们迷信帝王嬗代之应，"三正论"大兴，他们认为夏商周三代使用了不同的历法，"夏正建寅，殷正建丑，周正建子"，即夏以寅月为正月，殷以丑月为正月，周以子月为正月。"改正朔"，以示"受命于天"。秦始皇统一中国后，以十月为岁首，也源于此。（见表四）

实际上，四分历产生之前，还只是观象授时，根本不存在夏商周三代不同正朔的历法。所谓周历、殷历、夏历不过是春秋时期各诸侯国所用的子正、丑正、寅正的代称罢了。春秋时代诸侯各国用历不同是事实，实则建正不一。大量铜器历日证明，西周用历建丑为主，失闰才建子建寅。春秋经传历日证明，前期建丑为主，后期建子为主。

排除"三正论"的干扰，中流伏内的含义才得以显现。依据《夏小正》"八月辰（房宿）伏""九月内（入或纳）火""正月初昏参中""三月参则伏"等连续的星象记载，确定中、流、伏、内是二十八宿每月西移一宫（30°）的定量表述。张汝舟在《〈（夏）小正〉校释》里详加阐释。《诗经·七月》中"七月流火"是实际天象，是七月心宿（大火）在偏西30°的位置，则六月大火正中，这是殷历建丑的标志。毛亨注"七月流火"（"火，大火也；流，下也"）已经不能精确释读天象了。后世多依毛氏阐述，远离了天文的"真相"。（见表五）

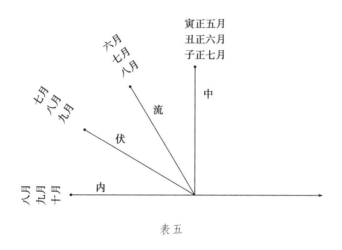

表五

4. **否定《三统历》**。汉代刘歆编制的"三统历"详载于班固《汉书·律历志》，《三统历》被推为我国三大名历（汉《三统历》、唐《大衍历》、元《授时历》）之首，实则徒有虚名。"三统历"本质即为四分历，是《殷历》"甲寅元"的变种，且从未真正行用过。刘歆用"三统历"推算西周纪元元年，但受时代限制，他不明四分术本身的误差，也不知道"岁差"的存在。所以他推算西周历日总有三天、四天的误差。王国维先生即是据《三统历》推算结果悟出"月相四分说"，上了刘歆的当。

"四象""三正论""三统历""岁星纪年"，张汝舟称之为"四害"。去除"四害"，方能建立正确的星历观。

四分历法

语言学家、楚辞学家汤炳正先生曾言："两千年以来，汝舟先生是第一位真正搞清楚《史记·历书·历术甲子篇》与《汉书·律历志·次度》的学者。"《历术甲子篇》《次度》是中国古代天文历法的两大宝书，尘封两千余年，无人能识。张汝舟先生考据出司马迁所记《历术甲子篇》正是我国第一部历法——四分历；《次度》所记载的实际天象，正是四分历实施之时，在战国初年公元前427年（甲寅年）。依此两部宝书，张汝舟先生还原了我国从战国初到三国蜀汉亡行用了700年的四分历。

四分历是以365又1/4日为回归年长度，29又499/940日为朔策（平均一月长度），十九年闰七为置闰方法的最简明历法。张汝舟先生熟知现代天文历法体系，明了四分历的误差，发明出3.06年差分的算法，以公元前427年为原点，前加后减，修正四分历的误差。这一算法的发明，使古老的四分历焕发青春。简明的四分历法成为可以独立运用的历法体系，上推几千载，下算数千年。其推算结果，既与现代天文学推测的实际天象相吻合（只有平朔、定朔的误差而已），又与古籍、出土文物中的历点相吻合，客观上验证了张汝舟先生所建立的天文历法体系的正确性。张汝舟先生不仅还原了四分历的使用历史，同时构建了一套完整自洽并可以独立运用的古代天文历法体系。

张汝舟先生精研古代天文历法，首先应用于西周年代学研究。1964年发表《西周考年》，得出武王克商在公元前1106年，西周总年数336年的确凿结论。

《史记》年表起于共和元年（前841），共和元年至今近三千年纪年，历历分明。共和之前西周各王年，向无定说。最重要的时间点即是"武王克商"之年。李学勤先生说："武王克商之年的重要，首先在于这是商周两个朝代的分界点，因此是年代学研究上不可回避的。这一分界点的推定，对其后的西周来说，影响到王年数的估算；对其前的夏商而言，又是其积年的起点。"

《西周考年》中利用古籍、出土器物的41个宝贵历点（有王年、月份、纪日干支及月相的四要素信息），以天上材料（实际天象）、地下材料（出土文献）与纸上材料（典籍记载）"三证合一"的系统方法论，确证武王克商在公元前1106年。张汝舟先生总结他的方法为一套技术——四分历推步，四个论点——否定"三统历"、否定"三正论"、否定"月相四分说"、确定"失闰限"与"失朔限"。

"月相四分说"与"月相定点说"是目前史学界针锋相对的两种观点。"月相四分说"是王国维先生在"三统历"基础上悟出的，在夏商周断代工程中进一步演化为"月相二分说"。而张汝舟先生坚持的"月相定点说"是四分历推步的必然结果，有古籍、青铜器中历点——印证。月相定点与否的争执，本质是对古代四分历法是否有足够清晰认识的问题。

清儒有言："不通声韵训诂，不懂天文历法，不能读古书。"诚非虚言。考据古天文历法是一项庞大繁难的系统工程。古天文历法源远流长，张汝舟先生的学术博大精深，本文所述仅是"冰山一角"。我们在从汝舟师学习的过程中有这样的体会：一是要树立正确的星历观点，才不至为千百年来的惑乱所迷；二是要进行认真的推算，达到熟练程度，才能更好地掌握他的整个体系。张汝舟先生古天文历法体系是简明、实用的，用于考证古籍中的疑年问题游刃有余，用于先秦史年代学的研究屡建奇功。

应用举例

例1.《尚书·尧典》四仲中星及"岁差"

《尧典》所记"日中星鸟，以殷仲春""日永星火，以正仲夏""宵中星虚，以殷中秋""日短星昴，以正仲冬"是观象授时的最早星象记录，当时仅凭目力观测，未必十分准确。《尧典》作于西周时代应该无疑。运用张氏星历表计算，南方星宿至东方心宿（大火）的距离为星 7/2+张 18+翼 18+轸 17+角 12+亢 9+氐 15+房 5+心宿 5/2＝100 度（首尾两星宿用度数 1/2，其他星宿顺序相加），心宿至北方虚宿 82.75 度，虚宿至西方昴宿 94.5 度，昴宿至星宿 88 度，四个数相加正合周天 365.25 度（中国古代一周天为 365.25 度，等于现代天文学的 360°，古代一度略小于1°）。四个星宿大致四分周天，均在 90 度上下，正对应四个季节时间中点。若昏时观天象，春分时，星宿在南中天。夏至时是大火正中，秋分时是虚宿，冬至时为昴宿。

东晋成帝时代，虞喜根据《尧典》"日短星昴"的记载，对照当时冬至点日昏中星在壁宿的天象，确认每年冬至日太阳并没有回到星空中原来恒星的位置，而是差了一点儿，这被称为岁差。

张汝舟先生利用"岁差"，分析古籍中"冬至点"的位置变化，最终得出《次度》所记"星纪：初，斗十二度，大雪；中，牵牛初，冬至；终于婺女七度"是战国初期四分历初创时的实际天象。

张氏星历表（见表三）可以直观解读古籍中的天文天象。

例2. 屈原的出生年月问题

这是文史界的热门话题。近人多信"岁星纪年"，用所谓"太岁超辰"来推证，生出多种多样的结论，但却无法令人信服。

《离骚》开篇"摄提贞于孟陬兮，惟庚寅吾以降"，就告诉了我们屈原生于寅年寅月寅日。考虑屈原政治活动的时代背景，其出生年只能在两个寅年，一是公元前355年丙寅（游兆摄提格），一是公元前343年戊寅（徒维摄提格）。我们用四分历推步法来检验（推算过程略）。公元前355年丙寅年寅月没有庚寅日，应该舍弃。公元前343年（楚宣王二十七年），戊寅年正月（寅月）二十一日（庚寅），正是屈原的出生日。这也是清人邹汉勋、陈玚，近人刘师培的结论，张汝舟《再谈屈原的生卒》又加以申说、推算。

学术发展

受历史条件的限制，张汝舟《西周考年》中只用到41个历点。20世纪80年代后，陆续出土上千件西周青铜器，其中四要素俱全者已接近百件。我们积累了文献中 16 个历点，青铜器 82 个历点，继续张汝舟先生的学术方向，更进一步确证武王克商之年在公元前 1106 年，得出西周中期准确的王序王年，排出可靠的《西周历谱》，这些成果见于《西周王年论稿》（贵州人民出版社，1996 年），汇总于《西周纪年研究》（贵州大学出版社，2010 年）。

我们以张汝舟先生古代天文历法体系为基础理论，以"三重证据法"为系统方法论，坚持"月相定点"说。针对日益增多的出土铜器铭文，发展出铜器历日研究的正例变例研究方法、铜器王世系联法等理论。我们有《铜器历日研究》（贵州人民出版社，1999 年）一书为证。

我们坚信西周历谱的可靠，是因为每一个历点均与实际天象相合，非人力所能妄为。我们坚守乾嘉学派的学风，"例不十，法不立"，反对孤证。对每一件铜器、每一个古籍文字均详加考据。饶尚宽教授 2001 年排出《西周历谱》后，又有畯簋、天亡簋等多件新增青铜器的重新释读，均能够一一放入排定的框架，绝无障碍。我们自信地说，今后再有新的历日出现，也必然出不了这个框架。

"六经皆史，三代乃根"，这几乎是历代文化人的共识。中华文明五千年，她的根在夏商周"三代"。弄明白三代的历史，是中国史学家的职责。2016 年科学出版社出版了《夏商周三代纪年》一书。西周年代采用张汝舟先生可靠的 336 年说，商朝纪年采用 628 年说，夏朝纪年采用 471 年说，都做到于史有据。李学勤先生为此书题词："观天象而推历数，遵古法以建新说。"以此表示肯定。

随着学术的蓬勃发展，张汝舟先生的弟子、再传弟子不断有著作问世，丰富了其古天文学说。贵州社科院蒋南华教授出版了《中华传统天文历术》（海南出版社，1996 年）、《中华古历与推算举要》（与黎斌合著，上海大学出版社，2016 年）；新疆师大饶尚宽教授出版有《古历论稿》（新疆科技出版社，1994 年）、《春秋战国秦汉朔闰表》（商务印书馆，2006 年）、《西周历谱》（收入《西周纪年研究》，贵州大学出版社，2010 年）；后学桂珍明参与编著《夏商周三代纪年》《夏商周三代事略》；后学马明芳女士参与整理古天文学著作，写有普及本《走进天文历法》，并到各地书院面授这一学术。种种说明，古天文"绝学"后继有人，溢彩流光。

古代天文历法，是"人类第一学，文明第一法"。张汝舟先生古代天文历法体系提供了一套可靠的研究古籍天象的系统理论，必将在未来的应用中发扬光大。

学人小传

张汝舟（1899—1982）名渡，自号二毋居士，安徽全椒县章辉乡南张村人。少时家贫而颖异好学，赖宗族资助读书。1919 年毕业于全椒县立中学校，无力升学，被荐至江浦县三虞村任塾师八年。1926 年考入中央大学国文系，受业于王冬饮、黄季刚、吴霜崖等著名学者门下，学业日进。毕业后，任教于合肥国立六中、湖南蓝田国立师范学院等校。1945 年任贵州大学教授。1978

年应聘到滁州师专任顾问教授。1982 年病逝于滁州师专。曾担任中国训诂学研究会顾问、中国佛教协会理事、《汉语大词典》安徽编纂处复审顾问、安徽省政协委员等社会职务。

张汝舟先生

张汝舟从教工作、学术研究相得益彰,一生笔耕不辍,完成书稿近 300 万字。他学问广博,著述涉及经学、史学、文学、哲学、文字学、声韵学、训诂学、考据学、佛学等各个领域,均有独到见解。他对声韵、训诂、考据学的研究，发扬了章（太炎）、黄（侃）学派声韵训诂学的成果，坚持乾嘉学派的治学方法，凡所称引，必言而有据；他对汉语语法的研究，坚持用中国的语言体系来研究古汉语语法，简明、实用。他在古诗古文方面的著述涉及面甚广，足以展现一代学人的全面风采。他对古代天文历法的研究，于繁芜中见精要，于纷乱中显明晰，完整诠释了古代观象授时及四分历法产生的全过程，独树一帜，自成一家。他为人平易纯朴、恭谨谦逊，遇到不平之事却敢于仗义执言。对青年后学循循善诱、诲人不倦，深受朋辈及后学的尊崇和爱戴。

本文作者：张闻玉 马明芳*（执笔）

原文刊载于《光明日报》（2017 年 06 月 12 日 16 版）

*马明芳，毕业于北京大学物理系，师从张闻玉先生。

附表一

观象授时要籍对照表

尧典月建		(夏)小正	七月	月令	时则训	夏历	段历	周历
子 十一月	(天)	十一月 日短星昴	二之日	季冬之月 日在婺女 昏娄中 旦氐中	季冬之月 招摇指丑 昏娄中 旦氐中	(寅正)十一月	(丑正)十二月	(子正)正月
	(气)	鸣弋玄驹贲	栗烈	冰方盛 水泽腹坚				
	(物)	陨麋角		雁北乡 鹊始巢 雉雊 鸡乳	雁北乡 鹊加巢 雉雊 鸡呼卵			
	(事)	纳卵蒜 虞人入梁	其同 载缵武功 献豜于公 凿冰冲冲	命渔师始渔 民出五种 命农计耦耕事 修耒耜 具田器	命渔师始渔 令民出五种 修耒耜 具田器 十二月官狱 其树栋			
丑 十二月	(天)	正月 初昏参中 斗柄悬在下 鞠则见	三之日	孟春之月 日在营室 昏参中 旦尾中	孟春之月 招摇指寅 昏参中 旦尾中	十二月	正月	二月
	(气)	时有俊风 寒日涤冻涤		东风解冻 天气下降 地气上腾	东风解冻			
	(物)	启蛰 雁北乡 雉震呴 鱼涉负冰 田鼠出 獭祭鱼 鹰则为鸠 梅杏杝桃则华 缇缟 鸡桴粥		蛰虫始振 鱼上冰 獭祭鱼 鸿雁来 草木萌动	蛰虫始振苏 鱼上负冰 候雁北 獭祭鱼			
	(事)	农纬厥耒 初服于公田 采芸	于耜 纳(冰)于凌阴	天子亲载耒耜 躬耕帝籍	正月官司空 其树杨			

月建 尧典	（夏）小正	七月	月令	时则训	夏历 殷历 周历
黄 正月 日中星鸟	（天）二月	四之日	仲春之月 日在奎 昏弧中 旦建星中 日夜分	仲春之月 招摇指卯 昏弧中 旦建星中 日夜分	夏历 正月 殷历 二月 周历 三月
	（气）		始雨水 雷乃发声 始电	始雨水 雷始发声	
	（物）昆小虫抵蚳 来降燕乃睇 采蘩采芸		仓庚鸣 鹰化为鸠 玄鸟至 蛰虫咸动启户始出 桃始华	苍庚鸣 鹰化为鸠 蛰虫感动苏 桃李始华	
	（事）往耰黍禅 初俊羔 采繁 绥多女士 剥鳝 祭鲔 祭韭	举趾 其蚕 献羔祭韭	耕者少舍 乃修阖扇 寝庙毕备	二月官仓 其树杏	
二月 卯	（天）三月 参则伏	蚕月 春日载阳 春日迟迟	季春之月 日在胃 昏七星中 旦牵牛中	季春之月 招摇指辰 昏七星中 旦牵牛中	夏历 二月 殷历 三月 周历 四月
	（气）		虹始见 时雨将降 下水上腾	虹始见	
	（物）喝则鸣 田鼠化为驾 鸣鸠 拂桐芭 委杨	有鸣仓庚	田鼠化为驾 鸣鸠拂其羽 戴胜降于桑 桐始华 萍始生	田鼠化为驾 鸣鸠奋其羽 戴鵀降于桑 萍始生	
	（事）摄桑 颁冰 采识 执养宫事 妾子始蚕 祈麦实	要采桑 求桑 条桑 取彼斧斨 以伐远扬	修利堤防 道达沟渎 开通道路 后妃斋戒 亲东乡躬桑 省妇使以劝蚕事	修利堤防 导通沟渎 后妃斋戒亲东乡躬桑 省妇使 牧三月官乡 其树李 省妇化子	

月建尧典	（夏）小正		七月	月令	时则训	夏历	殷历	周历
辰 建三月	（天）四月昴则见 初昏南门正 （气）越有小旱 （物）鸣札 鸣蜮 王贲秀 囿有见杏 秀幽 （事）取荼 执陟攻驹		四月 秀葽	孟夏之月 日在毕 昏翼中 旦婺女中 天子始絺 蝼蝈鸣 蚯蚓出 王瓜生 苦菜秀 靡草死 麦秋至 驱兽毋害五谷 毋大田猎 农乃登麦 聚蓄百药 蚕事毕 后妃献茧	孟夏之月 招摇指巳 昏翼中 旦婺女中 蝼蝈鸣 蚯蚓出 王瓜生 苦菜秀 驱兽 勿令害谷 四月官田 其树桃	三月	四月	五月
巳 建四月	（天）五月参则见 时有养日 （气） （物）浮游有殷 鴂则鸣 良蜩鸣 鸠为鹰 （事）乃衣瓜 种黍菽糜 蓄兰 启灌蓝蓼 煮梅 颁马		五月 鸣蜩 斯螽动股	仲夏之月 日在东井 昏亢中 旦危中 日长至 小暑至 螳螂生 鵙始鸣 反舌无声 鹿角解 蝉始鸣 半夏生 木堇荣 农乃登黍 游牝别群 则絷腾驹 班马政	仲夏之月 招摇指午 昏亢中 旦危中 日长至 小暑至 螳螂生 鵙始鸣 反舌无声 鹿角解 蝉始鸣 半夏生 木堇荣 五月官相 其树榆	四月	五月	六月

周历	殷历	夏历		时则训	月令	七月	(夏)小正	尧典	月建
七月	六月	五月	(天)	季夏之月 招摇指未 昏心中 旦奎中	季夏之月 日在柳 昏火中 旦奎中	六月	六月 初昏斗柄正在上	五月 日永星火	午
			(气)	凉风始至 土润溽暑 大雨时行	温风始至 土润溽暑				
			(物)	蟋蟀居奥 鹰乃学习 腐草化为蚈	蟋蟀居壁 鹰乃学习 腐草为萤 树木方盛	莎鸡振羽	鹰始挚		
			(事)	六月官少内 其树梓	命渔师伐蛟取鼍 登龟取鼋 命泽人纳材苇	食郁及薁	煮桃		
八月	七月	六月	(天)	孟秋之月 招摇指申 昏斗中 旦毕中	孟秋之月 日在翼 昏建星中 旦毕中	七月流火	七月 汉案户 初昏织女正东乡 斗柄悬在下则旦	六月	未
			(气)	凉风至 白露降	凉风至 白露降	鸣鵙 (蟋蟀)在野	时有霖雨		
			(物)	寒蝉鸣 鹰乃祭鸟	寒蝉鸣 鹰乃祭鸟		狸子肇肆 寒蝉鸣 湟潦生苹 秀雚苇 爽死 荓秀		
			(事)	农始升谷 天子尝新 先荐寝庙 谨修城郭 缮修宫室 七月官库 其树楝	农乃登谷 天子尝新 先荐寝庙 谨修城郭 修宫室 坏垣墙 补城郭	亨葵及菽 食瓜	灌荼		

月建	尧典	(夏)小正	七月	月令	时则训	夏历	殷历	周历
申	七月	(天)八月 辰则伏 参中则旦 (气) (物)驾为鼠 鹿人从 栗零 (事)剥瓜 玄校 剥枣	八月 (蟋蟀)在宇 载绩 其始 剥枣 断壶	仲秋之月 日在角 昏牵牛中 旦觜巂中 盲风至 雷始收声 水始涸 鸿雁来 玄鸟归 群鸟养羞 蛰虫坏户 筑城郭 建都邑 穿窦窖 务畜菜 修囷仓 多积聚 乃劝种麦	仲秋之月 招摇指酉 昏牵牛中 旦觜巂中 日夜分 凉风至 水始涸 候雁来 玄鸟归 群鸟翔 蛰虫培户 可以筑城郭 建都邑 穿窦窖 畜菜 修囷仓 趣民收敛 劝功种麦 八月官尉 其树柘	七月	八月	九月
酉	八月 宵中星虚	(天)九月 内火 辰系于日 (气) (物)遰鸿雁 陟玄鸟蛰 熊罴豹貉鼬鼪则穴 雀入于海为蛤 种麦 (事)王始裘	九月 肃霜 (蟋蟀)在户 授衣 叔苴 采荼薪樗 筑场圃	季秋之月 日在房 昏虚中 旦柳中 霜始降 鸿雁来宾 雀入大水为蛤 菊有黄华 鞠有黄华 草木黄落 蛰虫咸俯在内 皆墐其户 百工休 天子乃教于田猎以习五戎 班马政 乃伐薪为炭	季秋之月 招摇指戌 昏虚中 旦柳中 霜始降 候雁来宾 雀入大水为蛤 菊有黄华 豺乃祭兽戮禽 蛰虫咸俯在内 草木黄落 百工休 通路除道 乃伐薪为炭 九月官候 其树槐	八月	九月	十月

月建 尧典	（夏）小正	七月	月令	时则训	夏历 殷历 周历
九月 戌	（天）十月 初昏南门见 时有养夜 织女正北乡则旦 （气） （物）豺祭兽 玄雉入于淮为蜃 黑鸟浴 （事）	陨萚 蟋蟀入我床下 塞向墐户 嗟此为稼 嗟我稼稼 纳禾稼 曰为改岁 入此室处 十月涤场 稻	孟冬之月 日在尾 昏危中 旦七星中 水始冰 地始冻 雉入大水为蜃 天子始裘 命百官谨盖藏 大饮烝	孟冬之月 招摇指亥 昏危中 旦七星中 水始冰 地始冻 雉入大水为蜃 天子始裘 命司徒行积聚 修城郭 修边境 完要塞 十月官司马 其树檀	周历十一月 殷历十月 夏历九月
十月 亥	（天）十一月 （气） （物）王狩 （事）陈筋革 啬人不从	一之日 觱发 于貉	仲冬之月 日在斗 昏东壁中 旦轸中 日短至 冰益壮 地始坼 水泉动 鹖旦不鸣 虎始交 荔挺结 麋角解 芸始生 伐木取竹箭	仲冬之月 招摇指子 昏壁中 旦轸中 日短至 冰益壮 地始坼 水泉动 鹖鸣不鸣 虎始交 荔挺出 麋角解 芸始生 伐树木 取竹箭 十一月官都尉 其树枣	周历十二月 殷历十一月 夏历十月

附表二

殷历朔闰中气表

纪年	月		朔日干支及余分		中气日期		中气
太初元年	十一月（子）小		○	0	初一	0	冬至
	十二月（丑）大		二九	499	初二	21	大寒
	正月（寅）小		五九	58	初二	42	惊蛰
	二月（卯）大		二八	557	初四	15	春分
	三月（辰）小		五八	116	初四	36	清明
	四月（巳）大		二七	615	初六	9	小满
	五月（午）小		五七	174	初六	30	夏至
	六月（未）大		二六	673	初八	3	大暑
	七月（申）小		五六	232	初八	24	处暑
	八月（酉）大		二五	731	初九	45	秋分
	九月（戌）小		五五	290	初十	18	霜降
	十月（亥）大		二四	789	十一	39	小雪

纪年	月		朔日干支及余分		中气日期		中气
太初二年	十一月（子）小		五四	348	十二	12	冬至
	十二月（丑）大		二三	847	十三	33	大寒
	正月（寅）小		五三	406	十四	6	惊蛰
	二月（卯）大		二二	905	十五	27	春分
	三月（辰）大		五二	464	十六	0	清明
	四月（巳）小		二二	23	十六	21	小满
	五月（午）大		五一	522	十七	42	夏至
	六月（未）小		二一	81	十八	15	大暑
	七月（申）大		五○	580	十九	36	处暑
	八月（酉）小		二○	139	二十	9	秋分
	九月（戌）大		四九	638	二十一	30	霜降
	十月（亥）小		十九	197	二十二	3	小雪

纪年	月		朔日干支及余分		中气日期		中气
太初三年	十一月（子）大		四八	696	二十三	24	冬至
	十二月（丑）小		十八	255	二十三	45	大寒
	正月（寅）大		四七	754	二十五	18	惊蛰
	二月（卯）小		十七	313	二十五	39	春分
	三月（辰）大		四六	812	二十七	12	清明
	四月（巳）小		十六	371	二十七	33	小满
	五月（午）大		四五	870	二十九	6	夏至
	六月（未）小		十五	429	二十九	27	大暑
	闰月 大		四四	928	无中气		
	七月（申）大		十四	487	初一	0	处暑
	八月（酉）小		四四	46	初一	21	秋分
	九月（戌）大		十三	545	初二	42	霜降
	十月（亥）小		四三	104	初三	15	小雪

纪年	月		朔日干支及余分		中气日期		中气
太初四年	十一月（子）大		十二	603	初四	36	冬至
	十二月（丑）小		四二	162	初五	9	大寒
	正月（寅）大		十一	661	初六	30	惊蛰
	二月（卯）小		四一	220	初七	3	春分
	三月（辰）大		十	719	初八	24	清明
	四月（巳）小		四十	278	初八	45	小满
	五月（午）大		九	777	初十	18	夏至
	六月（未）小		三九	336	初十	39	大暑
	七月（申）大		八	835	十二	12	处暑
	八月（酉）小		三八	394	十二	33	秋分
	九月（戌）大		七	893	十四	6	霜降
	十月（亥）大		三七	452	十四	27	小雪

纪年	月		朔日干支及余分		中气日期		中气
太初五年	十一月（子）小		七	11	十五	0	冬至
	十二月（丑）大		三六	510	十六	21	大寒
	正月（寅）小		六	69	十六	42	惊蛰
	二月（卯）大		三五	568	十八	15	春分
	三月（辰）小		五	127	十八	36	清明
	四月（巳）大		三四	626	二十	9	小满
	五月（午）小		四	185	二十	30	夏至
	六月（未）大		三三	684	二十二	3	大暑
	七月（申）小		三	243	二十二	24	处暑
	八月（酉）大		三二	742	二十三	45	秋分
	九月（戌）小		二	301	二十四	18	霜降
	十月（亥）大		三一	800	二十五	39	小雪

纪年	月		朔日干支及余分		中气日期		中气
太初六年	十一月（子）小		一	359	二十六	12	冬至
	十二月（丑）大		三十	858	二十七	33	大寒
	正月（寅）小		〇	417	二十八	6	惊蛰
	二月（卯）大		二九	916	二十九	27	春分
	三月（辰）大		五九	475	三十	0	清明
	闰月　　　小		二九	34	无中气		
	四月（巳）大		五八	533	初一	21	小满
	五月（午）小		二八	92	初一	42	夏至
	六月（未）大		五七	591	初三	15	大暑
	七月（申）小		二七	150	初三	36	处暑
	八月（酉）大		五六	649	初五	9	秋分
	九月（戌）小		二六	208	初五	30	霜降
	十月（亥）大		五五	707	初七	3	小雪

纪年	月			朔日干支及余分		中气日期		中气
太初七年	十一月（子）	小		二五	266	初七	24	冬至
	十二月（丑）	大		五四	765	初八	45	大寒
	正月（寅）	小		二四	324	初九	18	惊蛰
	二月（卯）	大		五二	823	初十	39	春分
	三月（辰）	小		二三	382	十一	12	清明
	四月（巳）	大		五二	881	十二	33	小满
	五月（午）	小		二二	440	十三	6	夏至
	六月（未）	大		五一	939	十四	27	大暑
	七月（申）	大		二一	498	十五	0	处暑
	八月（酉）	小		五一	57	十五	21	秋分
	九月（戌）	大		二十	556	十六	42	霜降
	十月（亥）	小		五十	115	十七	15	小雪

纪年	月			朔日干支及余分		中气日期		中气
太初八年	十一月（子）	大		十九	614	十八	36	冬至
	十二月（丑）	小		四九	173	十九	9	大寒
	正月（寅）	大		十八	672	二十	30	惊蛰
	二月（卯）	小		四八	231	二十一	3	春分
	三月（辰）	大		十七	730	二十二	24	清明
	四月（巳）	小		四七	289	二十二	45	小满
	五月（午）	大		十六	788	二十四	18	夏至
	六月（未）	小		四六	347	二十四	39	大暑
	七月（申）	大		十五	846	二十六	12	处暑
	八月（酉）	小		四五	405	二十六	33	秋分
	九月（戌）	大		十四	904	二十八	6	霜降
	十月（亥）	大		四四	463	二十八	27	小雪

纪年	月		朔日干支及余分		中气日期		中气
太初九年	十一月（子）小		十四	22	二十九	0	冬至
	十二月（丑）大		四三	521	三十	21	大寒
	闰月 小		十三	80	无中气		
	正月（寅）大		四二	579	初一	42	惊蛰
	二月（卯）小		十二	138	初二	15	春分
	三月（辰）大		四一	637	初三	36	清明
	四月（巳）小		十一	196	初四	9	小满
	五月（午）大		四十	695	初五	30	夏至
	六月（未）小		十	254	初六	3	大暑
	七月（申）大		三九	753	初七	24	处暑
	八月（酉）小		九	312	初七	45	秋分
	九月（戌）大		三八	811	初九	18	霜降
	十月（亥）小		八	370	初九	39	小雪

纪年	月		朔日干支及余分		中气日期		中气
太初十年	十一月（子）大		三七	869	十一	12	冬至
	十二月（丑）小		七	428	十一	33	大寒
	正月（寅）大		三六	927	十三	6	惊蛰
	二月（卯）大		六	486	十三	27	春分
	三月（辰）小		三六	45	十四	0	清明
	四月（巳）大		五	544	十五	21	小满
	五月（午）小		三五	103	十五	42	夏至
	六月（未）大		四	602	十七	15	大暑
	七月（申）小		三四	161	十七	36	处暑
	八月（酉）大		三	660	十九	9	秋分
	九月（戌）小		三三	219	十九	30	霜降
	十月（亥）大		二	718	二十一	3	小雪

纪年	月			朔日干支及余分		中气日期		中气
太初十一年	十一月（子）	小		三二	277	二十一	24	冬至
	十二月（丑）	大		一	776	二十二	45	大寒
	正月（寅）	小		三一	335	二十三	18	惊蛰
	二月（卯）	大		〇	834	二十四	39	春分
	三月（辰）	小		三十	393	二十五	12	清明
	四月（巳）	大		五九	892	二十六	33	小满
	五月（午）	大		二九	451	二十七	6	夏至
	六月（未）	小		五九	10	二十七	27	大暑
	七月（申）	大		二八	509	二十九	0	处暑
	八月（酉）	小		五八	68	二十九	21	秋分
	九月（戌）	大		二七	567	三十	42	霜降
	闰月	小		五七	126	无中气		
	十月（亥）	大		二六	625	初二	15	小雪

纪年	月			朔日干支及余分		中气日期		中气
太初十二年	十一月（子）	小		五六	184	初二	36	冬至
	十二月（丑）	大		二五	683	初四	9	大寒
	正月（寅）	小		五五	242	初四	30	惊蛰
	二月（卯）	大		二四	741	初六	3	春分
	三月（辰）	小		五四	300	初六	24	清明
	四月（巳）	大		二三	799	初七	45	小满
	五月（午）	小		五三	358	初八	18	夏至
	六月（未）	大		二二	857	初九	39	大暑
	七月（申）	小		五二	416	初十	12	处暑
	八月（酉）	大		二一	915	十一	33	秋分
	九月（戌）	大		五一	474	十二	6	霜降
	十月（亥）	小		二一	33	十二	27	小雪

纪年	月			朔日干支及余分		中气日期		中气
太初十三年	十一月（子）	大		五十	532	十四	0	冬至
	十二月（丑）	小		二十	91	十四	21	大寒
	正月（寅）	大		四九	590	十五	42	惊蛰
	二月（卯）	小		十九	149	十六	15	春分
	三月（辰）	大		四八	648	十七	36	清明
	四月（巳）	小		十八	207	十八	9	小满
	五月（午）	大		四七	706	十九	30	夏至
	六月（未）	小		十七	265	二十	3	大暑
	七月（申）	大		四六	764	二十一	34	处暑
	八月（酉）	小		十六	323	二十一	45	秋分
	九月（戌）	大		四五	22	二十三	18	霜降
	十月（亥）	小		十五	381	二十三	39	小雪

纪年	月			朔日干支及余分		中气日期		中气
太初十四年	十一月（子）	大		四四	880	二十五	12	冬至
	十二月（丑）	小		十四	439	二十五	33	大寒
	正月（寅）	大		四三	938	二十七	6	惊蛰
	二月（卯）	大		十三	497	二十七	n	春分
	三月（辰）	小		四三	56	二十八	0	清明
	四月（巳）	大		十二	555	二十九	21	小满
	五月（午）	小		四二	114	十九	42	夏至
	闰月	大		十一	613	无中气		
	六月（未）	小		四一	172	初一	15	大暑
	七月（申）	大		十	671	初二	36	处暑
	八月（酉）	小		四十	230	初三	9	秋分
	九月（戌）	大		九	729	初四	30	霜降
	十月（亥）	小		三九	288	初五	3	小雪

纪年	月	朔日干支及余分		中气日期		中气
太初十五年	十一月（子）大	八	787	初六	24	冬至
	十二月（丑）小	三八	346	初六	45	大寒
	正月（寅）大	七	845	初八	18	惊蛰
	二月（卯）小	三七	404	初八	39	春分
	三月（辰）大	六	903	初十	12	清明
	四月（巳）大	三六	462	初十	33	小满
	五月（午）小	六	21	十一	6	夏至
	六月（未）大	三五	520	十二	27	大暑
	七月（申）小	五	79	十三	0	处暑
	八月（酉）大	三四	578	十四	21	秋分
	九月（戌）小	四	137	十四	42	霜降
	十月（亥）大	三三	636	十六	15	小雪

纪年	月	朔日干支及余分		中气日期		中气
太初十六年	十一月（子）小	三	195	十六	36	冬至
	十二月（丑）大	三二	694	十八	9	大寒
	正月（寅）小	二	253	十八	30	惊蛰
	二月（卯）大	三一	752	二十	3	春分
	三月（辰）小	一	311	二十	24	清明
	四月（巳）大	三十	810	二十一	45	小满
	五月（午）小	〇	369	二十二	18	夏至
	六月（未）大	二九	868	二十三	39	大暑
	七月（申）小	五九	427	二十四	12	处暑
	八月（酉）大	二八	926	二十五	33	秋分
	九月（戌）大	五八	485	二十六	6	霜降
	十月（亥）小	二八	44	二十六	27	小雪

纪年	月	朔日干支及余分		中气日期		中气
太初十七年	十一月（子）大	五七	543	二十八	0	冬至
	十二月（丑）小	二七	102	二十八	21	大寒
	正月（寅）大	五六	601	二十九	42	惊蛰
	闰月　　小	二六	160	无中气		
	二月（卯）大	五五	659	初一	15	春分
	三月（辰）小	二五	218	初一	36	清明
	四月（巳）大	五四	717	初三	9	小满
	五月（午）小	二四	276	初三	30	夏至
	六月（未）大	五三	775	初五	3	大暑
	七月（申）小	二三	334	初五	24	处暑
	八月（酉）大	五二	833	初六	45	秋分
	九月（戌）小	二二	392	初七	18	霜降
	十月（亥）大	五一	891	初八	39	小雪

纪年	月	朔日干支及余分		中气日期		中气
太初十八年	十一月（子）大	二一	450	初九	12	冬至
	十二月（丑）小	五一	9	初九	33	大寒
	正月（寅）大	二十	508	十一	6	惊蛰
	二月（卯）小	五十	67	十一	27	春分
	三月（辰）大	十九	566	十三	0	清明
	四月（巳）小	四九	125	十三	21	小满
	五月（午）大	十八	624	十四	42	夏至
	六月（未）小	四八	183	十五	15	大暑
	七月（申）大	十七	682	十六	36	处暑
	八月（酉）小	四七	241	十七	9	秋分
	九月（戌）大	十六	740	十八	30	霜降
	十月（亥）小	四六	299	十九	3	小雪

纪年	月	朔日干支及余分		中气日期		中气
太初十九年	十一月（子）大	十五	798	十	24	冬至
	十二月（丑）小	四五	357	二十	45	大寒
	正月（寅）大	十四	856	二十二	18	惊蛰
	二月（卯）小	四四	415	二十二	39	春分
	三月（辰）大	十三	914	二十四	12	清明
	四月（巳）大	四三	473	二十四	33	小满
	五月（午）小	十三	32	二十五	6	夏至
	六月（未）大	四二	531	二十六	27	大暑
	七月（申）小	十二	90	二十七	0	处暑
	八月（酉）大	四一	589	二十八	21	秋分
	九月（戌）小	十一	148	二十八	42	霜降
	十月（亥）大	四十	647	三十	15	小雪
	闰月　　　小	十	206	无中气		

纪年	月	朔日干支及余分		中气日期		中气
太初二十年	十一月（子）大	三九	705	初一	36	冬至
	十二月（丑）小	九	264	初二	9	大寒
	正月（寅）大	三八	763	初三	30	惊蛰
	二月（卯）小	八	322	初四	3	春分
	三月（辰）大	三七	821	初五	24	清明
	四月（巳）小	七	380	初五	45	小满
	五月（午）大	三六	879	初六	18	夏至
	六月（未）小	六	438	初七	39	大暑
	七月（申）大	三五	937	初九	12	处暑
	八月（酉）大	五	496	初九	33	秋分
	九月（戌）小	三五	55	初十	6	霜降
	十月（亥）大	四	554	十一	27	小雪

纪年	月			朔日干支及余分		中气日期		中气
太初二十一年	十一月（子）小			三四	113	十二	0	冬至
	十二月（丑）大			三	612	十三	21	大寒
	正月（寅）小			三三	171	十三	42	惊蛰
	二月（卯）大			二	670	十五	15	春分
	三月（辰）小			三二	229	十五	36	清明
	四月（巳）大			一	728	十七	9	小满
	五月（午）小			三一	287	十七	30	夏至
	六月（未）大			〇	786	十九	3	大暑
	七月（申）小			三十	345	十九	24	处暑
	八月（酉）大			五九	844	二十	45	秋分
	九月（戌）小			二九	403	二十一	18	霜降
	十月（亥）大			五八	902	二十二	39	小雪

纪年	月			朔日干支及余分		中气日期		中气
太初二十二年	十一月（子）大			二八	461	二十三	12	冬至
	十二月（丑）小			五八	20	二十三	33	大寒
	正月（寅）大			二七	519	二十五	6	惊蛰
	二月（卯）小			五七	78	二十五	27	春分
	三月（辰）大			二六	577	二十七	0	清明
	四月（巳）小			五六	136	二十七	21	小满
	五月（午）大			二五	635	二十八	42	夏至
	六月（未）小			五五	194	二十九	15	大暑
	七月（申）大			二四	693	三十	36	处暑
	闰月　　　小			五四	252	无中气		
	八月（酉）大			二三	751	初二	9	秋分
	九月（戌）小			五三	310	初二	30	霜降
	十月（亥）大			二二	809	初四	3	小雪

纪年	月			朔日干支及余分		中气日期		中气
太初二十三年	十一月（子）	小	五二		368	初四	24	冬至
	十二月（丑）	大	二一		867	初五	45	大寒
	正月（寅）	小	五一		426	初六	18	惊蛰
	二月（卯）	大	二十		925	初七	39	春分
	三月（辰）	大	五十		484	初八	12	清明
	四月（巳）	小	二十		43	初八	33	小满
	五月（午）	大	四九		542	初十	6	夏至
	六月（未）	小	十九		101	初十	27	大暑
	七月（申）	大	四八		600	十二	0	处暑
	八月（酉）	小	十八		159	十二	21	秋分
	九月（戌）	大	四七		658	十三	42	霜降
	十月（亥）	小	十七		217	十四	15	小雪

纪年	月			朔日干支及余分		中气日期		中气
太初二十四年	十一月（子）	大	四六		716	十五	36	冬至
	十二月（丑）	小	十六		275	十六	9	大寒
	正月（寅）	大	四五		774	十七	30	惊蛰
	二月（卯）	小	十五		333	十八	3	春分
	三月（辰）	大	四四		832	十九	24	清明
	四月（巳）	小	十四		391	十九	45	小满
	五月（午）	大	四三		890	二十一	18	夏至
	六月（未）	大	十三		449	二十一	39	大暑
	七月（申）	小	四三		8	二十二	12	处暑
	八月（酉）	大	十二		507	二十三	33	秋分
	九月（戌）	小	四二		66	二十四	6	霜降
	十月（亥）	大	十一		565	二十五	27	小雪

纪年	月			朔日干支及余分		中气日期		中气
太初二十五年	十一月（子）小		四一		124	二十六	0	冬至
	十二月（丑）大		十		623	二十七	21	大寒
	正月（寅）小		四十		182	二十七	42	惊蛰
	二月（卯）大		九		681	二十九	15	春分
	三月（辰）小		二九		240	二十九	36	清明
	闰月 大		八		739	无中气		
	四月（巳）小		三八		298	初一	9	小满
	五月（午）大		七		797	初二	30	夏至
	六月（未）小		三七		356	初三	3	大暑
	七月（申）大		六		855	初四	24	处暑
	八月（酉）小		三六		414	初四	45	秋分
	九月（戌）大		五		913	初六	18	霜降
	十月（亥）大		三五		472	初六	39	小雪

纪年	月			朔日干支及余分		中气日期		中气
太初二十六年	十一月（子）小		五		31	初七	12	冬至
	十二月（丑）大		三四		530	初八	33	大寒
	正月（寅）小		四		89	初九	6	惊蛰
	二月（卯）大		三三		588	初十	27	春分
	三月（辰）小		三		147	十一	0	清明
	四月（巳）大		三二		646	十二	21	小满
	五月（午）小		二		205	十二	42	夏至
	六月（未）大		三一		704	十四	15	大暑
	七月（申）小		一		263	十四	36	处暑
	八月（酉）大		三十		762	十六	9	秋分
	九月（戌）小		○		321	十六	30	霜降
	十月（亥）大		二九		820	十八	3	小雪

纪年	月		朔日干支及余分		中气日期		中气
太初二十七年	十一月（子）	小	五九	379	十八	24	冬至
	十二月（丑）	大	二八	878	十九	45	大寒
	正月（寅）	小	五八	437	二十	18	惊蛰
	二月（卯）	大	一七	936	二十一	39	春分
	三月（辰）	大	五七	495	二十二	12	清明
	四月（巳）	小	二七	54	二十二	33	小满
	五月（午）	大	五六	553	二十四	6	夏至
	六月（未）	小	二六	112	二十四	27	大暑
	七月（申）	大	五五	611	二十六	0	处暑
	八月（酉）	小	二五	170	二十六	21	秋分
	九月（戌）	大	五四	669	二十七	42	霜降
	十月（亥）	小	二四	228	二十八	15	小雪

纪年	月		朔日干支及余分		中气日期		中气
太初二十八年	十一月（子）	大	五三	727	二十九	36	冬至
	闰月	小	二三	286	无中气		
	十二月（丑）	大	五二	785	初一	9	大寒
	正月（寅）	小	二二	344	初一	30	惊蛰
	二月（卯）	大	五一	843	初三	3	春分
	三月（辰）	小	二一	402	初三	24	清明
	四月（巳）	大	五十	901	初四	45	小满
	五月（午）	大	二十	460	初五	18	夏至
	六月（未）	小	五十	19	初五	39	大暑
	七月（申）	大	十九	518	初七	12	处暑
	八月（酉）	小	四九	77	初七	33	秋分
	九月（戌）	大	十八	576	初九	6	霜降
	十月（亥）	小	四八	135	初九	27	小雪

纪年	月		朔日干支及余分		中气日期		中气
太初二十九年	十一月（子）大		十七	634	十一	0	冬至
	十二月（丑）小		四七	193	十一	21	大寒
	正月（寅）大		十六	692	十二	42	惊蛰
	二月（卯）小		四六	251	十三	15	春分
	三月（辰）大		十五	750	十四	36	清明
	四月（巳）小		四五	309	十五	9	小满
	五月（午）大		十四	808	十六	30	夏至
	六月（未）小		四四	367	十七	3	大暑
	七月（申）大		十三	866	十八	24	处暑
	八月（酉）小		四三	425	十八	45	秋分
	九月（戌）大		十二	924	二十	18	霜降
	十月（亥）大		四二	483	二十	39	小雪

纪年	月		朔日干支及余分		中气日期		中气
太初三十年	十一月（子）小		十二	42	二十一	12	冬至
	十二月（丑）大		四一	541	二十二	33	大寒
	正月（寅）小		十一	100	二十三	6	惊蛰
	二月（卯）大		四十	599	二十四	27	春分
	三月（辰）小		十	158	二十五	0	清明
	四月（巳）大		三九	657	二十六	21	小满
	五月（午）小		九	216	二十六	42	夏至
	六月（未）大		三八	715	二十八	15	大暑
	七月（申）小		八	274	二十八	36	处暑
	八月（酉）大		三七	773	三十	9	秋分
	闰月　　　小		七	332	无中气		
	九月（戌）大		三六	831	初一	30	霜降
	十月（亥）小		六	390	初二	3	小雪

纪年	月		朔日干支及余分		中气日期		中气
太初三十一年	十一月（子）大		三五	889	初三	24	冬至
	十二月（丑）大		五	448	初三	45	大寒
	正月（寅）小		三五	7	初四	18	惊蛰
	二月（卯）大		四	506	初五	39	春分
	三月（辰）小		三四	65	初六	12	清明
	四月（巳）大		三	564	初七	33	小满
	五月（午）小		三三	123	初八	6	夏至
	六月（未）大		二	622	初九	27	大暑
	七月（申）小		三二	181	初十	0	处暑
	八月（酉）大		一	680	十一	21	秋分
	九月（戌）小		三一	239	十一	42	霜降
	十月（亥）大		○	738	十三	15	小雪

纪年	月		朔日干支及余分		中气日期		中气
太初三十二年	十一月（子）小		三十	297	十三	36	冬至
	十二月（丑）大		五九	796	十五	9	大寒
	正月（寅）小		二九	355	十五	30	惊蛰
	二月（卯）大		五八	854	十七	3	春分
	三月（辰）小		二八	413	十七	24	清明
	四月（巳）大		五七	912	十八	45	小满
	五月（午）大		二七	471	十九	18	夏至
	六月（未）小		五七	30	十九	39	大暑
	七月（申）大		二六	529	二十一	12	处暑
	八月（酉）小		五六	88	二十一	33	秋分
	九月（戌）大		二五	587	二十三	6	霜降
	十月（亥）小		五五	146	二十三	27	小雪

纪年	月	朔日干支及余分		中气日期		中气
太初三十三年	十一月（子）大	二四	645	二十五	0	冬至
	十二月（丑）小	五四	204	二十五	21	大寒
	正月（寅）大	二三	703	二十六	42	惊蛰
	二月（卯）小	五三	262	二十七	15	春分
	三月（辰）大	二二	761	二十八	36	清明
	四月（巳）小	五二	320	二十九	9	小满
	五月（午）大	二一	819	三十	30	夏至
	闰月 小	五一	378	无中气		
	六月（未）大	二十	877	初一	3	大暑
	七月（申）小	五十	436	初二	24	处暑
	八月（酉）大	十九	935	初三	45	秋分
	九月（戌）大	四九	494	初四	18	霜降
	十月（亥）小	十九	53	初四	39	小雪

纪年	月	朔日干支及余分		中气日期		中气
太初三十四年	十一月（子）大	四八	552	初六	12	冬至
	十二月（丑）小	十八	111	初六	33	大寒
	正月（寅）大	四七	610	初八	6	惊蛰
	二月（卯）小	十七	169	初八	27	春分
	三月（辰）大	四七	668	初十	0	清明
	四月（巳）小	十六	227	初十	21	小满
	五月（午）大	四五	726	十一	42	夏至
	六月（未）小	十五	285	十二	15	大暑
	七月（申）大	四四	784	十三	36	处暑
	八月（酉）小	十四	343	十四	9	秋分
	九月（戌）大	四三	842	十五	30	霜降
	十月（亥）小	十三	401	十六	3	小雪

纪年	月	朔日干支及余分		中气日期		中气
太初三十五年	十一月（子）大	四二	900	十七	24	冬至
	十二月（丑）大	十二	459	十七	45	大寒
	正月（寅）小	四二	18	十八	18	惊蛰
	二月（卯）大	十一	517	十九	39	春分
	三月（辰）小	四一	76	二十	12	清明
	四月（巳）大	十	575	二十一	33	小满
	五月（午）小	四十	134	二十一	6	夏至
	六月（未）大	九	633	二十三	27	大暑
	七月（申）小	三九	192	二十四	0	处暑
	八月（酉）大	八	691	二十五	21	秋分
	九月（戌）小	三八	250	二十五	42	霜降
	十月（亥）大	七	749	二十七	15	小雪

纪年	月	朔日干支及余分		中气日期		中气
太初三十六年	十一月（子）小	三七	308	二十七	36	冬至
	十二月（丑）大	六	807	二十九	9	大寒
	正月（寅）小	三六	366	二十九	30	惊蛰
	闰月　　　大	五	865	无中气		
	二月（卯）小	三五	424	初一	3	春分
	三月（辰）大	四	923	初二	24	清明
	四月（巳）大	三四	482	初二	45	小满
	五月（午）小	四	41	初三	18	夏至
	六月（未）大	三三	540	初四	39	大暑
	七月（申）小	三	99	初五	12	处暑
	八月（酉）大	三二	598	初六	33	秋分
	九月（戌）小	二	157	初七	6	霜降
	十月（亥）大	三一	656	初八	27	小雪

纪年	月		朔日干支及余分		中气日期		中气
太初三十七年	十一月（子）小		一	215	初九	0	冬至
	十二月（丑）大		三十	714	初十	21	大寒
	正月（寅）小		〇	273	初十	42	惊蛰
	二月（卯）大		二九	772	十二	15	春分
	三月（辰）小		五九	331	十二	36	清明
	四月（巳）大		二八	830	十四	9	小满
	五月（午）小		五八	389	十四	30	夏至
	六月（未）大		二七	888	十六	3	大暑
	七月（申）大		五七	447	十六	24	处暑
	八月（酉）小		二七	6	十六	45	秋分
	九月（戌）大		五六	505	十八	18	霜降
	十月（亥）小		二六	64	十八	39	小雪

纪年	月		朔日干支及余分		中气日期		中气
太初三十八年	十一月（子）大		五五	563	二十	12	冬至
	十二月（丑）小		二五	122	二十	33	大寒
	正月（寅）大		五四	621	二十二	6	惊蛰
	二月（卯）小		二四	180	二十二	27	春分
	三月（辰）大		五三	679	二十四	0	清明
	四月（巳）小		二三	238	二十四	21	小满
	五月（午）大		五二	737	二十五	42	夏至
	六月（未）小		二二	296	二十六	15	大暑
	七月（申）大		五一	795	二十七	36	处暑
	八月（酉）小		二一	354	二十八	9	秋分
	九月（戌）大		五十	853	二十九	30	霜降
	闰月 小		二十	412	无中气		
	十月（亥）大		四九	911	初一	3	小雪

纪年	月			朔日干支及余分		中气日期		中气
太初三十九年	十一月（子）	大	十九	470	初一	24		冬至
	十二月（丑）	小	四九	29	初一	45		大寒
	正月（寅）	大	十八	528	初三	18		惊蛰
	二月（卯）	小	四八	87	初三	39		春分
	三月（辰）	大	十七	586	初五	12		清明
	四月（巳）	小	四七	145	初五	33		小满
	五月（午）	大	十六	644	初七	6		夏至
	六月（未）	小	四六	203	初七	27		大暑
	七月（申）	大	十六	702	初九	0		处暑
	八月（酉）	小	四五	261	初九	21		秋分
	九月（戌）	大	十四	760	初九	42		霜降
	十月（亥）	小	四四	319	十一	15		小雪

纪年	月			朔日干支及余分		中气日期		中气
太初四十年	十一月（子）	大	十三	818	十二	36		冬至
	十二月（丑）	小	四三	377	十三	9		大寒
	正月（寅）	大	十二	876	十四	300		惊蛰
	二月（卯）	小	四二	435	十五	3		春分
	三月（辰）	大	十一	934	十六	24		清明
	四月（巳）	大	四一	493	十六	45		小满
	五月（午）	小	十一	52	十七	18		夏至
	六月（未）	大	四十	551	十八	39		大暑
	七月（申）	小	十	110	十九	12		处暑
	八月（酉）	大	三九	609	二十	33		秋分
	九月（戌）	小	九	168	二十一	6		霜降
	十月（亥）	大	三八	667	二十二	27		小雪

纪年	月		朔日干支及余分		中气日期		中气
太初四十一年	十一月（子）小		八	226	二十三	0	冬至
	十二月（丑）大		三七	725	二十四	21	大寒
	正月（寅）小		七	284	二十四	42	惊蛰
	二月（卯）大		三六	783	二十六	15	春分
	三月（辰）小		六	342	二十六	36	清明
	四月（巳）大		三五	841	二十八	9	小满
	五月（午）小		五	400	二十八	30	夏至
	六月（未）大		三四	899	三十	3	大暑
	七月（申）大		四	458	三十	24	处暑
	闰月　　　小		三四	17	无中气		
	八月（酉）大		三	516	初一	45	秋分
	九月（戌）小		三三	75	初二	18	霜降
	十月（亥）大		二	574	初三	39	小雪

纪年	月		朔日干支及余分		中气日期		中气
太初四十二年	十一月（子）小		三二	133	初四	12	冬至
	十二月（丑）大		一	632	初五	33	大寒
	正月（寅）小		三一	191	初六	6	惊蛰
	二月（卯）大		〇	690	初七	27	春分
	三月（辰）小		三十	249	初八	0	清明
	四月（巳）大		五九	748	初九	21	小满
	五月（午）小		二九	307	初九	42	夏至
	六月（未）大		五八	806	十一	15	大暑
	七月（申）小		二八	365	十一	36	处暑
	八月（酉）大		五七	864	十三	9	处分
	九月（戌）小		二七	423	十三	30	霜降
	十月（亥）大		五六	922	十五	3	小雪

纪年	月		朔日干支及余分		中气日期		中气
太初四十三年	十一月（子）大		二六	481	十五	24	冬至
	十二月（丑）小		五六	40	十五	45	大寒
	正月（寅）大		二五	539	十七	18	惊蛰
	二月（卯）小		五五	98	十七	39	春分
	三月（辰）大		二五	597	十九	12	清明
	四月（巳）小		五四	156	十九	33	小满
	五月（午）大		二三	655	二十一	6	夏至
	六月（未）小		五三	214	二十一	27	大暑
	七月（申）大		二二	713	二十三	0	处暑
	八月（酉）小		五二	272	二十三	21	秋分
	九月（戌）大		二一	771	二十四	42	霜降
	十月（亥）小		五一	330	二十五	15	小雪

纪年	月		朔日干支及余分		中气日期		中气
太初四十四年	十一月（子）大		二十	829	二十六	36	冬至
	十二月（丑）小		五十	388	二十七	9	大寒
	正月（寅）大		十九	887	二十八	30	惊蛰
	二月（卯）大		四九	466	二十九	3	春分
	三月（辰）小		十九	5	二十九	24	清明
	四月（巳）大		四八	504	三十	45	小满
	闰月 小		十八	63	无中气		
	五月（午）大		四七	562	初二	18	夏至
	六月（未）小		十七	121	初二	39	大暑
	七月（申）大		四六	620	初四	12	处暑
	八月（酉）小		十六	179	初四	33	秋分
	九月（戌）大		四五	678	初六	6	霜降
	十月（亥）小		十五	237	初六	27	小雪

纪年	月		朔日干支及余分		中气日期		中气
太初四十五年	十一月（子）大		四四	736	初八	0	冬至
	十二月（丑）小		十四	295	初八	21	大寒
	正月（寅）大		四三	794	初九	42	惊蛰
	二月（卯）小		十三	353	初十	15	春分
	三月（辰）大		四二	852	十一	36	清明
	四月（巳）小		十二	411	十二	9	小满
	五月（午）大		四一	910	十三	30	夏至
	六月（未）大		十一	469	十四	3	大暑
	七月（申）小		四一	28	十四	24	处暑
	八月（酉）大		十	527	十五	45	秋分
	九月（戌）小		四十	86	十六	18	霜降
	十月（亥）大		九	585	十七	39	小雪

纪年	月		朔日干支及余分		中气日期		中气
太初四十六年	十一月（子）小		三九	144	十八	12	冬至
	十二月（丑）大		八	643	十九	33	大寒
	正月（寅）小		三八	202	二十	6	惊蛰
	二月（卯）大		七	701	二十一	27	春分
	三月（辰）小		三七	260	二十二	0	清明
	四月（巳）大		六	759	二十三	21	小满
	五月（午）小		三六	318	二十三	42	夏至
	六月（未）大		五	817	二十五	15	大暑
	七月（申）小		三五	376	二十五	36	处暑
	八月（酉）大		四	875	二十七	9	秋分
	九月（戌）小		三四	434	二十七	30	霜降
	十月（亥）大		三	933	二十九	3	小雪

纪年	月		朔日干支及余分		中气日期		中气
太初四十七年	十一月（子）大		三三	492	二十九	24	冬至
	十二月（丑）小		三	51	二十九	45	大寒
	闰月	大	三二	550	无中气		
	正月（寅）小		二	109	初一	18	惊蛰
	二月（卯）大		三一	608	初一	39	春分
	三月（辰）小		十一	167	初三	12	清明
	四月（巳）大		三十	666	初四	33	小满
	五月（午）小		〇	225	初五	6	夏至
	六月（未）大		二九	724	初六	27	大暑
	七月（申）小		五九	283	初七	0	处暑
	八月（酉）大		二八	782	初八	21	秋分
	九月（戌）小		五八	341	初八	42	霜降
	十月（亥）大		二七	840	初十	15	小雪

纪年	月		朔日干支及余分		中气日期		中气
太初四十八年	十一月（子）小		五七	399	初十	36	冬至
	十二月（丑）大		二六	898	十二	9	大寒
	正月（寅）大		五六	457	十二	30	惊蛰
	二月（卯）小		二六	16	十三	3	春分
	三月（辰）大		五五	515	十四	24	清明
	四月（巳）小		二五	74	十四	45	小满
	五月（午）大		五四	573	十六	18	夏至
	六月（未）小		二四	132	十六	39	大暑
	七月（申）大		五三	631	十八	12	处暑
	八月（酉）小		二三	190	十八	33	秋分
	九月（戌）大		五二	689	二十	6	霜降
	十月（亥）小		二二	248	二十	27	小雪

纪年	月		朔日干支及余分		中气日期		中气
太初四十九年	十一月（子）	大	五一	747	二十二	0	冬至
	十二月（丑）	小	二一	306	二十二	21	大寒
	正月（寅）	大	五十	805	二十三	42	惊蛰
	二月（卯）	小	二十	364	二十四	15	春分
	三月（辰）	大	四九	863	二十五	36	清明
	四月（巳）	小	十九	422	二十六	9	小满
	五月（午）	大	四八	921	二十七	30	夏至
	六月（未）	大	十八	480	二十八	3	大暑
	七月（申）	小	四八	39	二十八	24	处暑
	八月（酉）	大	十七	538	二十九	45	秋分
	闰月	小	四七	97	无中气		
	九月（戌）	大	十六	596	初一	18	霜降
	十月（亥）	小	四六	155	初一	399	小雪

纪年	月		朔日干支及余分		中气日期		中气
太初五十年	十一月（子）	大	十五	654	初三	12	冬至
	十二月（丑）	小	四五	213	初三	33	大寒
	正月（寅）	大	十四	712	初五	6	惊蛰
	二月（卯）	小	四四	271	初五	27	春分
	三月（辰）	大	十三	770	初七	0	清明
	四月（巳）	小	四三	329	初七	21	小满
	五月（午）	大	十二	828	初八	42	夏至
	六月（未）	小	四二	387	初九	15	大暑
	七月（申）	大	十一	886	初十	36	处暑
	八月（酉）	大	四一	445	十一	9	秋分
	九月（戌）	小	十一	4	十一	30	霜降
	十月（亥）	大	四十	503	十三	3	小雪

纪年	月		朔日干支及余分		中气日期		中气
太初五十一年	十一月（子）小		十	62	十三	24	冬至
	十二月（丑）大		三九	561	十四	45	大寒
	正月（寅）大		九	120	十五	18	惊蛰
	二月（卯）大		三八	619	十六	39	春分
	三月（辰）小		八	178	十七	12	清明
	四月（巳）大		三七	677	十八	33	小满
	五月（午）小		七	236	十九	6	夏至
	六月（未）大		三六	735	二十	27	大暑
	七月（申）小		六	294	二十一	0	处暑
	八月（酉）大		三五	793	二十二	21	秋分
	九月（戌）小		五	352	二十二	42	霜降
	十月（亥）大		三四	851	二十四	15	小雪

纪年	月		朔日干支及余分		中气日期		中气
太初五十二年	十一月（子）小		四	410	二十四	36	冬至
	十二月（丑）大		三三	909	二十六	9	大寒
	正月（寅）大		三	468	二十六	30	惊蛰
	二月（卯）小		三三	27	二十七	3	春分
	三月（辰）大		二	526	二十八	24	清明
	四月（巳）小		三二	86	二十八	45	小满
	五月（午）大		一	584	三十	18	夏至
	闰月 小		三一	143	无中气		
	六月（未）大		〇	642	初一	39	大暑
	七月（申）小		三十	201	初二	12	处暑
	八月（酉）大		五九	700	初三	33	秋分
	九月（戌）小		二九	259	初四	6	霜降
	十月（亥）大		五八	758	初五	27	小雪

纪年	月			朔日干支及余分		中气日期		中气
太初五十三年	十一月（子）	小	二八	317	初六	0	冬至	
	十二月（丑）	大	五七	816	初七	21	大寒	
	正月（寅）	小	二七	375	初七	42	惊蛰	
	二月（卯）	大	五六	874	初九	15	春分	
	三月（辰）	小	二六	433	初九	36	清明	
	四月（巳）	大	五五	932	十一	9	小满	
	五月（午）	大	二五	491	十一	30	夏至	
	六月（未）	小	五五	50	十二	3	大暑	
	七月（申）	大	二四	549	十三	24	处暑	
	八月（酉）	小	五四	108	十三	45	秋分	
	九月（戌）	大	二三	607	十五	18	霜降	
	十月（亥）	小	五三	166	十五	39	小雪	

纪年	月			朔日干支及余分		中气日期		中气
太初五十四年	十一月（子）	大	二二	665	十七	12	冬至	
	十二月（丑）	小	五二	224	十七	33	大寒	
	正月（寅）	大	二一	723	十九	6	惊蛰	
	二月（卯）	小	五一	282	十九	27	春分	
	三月（辰）	大	二十	781	二十一	0	清明	
	四月（巳）	小	五十	340	二十一	21	小满	
	五月（午）	大	十九	839	二十二	42	夏至	
	六月（未）	小	四九	398	二十三	15	大暑	
	七月（申）	大	十八	897	二十四	36	处暑	
	八月（酉）	大	四八	456	二十五	9	秋分	
	九月（戌）	小	十八	15	二十五	30	霜降	
	十月（亥）	大	四七	514	二十七	3	小雪	

纪年	月		朔日干支及余分		中气日期		中气
太初五十五年	十一月（子）小		十七	73	二十七	24	冬至
	十二月（丑）大		四六	572	二十八	45	大寒
	正月（寅）小		十六	131	二十九	18	惊蛰
	二月（卯）大		四五	630	三十	39	春分
	闰月 小		十五	189	无中气		
	三月（辰）大		四四	688	初二	12	清明
	四月（巳）小		十四	247	初二	33	小满
	五月（午）大		四三	746	初四	6	夏至
	六月（未）小		十三	305	初四	27	大暑
	七月（申）大		四二	804	初六	0	处暑
	八月（酉）小		十二	363	初六	21	秋分
	九月（戌）大		四一	862	初七	42	霜降
	十月（亥）小		十一	421	初八	15	小雪

纪年	月		朔日干支及余分		中气日期		中气
太初五十六年	十一月（子）大		四十	920	初九	36	冬至
	十二月（丑）大		十	479	初十	9	大寒
	正月（寅）小		四十	38	初十	30	惊蛰
	二月（卯）大		九	537	十二	3	春分
	三月（辰）小		三九	96	十二	24	清明
	四月（巳）大		八	595	十三	45	小满
	五月（午）小		三八	154	十四	18	夏至
	六月（未）大		七	653	十五	39	大暑
	七月（申）小		三七	212	十六	12	处暑
	八月（酉）大		六	711	十七	33	秋分
	九月（戌）小		三六	270	十八	6	霜降
	十月（亥）大		五	769	十九	27	小雪

纪年	月		朔日干支及余分		中气日期		中气
太初五十七年	十一月（子）小		三五	328	二十	0	冬至
	十二月（丑）大		四	827	二十一	21	大寒
	正月（寅）小		三四	386	二十一	42	惊蛰
	二月（卯）大		三	885	二十三	15	春分
	三月（辰）大		三三	444	二十三	36	清明
	四月（巳）小		三	3	二十四	9	小满
	五月（午）大		三二	502	二十五	30	夏至
	六月（未）小		二	61	二十六	3	大暑
	七月（申）大		三一	560	二十七	24	处暑
	八月（酉）小		一	119	二十七	45	秋分
	九月（戌）大		三十	618	二十九	18	霜降
	十月（亥）小		○	177	二十九	39	小雪
	闰月　　　大		二九	676	无中气		

纪年	月		朔日干支及余分		中气日期		中气
太初五十八年	十一月（子）小		五九	235	初一	12	冬至
	十二月（丑）大		二八	734	初二	33	大寒
	正月（寅）小		五八	293	初三	6	惊蛰
	二月（卯）大		二七	792	初四	27	春分
	三月（辰）小		五七	351	初五	0	清明
	四月（巳）大		二六	850	初六	21	小满
	五月（午）小		五六	409	初六	42	夏至
	六月（未）大		二五	908	初八	15	大暑
	七月（申）大		五五	467	初八	36	处暑
	八月（酉）小		二五	26	初九	9	秋分
	九月（戌）大		五四	525	初十	30	霜降
	十月（亥）小		二四	84	十一	3	小雪

纪年	月	朔日干支及余分		中气日期		中气
太初五十九年	十一月（子）大	五三	583	十二	24	冬至
	十二月（丑）小	二三	142	十二	45	大寒
	正月（寅）大	五二	641	十四	18	惊蛰
	二月（卯）小	二二	200	十四	39	春分
	三月（辰）大	五一	699	十六	12	清明
	四月（巳）小	二一	258	十六	33	小满
	五月（午）大	五十	757	十八	6	夏至
	六月（未）小	二十	316	十八	27	大暑
	七月（申）大	四九	815	二十	0	处暑
	八月（酉）小	十九	374	二十	21	秋分
	九月（戌）大	四八	873	二十一	42	霜降
	十月（亥）小	十八	432	二十二	15	小雪

纪年	月	朔日干支及余分		中气日期		中气
太初六十年	十一月（子）大	四七	931	二十三	36	冬至
	十二月（丑）大	十七	490	二十四	9	大寒
	正月（寅）小	四七	49	二十四	30	惊蛰
	二月（卯）大	十六	548	二十六	3	春分
	三月（辰）小	四六	107	二十六	24	清明
	四月（巳）大	十五	606	二十七	45	小满
	五月（午）小	四五	165	二十八	18	夏至
	六月（未）大	十四	664	二十九	39	大暑
	闰月 小	四四	223	无中气		
	七月（申）大	十四	722	初一	12	处暑
	八月（酉）小	四三	281	初一	33	秋分
	九月（戌）大	十二	780	初三	6	霜降
	十月（亥）小	四二	339	初三	27	小雪

纪年	月	朔日干支及余分		中气日期		中气
太初六十一年	十一月（子）大	十一	838	初五	0	冬至
	十二月（丑）小	四一	397	初五	21	大寒
	正月（寅）大	十	896	初六	42	惊蛰
	二月（卯）大	四十	455	初七	15	春分
	三月（辰）小	十	14	初七	36	清明
	四月（巳）大	三九	153	初九	9	小满
	五月（午）小	九	72	初九	30	夏至
	六月（未）大	三八	571	十一	3	大暑
	七月（申）小	八	130	十一	24	处暑
	八月（酉）大	三七	629	十二	45	秋分
	九月（戌）小	七	188	十三	18	霜降
	十月（亥）大	三六	687	十四	39	小雪

纪年	月	朔日干支及余分		中气日期		中气
太初六十二年	十一月（子）小	六	246	十五	12	冬至
	十二月（丑）大	三五	745	十六	33	大寒
	正月（寅）小	五	304	十七	6	惊蛰
	二月（卯）大	三四	803	十八	27	春分
	三月（辰）小	四	362	十九	0	清明
	四月（巳）大	三三	861	二十	21	小满
	五月（午）小	三	420	二十	42	夏至
	六月（未）大	三二	919	二十二	15	大暑
	七月（申）大	二	478	二十二	36	处暑
	八月（酉）小	三二	37	二十三	9	秋分
	九月（戌）大	一	536	二十四	30	霜降
	十月（亥）小	三一	95	二十五	3	小雪

纪年	月	朔日干支及余分		中气日期		中气
太初六十三年	十一月（子）大	○	594	二十六	24	冬至
	十二月（丑）小	三十	153	二十六	45	大寒
	正月（寅）大	五九	652	二十八	18	惊蛰
	二月（卯）小	二九	211	二十八	39	春分
	三月（辰）大	五八	710	三十	12	清明
	闰月 小	二八	269	无中气		
	四月（巳）大	五七	768	初一	33	小满
	五月（午）小	二七	327	初二	6	夏至
	六月（未）大	五六	826	初三	27	大暑
	七月（申）小	二六	385	初四	0	处暑
	八月（酉）大	五五	884	初五	21	秋分
	九月（戌）大	二五	443	初五	42	霜降
	十月（亥）小	五五	2	初六	15	小雪

纪年	月	朔日干支及余分		中气日期		中气
太初六十四年	十一月（子）大	二四	501	初七	36	冬至
	十二月（丑）小	五四	60	初八	9	大寒
	正月（寅）大	二三	559	初九	30	惊蛰
	二月（卯）小	五三	118	初十	3	春分
	三月（辰）大	二二	617	十一	24	清明
	四月（巳）小	五二	176	十一	45	小满
	五月（午）大	二一	675	十三	18	夏至
	六月（未）小	五一	234	十三	39	大暑
	七月（申）大	二十	733	十五	12	处暑
	八月（酉）小	五十	292	十五	33	秋分
	九月（戌）大	十九	791	十七	6	霜降
	十月（亥）小	四九	350	十七	37	小雪

纪年	月		朔日干支及余分		中气日期		中气
太初六十五年	十一月（子）大		十八	849	十九	0	冬至
	十二月（丑）小		四八	408	十九	21	大寒
	正月（寅）大		十七	907	二十	42	惊蛰
	二月（卯）大		四七	466	二十一	15	春分
	三月（辰）小		十七	25	二十一	36	清明
	四月（巳）大		四六	524	二十三	9	小满
	五月（午）小		十六	83	二十三	30	夏至
	六月（未）大		四五	582	二十五	3	大暑
	七月（申）小		十五	141	二十五	24	处暑
	八月（酉）大		四四	640	二十六	45	秋分
	九月（戌）小		十四	199	二十七	18	霜降
	十月（亥）大		四三	698	二十八	39	小雪

纪年	月		朔日干支及余分		中气日期		中气
太初六十六年	十一月（子）小		十三	257	二十九	12	冬至
	十二月（丑）大		四二	756	三十	33	大寒
	闰月 小		十二	315	无中气		
	正月（寅）大		四一	814	初二	6	惊蛰
	二月（卯）小		十一	373	初二	27	春分
	三月（辰）大		四十	872	初四	0	清明
	四月（巳）小		十	431	初四	21	小满
	五月（午）大		三九	930	初五	42	夏至
	六月（未）大		九	489	初六	15	大暑
	七月（申）小		三九	48	初六	36	处暑
	八月（酉）大		八	547	初八	9	秋分
	九月（戌）小		三八	106	初八	30	霜降
	十月（亥）大		七	605	初十	3	小雪

纪年	月	朔日干支及余分		中气日期		中气
太初六十七年	十一月（子）小	三七	164	初十	24	冬至
	十二月（丑）大	六	663	十一	45	大寒
	正月（寅）小	三六	222	十二	18	惊蛰
	二月（卯）大	五	721	十三	39	春分
	三月（辰）小	三五	280	十四	12	清明
	四月（巳）大	四	779	十五	33	小满
	五月（午）小	三四	338	十六	6	夏至
	六月（未）大	三	837	十七	27	大暑
	七月（申）小	三三	396	十八	0	处暑
	八月（酉）大	二	895	十九	21	秋分
	九月（戌）大	三二	454	十九	42	霜降
	十月（亥）小	二	13	二十	15	小雪

纪年	月	朔日干支及余分		中气日期		中气
太初六十八年	十一月（子）大	三一	512	二十一	36	冬至
	十二月（丑）小	一	71	二十一	9	大寒
	正月（寅）大	三十	570	二十三	30	惊蛰
	二月（卯）小	〇	129	二十四	3	春分
	三月（辰）大	二九	628	二十五	24	清明
	四月（巳）小	五九	187	二十五	45	小满
	五月（午）大	二八	686	二十九	18	夏至
	六月（未）小	五八	245	二十七	39	大暑
	七月（申）大	二七	744	二十九	14	处暑
	八月（酉）小	五七	303	二十九	33	秋分
	闰月　　　大	二六	802	无中气		
	九月（戌）小	五六	361	初一	6	霜降
	十月（亥）大	二五	860	初二	27	小雪

纪年	月		朔日干支及余分		中气日期		中气
太初六十九年	十一月（子）	小	五五	419	初三	0	冬至
	十二月（丑）	大	二四	918	初四	21	大寒
	正月（寅）	大	五四	477	初四	42	惊蛰
	二月（卯）	小	二四	36	初五	15	春分
	三月（辰）	大	五三	535	初六	36	清明
	四月（巳）	小	二三	94	初七	9	小满
	五月（午）	大	五二	593	初八	30	夏至
	六月（未）	小	二二	152	初九	3	大暑
	七月（申）	大	五一	651	初十	24	处暑
	八月（酉）	小	二一	210	初十	45	秋分
	九月（戌）	大	五十	709	十二	18	霜降
	十月（亥）	小	二十	268	十二	39	小雪

纪年	月		朔日干支及余分		中气日期		中气
太初七十年	十一月（子）	大	四九	767	十四	12	冬至
	十二月（丑）	小	十九	326	十四	33	大寒
	正月（寅）	大	四八	825	十六	6	惊蛰
	二月（卯）	小	十八	384	十六	27	春分
	三月（辰）	大	四七	883	十八	0	清明
	四月（巳）	大	十七	442	十八	21	小满
	五月（午）	小	四七	1	十八	42	夏至
	六月（未）	大	十六	500	二十	15	大暑
	七月（申）	小	四六	59	二十	36	处暑
	八月（酉）	大	十五	558	二十二	9	秋分
	九月（戌）	小	四五	117	二十二	30	霜降
	十月（亥）	大	十四	616	二十四	3	小雪

纪年	月			朔日干支及余分		中气日期		中气
太初七十一年	十一月（子）	小	四四	175	二十四	24		冬至
	十二月（丑）	大	十三	174	二十五	45		大寒
	正月（寅）	小	四三	233	二十六	18		惊蛰
	二月（卯）	大	十二	732	二十七	39		春分
	三月（辰）	小	四二	291	二十八	12		清明
	四月（巳）	大	十一	790	二十九	33		小满
	闰月	小	四一	349	无中气			
	五月（午）	大	十	848	初一	6		夏至
	六月（未）	小	四十	407	初一	27		大暑
	七月（申）	大	九	906	初三	0		处暑
	八月（酉）	大	三九	465	初三	21		秋分
	九月（戌）	小	九	24	初三	42		霜降
	十月（亥）	大	三八	523	初三	15		小雪

纪年	月			朔日干支及余分		中气日期		中气
太初七十二年	十一月（子）	小	八	82	初五	36		冬至
	十二月（丑）	大	三七	581	初七	9		大寒
	正月（寅）	小	七	140	初七	30		惊蛰
	二月（卯）	大	三六	639	初九	3		春分
	三月（辰）	小	六	198	初九	24		清明
	四月（巳）	大	三五	697	初十	45		小满
	五月（午）	小	五	256	十一	18		夏至
	六月（未）	大	三四	755	十二	39		大暑
	七月（申）	小	四	314	十三	12		处暑
	八月（酉）	大	三三	813	十四	33		秋分
	九月（戌）	小	三	372	十五	6		霜降
	十月（亥）	大	三二	871	十六	27		小雪

纪年	月	朔日干支及余分		中气日期		中气
太初七十三年	十一月（子）小	二	430	十七	0	冬至
	十二月（丑）大	三一	929	十八	21	大寒
	正月（寅）大	一	488	十八	42	惊蛰
	二月（卯）小	三一	47	十九	15	春分
	三月（辰）大	〇	546	二十	36	清明
	四月（巳）小	三十	105	二十一	9	小满
	五月（午）大	五九	604	二十二	30	夏至
	六月（未）小	二九	163	二十三	3	大暑
	七月（申）大	五八	662	二十四	24	处暑
	八月（酉）小	二八	221	二十四	45	秋分
	九月（戌）大	五七	720	二十六	18	霜降
	十月（亥）小	二七	279	二十六	39	小雪

纪年	月	朔日干支及余分		中气日期		中气
太初七十四年	十一月（子）大	五六	778	二十八	12	冬至
	十二月（丑）小	二六	337	二十八	33	大寒
	正月（寅）大	五五	836	三十	6	惊蛰
	闰月　　　小	二五	395	无中气		
	二月（卯）大	五四	894	初一	27	春分
	三月（辰）大	二四	453	初二	0	清明
	四月（巳）小	五四	12	初二	21	小满
	五月（午）大	二三	511	初三	42	夏至
	六月（未）小	五三	70	初四	15	大暑
	七月（申）大	二二	569	初五	36	处暑
	八月（酉）小	五二	128	初六	9	秋分
	九月（戌）大	二一	627	初七	30	霜降
	十月（亥）小	五一	186	初八	3	小雪

纪年	月	朔日干支及余分		中气日期		中气
太初七十五年	十一月（子）大	二十	685	初九	24	冬至
	十二月（丑）小	五十	244	初九	45	大寒
	正月（寅）大	十九	743	十一	18	惊蛰
	二月（卯）小	四九	302	十一	39	春分
	三月（辰）大	十八	801	十三	12	清明
	四月（巳）小	四八	360	十三	33	小满
	五月（午）大	十七	859	十五	6	夏至
	六月（未）小	四七	418	十五	27	大暑
	七月（申）大	十六	917	十七	0	处暑
	八月（酉）大	四六	476	十七	21	秋分
	九月（戌）小	十六	35	十七	42	霜降
	十月（亥）大	四五	534	十九	15	小雪

纪年	月	朔日干支及余分		中气日期		中气
太初七十六年	十一月（子）小	十五	93	十九	36	冬至
	十二月（丑）大	四四	592	二十一	9	大寒
	正月（寅）小	十四	151	二十一	30	惊蛰
	二月（卯）大	四三	650	二十三	3	春分
	三月（辰）小	十三	209	二十三	24	清明
	四月（巳）大	四	708	二十四	45	小满
	五月（午）小	十二	267	二十五	18	夏至
	六月（未）大	四一	766	二十六	39	大暑
	七月（申）小	十一	325	二十七	12	处暑
	八月（酉）大	四十	824	二十八	33	秋分
	九月（戌）小	十	383	二十九	6	霜降
	十月（亥）大	三九	882	三十	27	小雪
	闰月 大	九	441	无中气		
	十一月 小	三九	0	入癸卯蔀		

附表三

术语表

蔀：4 章，76 年，940 月，27759 日。（章：19 年，235 月。）

定气：以太阳在黄道上的位置来划分节气，两节气之间的时间长度就会不同。定气反映真实天象。

平气：两冬至之间的时日二十四等分之，所得为二十四节气之平气。每气为 $15\frac{7}{32}$ 日。

中气：从冬至开始的二十四节气中逢单数的节气。依照《汉书·次度》记载，这十二节气正处于相应宫次的中点，故称中气。

气余：中气之余分。干支只能记整数，涉及小数得化为余分。

定朔：朔为初一。合朔时刻不取平均值而采用实际天象的合朔时刻。

经朔：以四分术推算的平朔。

平朔：两朔日之间的时日，以平均值 $29\frac{499}{940}$ 日计，为平朔。

朔策：一个朔望月长度，29.5306 日。四分历朔策为 $29\frac{499}{940}$ 日。

年差分：四分历基本数据是一年 $365\frac{1}{4}$ 日，与真值 365.2422 有误差，每年之差 3.06 分（一日 940 分计）即年差分。

岁实：根据相邻两次冬至时刻而定出的年，即回归年长度，$365\frac{1}{4}$ 日。

岁差密律：冬至点每年在黄道上西移 50.2 秒，71 年 8 个月岁差一度。

算外：自古计数得计入起点日，与算法相差为 1，运算计数得加这个"1"，叫算外。

昏旦中星：观星象可在晨昏两时，观测者头上的星就是中星。我们处北半球，中星总是在偏南的上方。

去极度：所测天体距北极的角距离。

入宿度：以二十八宿中某宿的距星为标准，所测天体与这个距星之间的赤经差。

推步：指室内推算，对日月运行时间进行计算，使回归年与朔望月长度配合得大体一致。

积年：历术的年月日是有周期的，干支纪年纪日也是周而复始。古人将这个周期无限加大，干支年累积若干倍，甚至上溯到二百七十万年前，目的是追求一个理想的历元。这就是积年、积年术。神秘的数字，并无实际意义。

二次差：即二次差内插公式。指计算函数的近似值的方法。

在已知若干函数值的情况下，构造一简单函数，来代替所计算的函数，达到化难为易的目的。三次差内插法的计算较二次差更为准确。

主要征引书目

一、张汝舟：《二毋室古代天文历法论丛》，杭州：浙江古籍出版社，1987年。

二、饶尚宽：《上古天文学讲义》（打印本，新疆师大，1988年）。

三、《中国天文学史》，北京：科学出版社，1981年。

四、陈遵妫：《中国天文学史》，上海：上海人民出版社，1980年。

五、郑文光：《中国天文学源流》，北京：科学出版社，1979年。

六、《历代天文律历等志汇编》，北京：中华书局，1975年。

七、程千帆点校：《章太炎先生国学讲演录》，南京大学编印，1984年。

八、冯秀藻、欧阳海：《廿四节气》，北京：中国农业出版社，1982年。

九、王国维：《观堂集林》，北京：中华书局，1959年。

十、张钰哲主编：《天问》，南京：江苏科学技术出版社，1984年。

十一、《淮南子》，《诸子集成初编》本。

十二、《礼记》，《十三经注疏本》本。

十三、《春秋经传集释》，《四部丛刊初编》本。

汤炳正先生爱孙序波同志为其祖父整理出版了《楚辞讲座》，2006 年 9 月出版后，序波很快于 11 月寄来一本，要我写点介绍文字。因为新中国成立前汤先生曾在贵州大学任教过，与先师张汝舟先生过从甚密，我也受惠于汤先生，多有交往。我毫无推辞地写了《从〈楚辞讲座〉出版想到的》在《贵州日报》上发表。就中，我对广西师范大学出版社有极好的印象，感到他们的远见卓识，在商潮涌涌的今天，还踏踏实实地在弘扬传统文化，向华夏儿女推出一本又一本的学术精品，使文化学术界弥漫出一股久违的清新空气。我的文章第一句话就是："一流的大学出版社未必办在一流的大学，这是指广西师大出版社。"那的确是我真切的感受。其后，序波从短信上告诉我，他已推荐我的《古代天文历法说解》给师大出版社。我知道出版学术著作的艰难，商业运作不赚钱就得赔本，谁个会干？也就并不在意。有老母在堂，春节期间我一直在四川老家省亲，其间序波短信说"出版社同意审稿"，要我马上寄出稿件。3月中旬回到学校后，耽误几天才将稿子邮寄。5月初，编辑王强先生寄来了"出版合同"。审稿的及时、出版的决断，都在我的意料之外。我只得请贵州大学已毕业的古代文学硕士现任教于贵州广播电视大学的邹尤小朋友帮助，完成该书的电子文本。他熬了几个通宵扫描传输，在月内就一一处理完毕。

古代天文历法，号称"绝学"，海外华人美曰"国宝"。我受教于张汝舟先生，二十多年来，能与交流者寥寥，深感知音难得。反而是老一辈学者如东北师大的陈连庆老先生的苦苦追求，令我感动。周原岐山的庞怀靖老先生，八十几岁高龄，还孜孜不倦地学习、掌握历术的推演，直到弄明白了月相定点，毅然抛弃信奉了几十年的"月相四分"，另做铜器考释文章。庞老先生真正做到了"朝闻道，夕死可矣"。

古代天文历法，自然是科学的。科学，就无神秘可言，它必须是简明而实用的。要掌握它，也就不难。就其内容，如《尧典》说，两个字：历、象。司马迁《史记》理解为"数、法"。一个是天象，天之道，自然之道，有"法"可依之道；一个是历术，推算之术，以"数"进行推演。日月在天，具备基本的天文知识，古书中的文字就容易把握。涉及历术，就得学会推算，用四分法推算实际天象。推演历日是最重要的步骤，不下这个功夫，历法就无从谈起。我在书后附有几篇文章，算是历术的具体运用，给青年学人一个示范。掌握了历术的推演，在历史年代的研究中，在铜器年代的考释中，你都会感到游刃有余。张汝舟先生在王国维"二重证据法"之外，加一个"天象依据"，做到

"三证合一"，结论自然可靠。只有可靠的结论，才能经受时代的验证，对得起子孙后代，三百年也不会过时。"三证合一"，古代天文历法在文史研究中的地位，就不是可有可无的了。学会了推算，考释几个历日，你自会感受这门学问的妙不可言，奇妙无穷。她不愧是华夏民族的瑰宝！

2007 年 5 月 30 日于贵阳花溪寓所